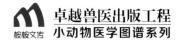
卓越兽医出版工程
小动物医学图谱系列

Clinical Atlas of Canine and Feline
Ophthalmic Disease

犬猫眼病临床图谱

（美）道格拉斯·W. 埃森（Douglas W. Esson） 编著

许 明 石 昊 主译

北方联合出版传媒（集团）股份有限公司

辽宁科学技术出版社

沈 阳

图书在版编目（CIP）数据

犬猫眼病临床图谱/（美）道格拉斯·W. 埃森（Douglas W. Esson）编著；许明，石昊主译. —沈阳：辽宁科学技术出版社，2022.5

ISBN 978-7-5591-2067-0

Ⅰ.①犬…　Ⅱ.①道…　②许…　③石…　Ⅲ.①猫病—眼病—图谱　Ⅳ.①S858.2-64

中国版本图书馆CIP数据核字（2021）第101098号

出版发行：辽宁科学技术出版社
　　　　　（地址：沈阳市和平区十一纬路25号　邮编：110003）
印　刷　者：北京顶佳世纪印刷有限公司
经　销　者：各地新华书店
幅面尺寸：210mm×285mm
印　　张：20.75
插　　页：4
字　　数：106千字
出版时间：2022年5月第1版
印刷时间：2022年5月第1次印刷
责任编辑：陈广鹏
封面设计：袁　舒
版式设计：袁　舒
特邀编辑：任晓曼　于千会
责任校对：赵淑新

书　　号：ISBN 978-7-5591-2067-0
定　　价：330.00元

联系电话：024-23280036
邮购热线：024-23284502
http://www.lnkj.com.cn

译者委员会

主　译

许　明　华中农业大学

石　昊　中国农业大学

参　译

郑艺蕾　明尼苏达大学

朱　阁　明尼苏达大学

吴雨虹　明尼苏达大学

王晓宇　青海省海东市民和县农业农村和科技局

前　言

几年前，我决定继续我的研究生涯，继续探索兽医眼科这个复杂而迷人的世界。这几年我是何等的幸运能够有机会与许多临床医生交流，他们都慷慨地与我分享了他们的经历、经验和知识。我特别感谢Drs. Peter Bedford, Randy Scagliotti, Kirk Gelatt, Paul Miller, Dick Dubielzig, Bill Dawson和Mark Sherwood。我经常受到邀请给学生或眼科医生讲授各种眼科主题，其中最常见的方法是通过照片影像分享我自己的想法和经验。兽医眼科学领域、详细的眼科文献和同行评议的眼科文献是一个具有挑战性和风险性的领域，因此，我希望能够为忙碌的全科医生提供一个清晰的、系统的在小动物实践中最常见的眼科疾病中重复率较高的临床图片。以图片形式呈现和在诊所中接诊病例的情况其实是相同的。这本书不仅仅是一个简单的图像图集，为了扩展这本书的内容，笔者还试图在本书里提供清晰简明的、最新的临床相关的信息。本书的内容得到了一些相关参考资料的支持，这些参考文献为那些希望进一步阅读的人提供参考。

致 谢

许多人对本书的出版作出了贡献。这个项目，从一开始，就由WILEY的编辑和出版商策划，特别要感谢Erica Judisch，Nancy Turner和Catriona Cooper。本书中的图片大多来自笔者的收藏；笔者的朋友和同事也帮助笔者补充了一些临床病例（如提供图片）以实现内容的完整性。在这方面，笔者要感谢Drs. Dustin Dees，Anne-Michelle Armour，Nicole McClaren，Randy Scagliotti，Al MacMillan，Christin Chapman，David Wilkie，Matthew Fife，Nancy Park，Anastasia Komenou，Jennifer Urbanz，Peter Bedford，David Williams，David Donaldson，Julius Brinkis，Dilip Bhalerao，Emily Moeller，Francesca Venturi，Neal Wasserman，Joanna Norman，Keith Collins，Steve Sissler，Melanie Church. Ashley Stich，Laura Wilson，Rudayna Gubash，Allison Kirby，Nick Millichamp，Mark Haskins，Gwen Lynch和Kristina Narfstrom。 此外，笔者还感谢与他合作的一些相关领域的专家，感谢他们愿意寻找和讨论通常提交给内科、皮肤科和肿瘤科的病例。 在这方面，我特别感谢Drs. Wayne Rosenkrantz，Colleen Mendelsohn，Melissa Hall，Julie Bulman-Fleming和David Bommarito。Karen Webster花时间整理和描述这些眼科疾病。动物眼睛护理组织为该项目提供赞助，作为其不断致力于推进兽医眼科领域的一部分。最后且最重要的是，笔者要特别感谢妻子Sara，她是一位有天赋和热情的兽医眼科医生。如果没有她不断的帮助、临床专业知识和对患病动物的建议，这本书根本不可能出版。

目　录

第1部分

解剖结构和诊断方法

第1章　正常眼部解剖结构

正常犬、猫眼部解剖结构包括以下部分：

眼眶，由骨组织、结缔组织、泪腺和唾液腺组织、脂肪组织、血管和神经组成。

眼睑，由皮肤、眼轮匝肌、睑板、表层结膜组织组成。这些组织包含分泌黏液的杯状细胞、分泌脂质的睑板腺和鼻泪管引流系统开口。

第三眼睑，包含T型软骨结构，以及包围在软骨内的第三眼睑泪腺。第三眼睑表面覆有结膜组织。

眼球外壳前部由角膜组成，后部由巩膜外层与巩膜组成。角膜最外层为一层上皮细胞（带有基底膜），中层为基质，内层为内皮（带有基底膜，也称为角膜后弹力层）。

葡萄膜前段由虹膜和睫状体组成；葡萄膜后段称为脉络膜，为视网膜供血。

晶状体，通过晶状体悬韧带固定于睫状体，外层由晶状体囊包围。

神经视网膜由以下部分组成：

- 神经纤维层和内界膜
- 神经节细胞层
- 内核层和内丛状层
- 外核层和外丛状层
- 光感受器（视杆和视锥)和外界膜
- 视网膜色素上皮细胞

视网膜神经节细胞聚合形成视神经，从多孔筛状板离开眼球。

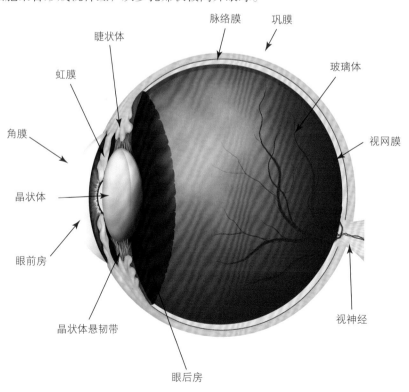

图1.1　正常眼部解剖。

第2章　正常色素差异

　　犬和猫的虹膜都存在广泛的色素差异。真正的眼白化病（完全缺少色素）比较罕见。术语"亚白化病"是指色素淡化导致虹膜组织呈现不同程度的灰色到蓝色，这种情况常见于浅色毛发动物。术语"虹膜异色"是指一个虹膜或一对虹膜含有几种不同的颜色。

图2.1　左右眼睛正常色素差异。

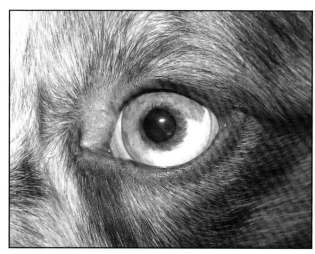

图2.2　浅色虹膜正常的异色差异。

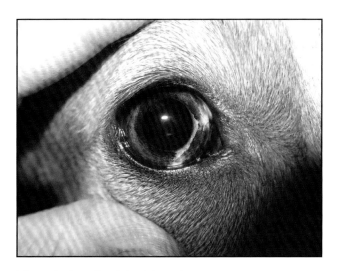

图2.3　深色虹膜正常的异色差异。

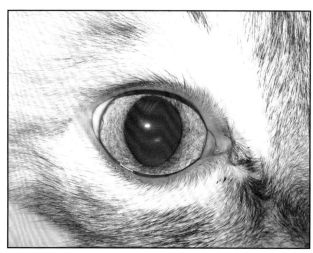

图2.4　正常蓝色虹膜（从瞳孔处可见亚白化眼底的"红反射"）。

第3章 正常犬眼底

犬的眼底由反光层区域及非反光层区域、视神经乳头及相关血管和多层神经视网膜组成，以上所有结构覆于脉络膜的血管床之上。在3-4月龄眼底趋于成熟之前，幼年犬眼底普遍呈蓝色。

反光层区域的特异化细胞包含由锌／半胱氨酸组成的反光物质和少色素或无色素的视网膜色素上皮层，以利于在低强度光源环境下看清物体。反光层区域普遍呈现黄色或绿色。

视网膜色素上皮层内的色素使非反光层区域眼底普遍呈深色。

视神经（视神经盘，视神经乳头）具有形状差异和髓鞘化差异，在眼底中呈白色或粉色结构，为神经节细胞的集合，中心呈生理性凹陷，周围围绕有不完全闭合的血管环。

视神经乳头向四周辐射3-4个大静脉和15-20个较小的小动脉。

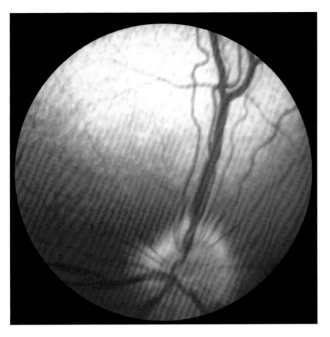

图3.1　正常犬着色眼底。蓝色表示发育未成熟。

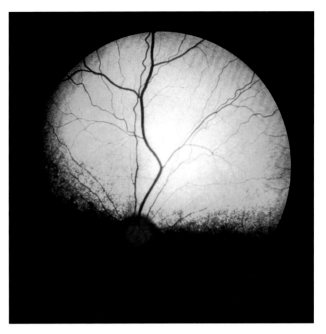

图3.2　正常犬着色眼底（主色为绿色）。

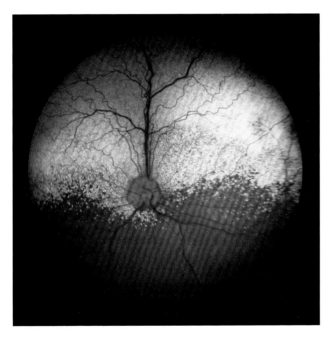

图3.3　正常犬着色眼底（主色为黄色）。

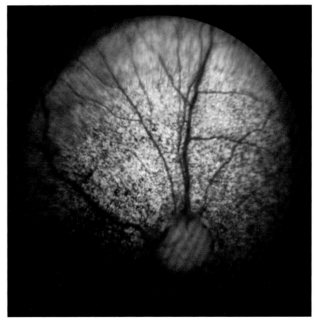

图3.4　正常犬着色眼底（斑点化）。

第4章　正常猫眼底

　　猫正常眼底外观具有广泛的差异，由相对较大的反光层区域及非反光层区域、视神经乳头、相关血管结构和多层神经视网膜组成，所有这些结构覆于脉络膜血管床之上。

　　反光层区域的特异化细胞包含由锌／半胱氨酸组成的反光物质和少色素或无色素的视网膜色素上皮层，以利于在低强度光源环境下看清事物。绒毡层区域普遍呈现亮黄色、黄色或绿色。

　　视网膜色素上皮层内的色素使非绒毡层区域眼底普遍呈深色。

　　视神经（视神经盘，视神经乳头）在眼底中呈小而圆的、白色至灰色的无髓鞘结构，为神经节细胞的集合。

　　视神经乳头向周围辐射3对主要的小动脉和较大的小静脉。

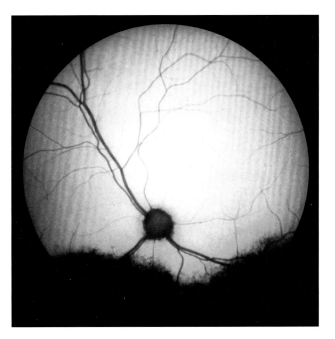

图4.1 正常猫着色眼底（主色为绿色），注意图中视神经乳头呈低髓鞘化（一）。

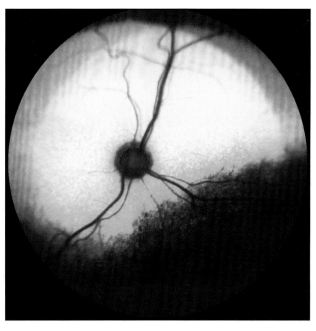

图4.2 正常猫着色眼底（主色为绿色），注意图中视神经乳头呈低髓鞘化（二）。

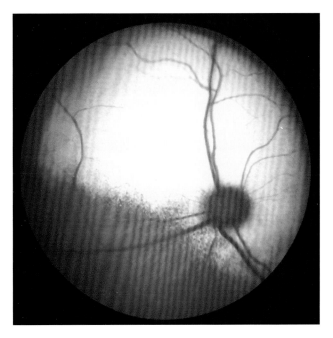

图4.3 正常猫着色眼底（主色为黄色），注意图中视神经乳头呈低髓鞘化（一）。

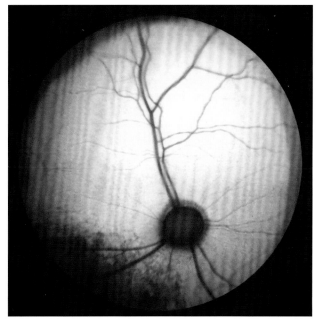

图4.4 正常猫着色眼底（主色为黄色），注意图中视神经乳头呈低髓鞘化（二）。

第5章 正常亚白化眼底

若犬或猫具有蓝色或异色虹膜，和／或梅尔色毛发，这些犬或猫普遍具有亚白化眼底。这些动物的反光层区域可能减少甚至缺失，同时非反光层区域也呈不同程度的着色不全甚至完全没有着色。因此，此结构之下的脉络膜血管结构在白色巩膜背景下变得更加明显。亚白化眼底是一种正常的着色差异。

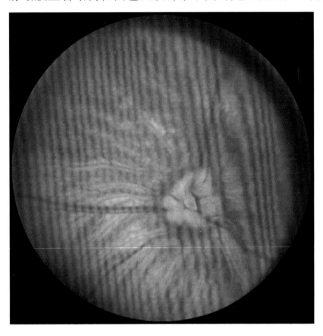

图5.1 正常犬亚白化眼底。脉络膜血管在白色巩膜背景下清晰可见（一）。

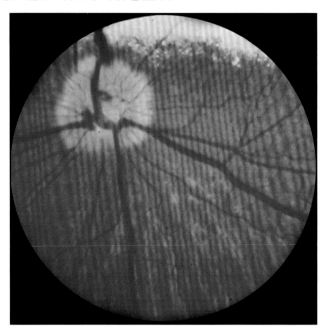

图5.2 正常犬亚白化眼底。脉络膜血管在白色巩膜背景下清晰可见（二）。

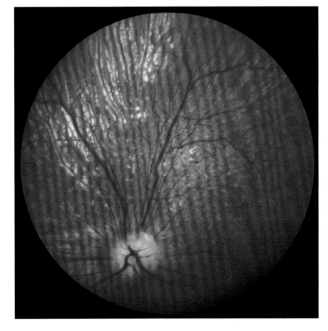

图5.3 正常犬亚白化眼底。脉络膜血管在白色巩膜背景下清晰可见（三）。

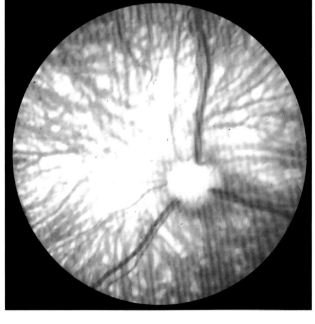

图5.4 正常猫亚白化眼底。脉络膜血管在白色巩膜背景下清晰可见（四）。

第6章　正常髓鞘化差异

　　视神经由聚合的神经节细胞组成。神经节细胞从多孔筛状板离开眼球尾部之前汇聚成视神经乳头。视神经乳头髓鞘化具有一定差异；猫的视神经乳头通常髓鞘化程度较低而犬髓鞘化差异较大。髓鞘化程度的差异也可能会导致这一区域呈现不同的外观。

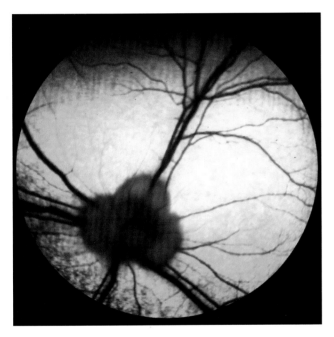

图6.1　正常中度到高度髓鞘化犬视神经乳头（一）。

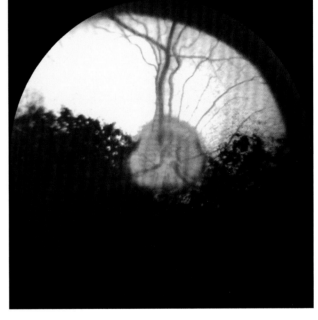

图6.2　正常中度到高度髓鞘化犬视神经乳头（二）。

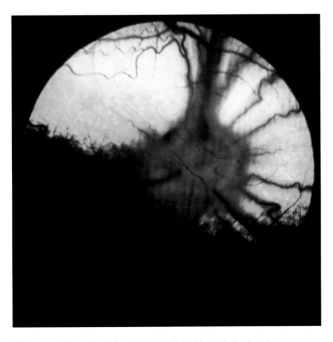

图6.3　正常中度到高度髓鞘化犬视神经乳头（三）。

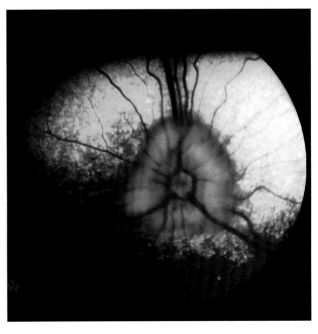

图6.4　正常中度到高度髓鞘化犬视神经乳头（四）。

第7章 眼部检查

眼科检查应该包括以下部分：

病史

病征，之前有无医疗／手术史（包括长途旅行史），和／或当前是否使用任何药物。

当前病症

确认当前眼科病症。

远距离非干涉检查

让动物自由活动——展示精神状态，神经学状态和视觉能力。

一般体格检查

包括黏膜、口腔、外耳道的评估，胸部听诊，淋巴结触诊，腹部温度和体温评估。

近距离干涉检查

包括仔细触诊头骨和眼眶，观察是否有畸形、不对称、捻发音或不适。

神经眼科检查

- 眼睑反射（当眼睑感受到触觉刺激时自行关闭）
- 恫吓反射（对威胁性手势做出眼睑关闭或头后缩的反应）
- 眩眼反射（当聚集光源照射眼部时眼睑会关闭）
- 瞳孔对光反射（直接和间接受到光源刺激以致瞳孔收缩）

眼前段检查

使用聚焦光源检查眼睑、结膜表面、第三眼睑、角膜、眼前房、虹膜、晶状体、前玻璃体表面。

眼底检查

眼后段检查可以使用聚焦光源和手持式透镜或者检眼镜。

辅助诊断

- （Schirmer）泪液测试。泪液测试条放置于下结膜穹隆1min，正常湿润度=15–20mm／min
- 眼内压检测。可以使用扁平眼压计或回弹式眼压计，将探针顶端轻触于角膜中心处多次以取眼内压平均值
- 角膜染色试验。将荧光素钠染液滴于角膜上，然后充分冲洗，若有染色残留则表示角膜表皮有缺损。荧光染液也可以用于评估鼻泪管是否畅通（琼斯测试）和／或是否有前房液从眼前房漏出（塞德尔测试）

如有需要，其他诊断测试包括获取血压样本进行全血球细胞计数（CBC）、生化检查、代谢、内分泌和／或感染性滴度试验，采集微生物样本进行培养和药敏试验以及细胞学和／或组织学检查和／或高级影像检查（包括X射线照相、B超和／或磁共振成像）。

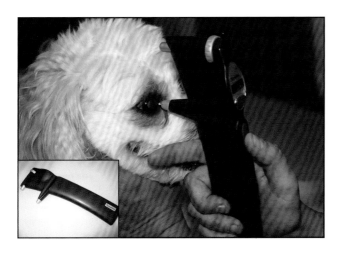

图7.1　使用回弹式眼压计测量眼内压。使探针尖端轻轻接触角膜表面的中心（不需要使用局部麻醉），按压测量按钮，仪器会读取多个数值，去掉反常的数值。

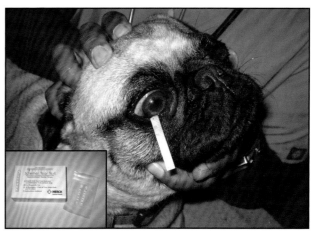

图7.2　用颜色渐变的（Schirmer）泪液测试条检测泪腺功能。测试条末端折叠后置于下内侧结膜穹隆1min后可在测试条上读取数值。这个检测需要在涂敷任何眼部外用药物之前进行。

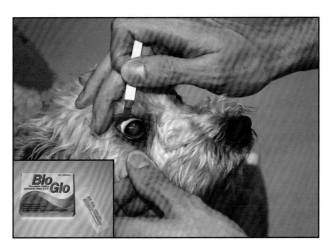

图7.3　用带有荧光素的测试条进行角膜表面活体染色。测试条被生理溶液浸润后，与巩膜边缘轻轻接触。多余的染液会被洗眼液冲洗掉，以免残留的染液"池化"影响判读。

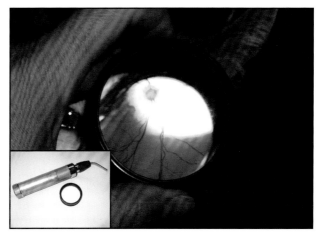

图7.4　使用简易的手持间接式透镜进行眼底检查，透镜放置于眼睛前端与眼后端平行。如果没有间接检眼镜，可以将小的手电筒或透照器置于临近待检动物头部位置，可替代远距离聚焦光源。

第2部分

眼睑疾病

第8章　眼睑发育不全

疾病简介

　　猫眼睑发育不全是一种先天性疾病，患病动物出生时就伴有睑缘不全。来自同一窝的多个新生猫都患该病的情况较为常见。患病动物通常表现为双侧颞上眼睑全层对称缺失；然而不同患病动物疾病表现以及缺失的程度存在差异。患病动物可能存在其他眼部异常，其中瞳孔膜存留最为普遍。眼睑发育不全通常会导致倒睫或睫毛与角膜表面接触。潜在性的后遗症包括纤维化、血管性角膜炎和色素性角膜炎、角膜腐骨形成和／或角膜溃疡，严重的角膜溃疡可能导致眼球穿孔。

诊断和治疗

　　药物治疗包括经常涂抹局部润滑药剂以覆盖和保护角膜表面以及针对炎症和／或溃疡病灶的治疗。免疫抑制药和／或皮质类固醇的使用需谨慎，因为这些药物可能会导致疱疹病毒复发和／或加重溃疡病灶。仅患单一疾病或疾病轻微的患病动物，可通过冷冻脱毛术永久性去除刺激性睫毛或毛发（包括它们的毛囊）。更加优化但复杂的外科技术已被提出，这些技术可重建功能性睑缘（大体包括皮肤、轮匝肌和结膜组织的移植），其中最优化的外科技术是由Dziezyc和Millichamp提出的。然而，这些手术技术可能需要分多个阶段进行，后续可能还需要进行限制性冷冻脱毛术。术后护理包括全身抗菌（如果需要）、抗炎治疗和疼痛管理。术后动物需佩戴伊丽莎白圈以防止自身损伤。需要经常监测动物的角膜健康情况直到眼睑愈合完全。

参考文献

[1] Dziezyc J and Millichamp NJ. Surgical correction of eyelid agenesis in a cat. J AmAnimHosp Assoc. 1989;25, 513‐516.

[2] Glaze MB. Congenital and hereditary ocular abnormalities in cats. Clin Tech Small Anim Pract. 2005;20(2):74‐82.

[3] Reinstein SL, Gross SL, Komáromy AM. Successful treatment of distichiasis in a cat using transconjunctival electrocautery. Vet Ophthalmol. 2011;14 Suppl 1:130‐134. doi: 10.1111/j.1463‐5224.2011.

[4] Whittaker CJ, Wilkie DA, Simpson DJ, Deykin A, Smith JS, Robinson CL. Lip commissure to eyelid transposition for repair of feline eyelid agenesis. Vet Ophthalmol. 2010;13(3):173‐178. doi: 10.1111/j.1463‐5224.2010.

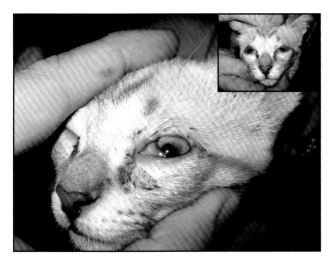

图8.1 猫上眼睑发育不全（右上角插图为典型的双侧眼睑发育不全的病例）。

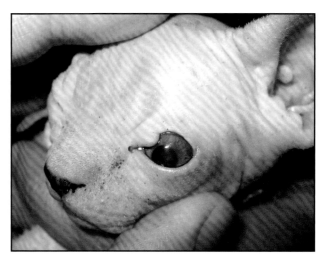

图8.2 无毛猫上眼睑发育不全。

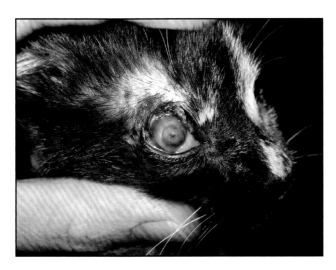

图8.3 猫上眼睑发育不全。图中可见穿孔溃疡性角膜炎继发于慢性倒睫。

图8.4 猫上眼睑发育不全。图中可见前房瞳孔膜存留。

第9章　眼睑裂伤

疾病简介

　　眼睑包括内层（由结膜和其深层的结缔组织组成）和外层（由覆有毛发的皮肤和其深层的轮匝肌组成）。睑缘含有分泌脂质的睑板腺。眼睑裂伤通常是由外伤引起的，如咬伤。全层裂伤破坏了正常的眼睑结构和功能，眼睑的修复需要精准的重建技术。

诊断和治疗

　　治疗眼睑裂伤前需优先处理和稳定潜在的危及生命的损伤。在做更完善的检查和治疗前可能需要镇定或麻醉动物。受影响的组织结构需用生理盐水仔细清理和冲洗，轻柔地移除异物和积留的黏液以便评估损伤程度和组织活力。需要清除失活的组织，清除过程中尽可能地保留有活力的睑缘和皮下血管结构。新鲜伤口（24—48h）通常可以立即采取清创和修复措施。旧伤口在清创和修复前可能需要优先治疗显著的炎症和／或继发性细菌感染。然而，眼睑裂伤最终需要手术修复，而不是通过二期愈合，目的是确保组织精确地对合以及长期有效的功能性。全层眼睑裂伤需要修复两层结构。对合内层结膜层和结缔组织层时使用可吸收缝线连续缝合，用不可吸收缝线间断缝合外层皮肤和肌肉层。精确的睑缘对合（理想情况采用"8字形"缝合）是防止角膜病的关键。若情况允许，关闭死腔和放置引流对治疗有所帮助。如果鼻泪管和／或小管也发生撕裂，需要放置硅酮或尼龙以支撑这些结构。术后护理包括常规性全身抗菌、抗炎和疼痛管理。术后动物需佩戴伊丽莎白圈以防止自身损伤，在眼睑完全愈合前需要经常监测角膜健康情况。

参考文献

[1] Aquino SM. Surgery of the eyelids. Top Companion Anim Med. 2008;23(1):10－22. doi: 10.1053/j.ctsap.2007.12.003.

[2] Lackner PA. Techniques for surgical correction of adnexal disease. Clin Tech Small Anim Pract. 2001;16(1):40－50.

[3] Mandell DC, Holt E. Ophthalmic emergencies. Vet Clin North Am Small Anim Pract. 2005;35(2):455－480, vii－viii. Review.

[4] Reifler DM. Management of canalicular laceration. Surv Ophthalmol. 1991;36(2):113－132.

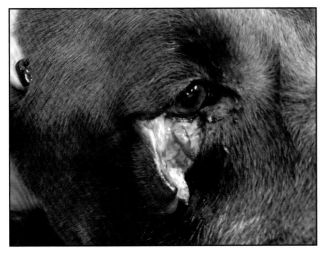

图9.1　全层眼睑裂伤。新鲜伤口需立即进行双层缝合修复。

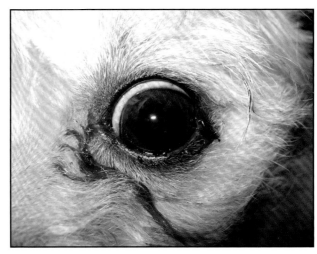

图9.2　浅层眼睑裂伤。

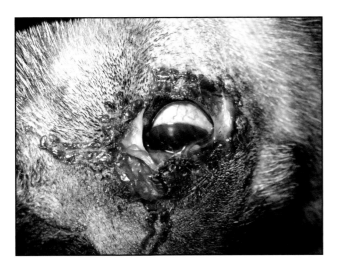

图9.3　眼睑裂伤并伴有感染。手术修复伤口之前需要进行药物治疗。

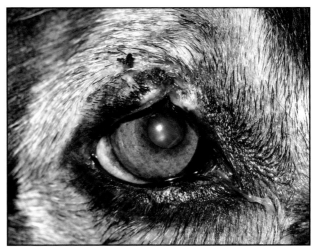

图9.4　粒化眼睑裂伤。修复前需将伤口边缘纤维化组织切除。

第10章 双行睫

疾病简介

双行睫指从睑缘处靠近睑板腺位置或从睑板腺开口生长出的异常睫毛。在许多动物中双行睫不造成显著的眼部疾病；然而，双行睫与角膜表面的接触会产生不适感，动物因此会出现泪溢和眼睑痉挛，双行睫也可能导致继发性角膜炎和／或角膜溃疡。双行睫可能会影响单个眼睑或双眼睑（上和／或下眼睑）。双行睫在犬中较为常见，猫不常见。常见患病犬种包括可卡犬、拳师犬、英国斗牛犬、约克夏㹴犬和西施犬。

诊断和治疗

若患病动物出现不适感则需要进行治疗，合适的治疗方法为双行睫移除以及相关毛囊永久性破坏。若仅通过手动摘除双行睫，患病动物的不适感可能会暂时消退，但双行睫会重新生长。毛囊永久性破坏可以采用手术切除、冷冻脱毛技术、双重冻融循环和／或电脱毛术。冷冻脱毛技术只能在合适的一氧化氮冷冻装置中进行。实施冷冻脱毛术后眼睑常见局部肿胀和褪色，但是受影响的组织通常会随着时间的推移重新着色。谨慎的术后护理得以保存眼睑正常功能，并且防止过多的眼睑组织损伤或坏死以及过多的纤维化组织生成，过渡纤维化将会导致瘢痕性睑内翻。术后护理包括常规性抗菌（如果需要）、抗炎和疼痛管理。术后动物需佩戴伊丽莎白圈以防止自身损伤，在眼睑完全愈合前需经常监测角膜健康情况。

角膜炎和／或角膜溃疡需使用常规局部抗菌药以及润滑性和保护性药剂治疗。

参考文献

[1] Aquino SM. Surgery of the eyelids. Top Companion Anim Med. 2008;23(1):10‑22.

[2] Lackner PA. Techniques for surgical correction of adnexal disease. Clin Tech Small Anim Pract. 2001;16(1):40‑50.

[3] Raymond‑Letron I, Bourges‑Abella N, Rousseau T, Douet JY, de Geyer G, Regnier A. Histopathologic features of canine distichiasis. Vet Ophthalmol. 2012;15(2):92‑97. doi: 10.1111/j.1463‑5224.2011.00946.x. Epub 2011 Sep 29.

[4] Wheeler CA, Severin GA. Cryosurgical epilation for the treatment of distichiasis in the dog and cat. J Am Anim Hosp Assoc 1984;20:877‑884.

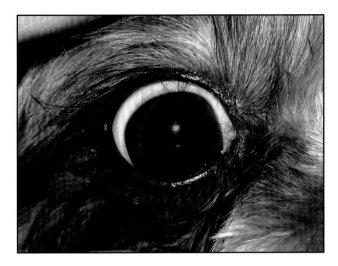

图10.1　犬双行睫。异常睫毛在结膜和巩膜外层的白色背景下较易被识别（一）。

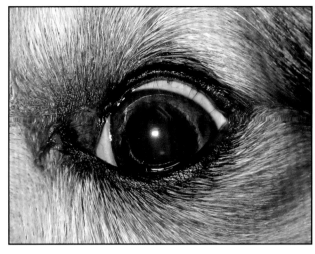

图10.2　犬双行睫。异常睫毛在结膜和巩膜外层的白色背景下较易被识别（二）。

图10.3　犬双行睫。异常睫毛在结膜和巩膜外层的白色背景下较易被识别（三）。

图10.4　猫双行睫。

第11章 异位睫毛

疾病简介

异位睫毛是由眼睑内表面所生长出的异常毛发，最常见于幼年犬上睫毛，通常单侧眼睑受影响。异位睫毛可能以单个或一簇的形式呈现。大多数病例中，异位睫毛导致角膜炎和／或角膜溃疡，患病动物会有不适感，常表现泪溢和眼睑痉挛。异位睫毛的识别较为困难，特别是疼痛或伴有明显的结膜肿胀不配合的动物，和／或浅色毛发的动物。若患病动物被怀疑患有异位睫毛，镇静和／或使用放大镜有助于确诊。常见的患病犬种包括英国斗牛犬、法国斗牛犬、金毛犬。

诊断和治疗

异位睫毛最好的治疗方式为睫毛和其毛囊的切除，酌情可附加双重冻融循环冷冻技术。若只采用手动脱毛只能暂时消除不适感。冷冻技术只能在合适的一氧化氮冷冻装置中进行。实施冷冻脱毛术后眼睑常见局部肿胀和褪色，但是受影响的组织通常会随着时间的推移重新着色。术后护理需格外谨慎，以保存功能性眼睑，并且防止过多的眼睑组织损伤或坏死以及过多的纤维化组织生成，过渡纤维化会导致瘢痕性睑内翻。术后护理包括常规性抗菌（如果需要）、抗炎和疼痛管理。术后动物需佩戴伊丽莎白圈以防止自体损伤，在眼睑完全愈合之前需经常监测角膜健康情况。

角膜炎和／或角膜溃疡需使用常规局部抗菌药以及润滑性和保护性药剂治疗。

参考文献

[1] D'Anna N, Sapienza JS, Guandalini A, Guerriero A. Use of a dermal biopsy punch for removal of ectopic cilia in dogs: 19 cases. Vet Ophthalmol. 2007;10(1):65 - 67.

[2] Hase K, Kase S, Noda M, Ohashi T, Shinkuma S, Ishida S. Ectopic cilia: a histopathological study. Case Rep Dermatol. 2012;4(1):37 - 40. doi: 10.1159/000336887. Epub 2012 Feb 10.

[3] Lackner PA. Techniques for surgical correction of adnexal disease. Clin Tech Small Anim Pract. 2001;16(1):40 - 50.

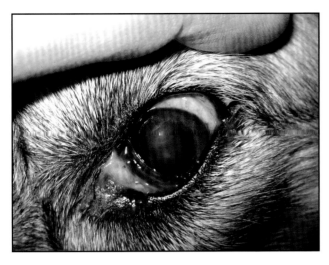

图11.1　典型单个异位睫毛，位于上结膜穹隆2点钟方向，慢性刺激导致角膜炎。

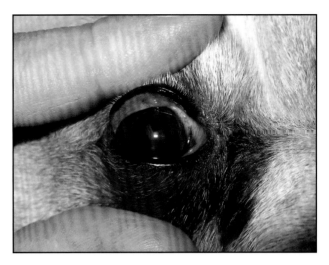

图11.2　单个粗壮异位睫毛位于12点钟方向。

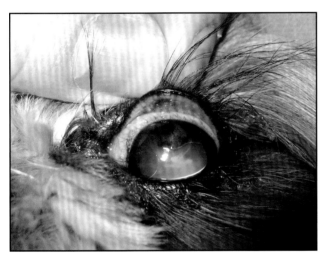

图11.3　多个异位睫毛位于上结膜穹隆12点钟方向，慢性刺激导致角膜炎。

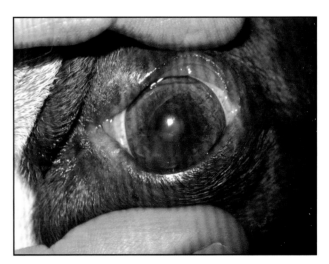

图11.4　异位睫毛位于下结膜穹隆6点钟方向，患病动物伴有继发性角膜溃疡。

第12章 倒睫

疾病简介

倒睫指正常眼周皮肤的毛发与角膜表面接触，毛发可能来源于上眼睑、内眦或鼻部皱褶。角膜受到刺激会使动物感到不适，引发角膜炎和/或角膜溃疡。常见患病犬种包括可卡犬、西施犬、哈巴狗、迷你贵宾犬。

诊断和治疗

患病动物可通过定期仔细地梳理眼周毛发成功地控制该病。根治性治疗方法是针对产生刺激的毛发明智地采取冷冻脱毛术和/或手术切除眼该处生长毛发的皮肤（若情况允许）。几种手术技术已被提出，其中包括斯塔德（Stades）提出的部分上眼睑切除和塞韦林（Severin）提出的鼻部皱褶切除。冷冻技术只能在合适的一氧化氮冷冻装置中进行。实施冷冻脱毛术后眼睑常见局部肿胀和褪色，但是受影响的组织通畅会随着时间的推移重新着色。术后护理需格外谨慎，以保存功能性眼睑，并且防止过多的眼睑组织损伤或坏死以及过多的纤维化组织生成，过渡纤维化会导致瘢痕性睑内翻。术后护理包括常规性抗菌（如果需要）、抗炎、疼痛管理。术后动物需佩戴伊丽莎白圈以防止自体损伤，眼睑完全愈合之前需经常监测角膜健康情况。角膜炎和/或角膜溃疡需使用常规局部抗菌药以及润滑性和保护性药剂治疗。

参考文献

[1] Gelatt KN et al. 2013. Veterinary Ophthalmology, Vol 2, pp. 867－871,Wiley–Blackwell, Oxford.

[2] Severin GA. 2000. Severin's Veterinary Ophthalmology Notes, 3rd ed., Fort Collins, Co.

[3] Stades FC, van de Sandt RR, Boevé MH. Clinical aspects and surgical procedures in trichiasis. Tijdschr Diergeneeskd. 1993;118 Suppl 1:38S–39S.

图12.1 上眼睑（结构型）倒睫。

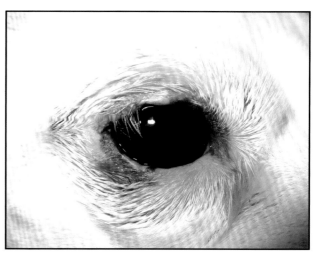

图12.2 上眼睑倒睫，不恰当的双行睫移除导致瘢痕性眼睑内翻从而导致倒睫。

图12.3 由凸起的鼻部皱褶引起的倒睫。可见显著的继发性角膜炎。

图12.4 慢性角膜炎继发于结构型高度倒睫。

第13章　泪膜芯吸综合征

疾病简介

内眦肉阜是第三眼睑基底部有毛发生长的组织区域。许多犬种，特别是小型犬，这个区域富有大量的毛发，这些毛发可能会与角膜表面接触，像"灯芯"一样吸取角膜前的泪膜至内眦毛发皮肤。这可能会导致继发性泪痕，若情况严重还可导致周期性湿疹性皮炎。鼻泪点和／或鼻泪管的狭窄或闭合可能会加重临床症状。鼻泪引流系统的通畅性可通过"琼斯测试"来检测。检测过程中使用少量的荧光染液浸渍于下结膜穹隆，若动物的鼻泪管系统保持足够的通畅，则在5-10min之后会在同侧鼻孔观察到有染液流出。患有灯芯综合征的患病动物，荧光染液会溢出眼眶到达内眦区域附近，使该处有毛发附着的眼睑皮肤染色。常见的易感犬种包括西施犬、拉萨阿普索犬、迷你型贵宾犬、比熊犬。

诊断和治疗

永久性移除内眦肉阜毛发可显著减轻泪膜芯吸综合征。最有效的方法是通过双重冻融循环冷冻脱毛技术实现，实施该技术需格外谨慎。若单一地采取手动除毛可能暂时会消除患病动物的不适感，但毛发会重新生长。冷冻技术只能在合适的一氧化氮冷冻装置中进行。实施冷冻脱毛术后眼睑常见局部肿胀和褪色，但是受影响的组织通常会随着时间的推移重新着色。术后护理需格外谨慎，以保存功能性眼睑，并且防止过多的眼睑组织损伤或坏死以及过多的纤维化组织生成，过度纤维化会导致瘢痕性睑内翻。术后护理包括常规性抗菌（如果需要）、抗炎和疼痛管理。术后动物需佩戴伊丽莎白圈以防止自体损伤，眼睑完全愈合前需频繁监测角膜健康情况。若鼻泪管狭窄则需插管冲洗。泪点发育不全的情况较为罕见，这类病例需要手术重建鼻泪管开口。术后留置尼龙或硅胶支架有助于减少狭窄复发的概率，然而该病的复发率较高。有几种将鼻泪管系统引流至口腔或鼻窦的技术被提出，但很少有研究证实这些技术是有效的。

参考文献

[1] Gelatt KN, Gelatt JP. 1995. Handbook of Small Animal Ophthalmic Surgery: Extraocular Procedures, Vol 1, Pergamon Press, Gainesville, FL.

[2] Gelatt KN et al. 2013. Veterinary Ophthalmology, Vol 2, pp. 871－873,Wiley-Blackwell, Oxford.

[3] Ny Y et al. Medial canthoplasty for epiphora in dogs: a retrospective study of 23 cases. J AmAnimHosp Assoc, 2006;42, 435－439.

[4] Seo KM, NamTC. Tear formation, the patency and angle of bend of nasolacrimal duct in poodle dogswith tear staining syndrome. Korean J Vet Res, 1995;35, 383－390.

图13.1 显著的泪膜芯吸综合征和脸部泪痕。白色毛发的动物可见明显的颜色变化。

图13.2 倒睫引起显著的泪膜芯吸综合征。

图13.3 显著的泪膜芯吸综合征和脸部泪痕。

图13.4 显著的泪膜芯吸综合征和继发性湿疹性皮炎。

第14章 睑内翻

疾病简介

睑内翻是一种眼睑疾病，即睑缘向眼球方向翻转。最典型的睑内翻只涉及下眼睑，但某些动物也会发生上眼睑内翻或上下眼睑同时内翻。双侧眼睑内翻的情况最为常见，但单侧内翻的情况也会发生。原发性睑内翻主要是由眼睑结构异常造成的，附加原因可能包括眼睑过长、松弛和／或眉部皱褶冗赘。睑内翻常见于多个犬种，幼年动物（特别是英国斗牛犬、松狮犬和沙皮犬）和老年动物都可能会受该病影响。痉挛性睑内翻是由眼部不适引起慢性眼睑痉挛而造成的。涂抹局部麻醉药剂可缓解痉挛症状，从而将痉挛性睑内翻和原发性睑内翻区分开来。继发性睑内翻可能起因于眼球位置异常（最常见于眼眶脂肪和／或肌肉萎缩造成的眼球内陷）或眼球大小（最常见于眼球痨）。瘢痕性睑内翻可能继发于炎症后的挛缩。若睑内翻伴有角膜疾病（无论何种病因引起的内翻），角膜疾病普遍是由倒睫导致的。

诊断和治疗

决定进行根治性治疗之前，足量涂抹石油性眼用润滑剂可能对受睑内翻影响的角膜组织起到暂时性的保护作用。幼年原发性睑内翻和痉挛性睑内翻最初可采用不可吸收缝线褥式缝合或外科钉治疗，目的是使眼睑暂时性外翻。缝线或外科钉需要留于体内数周后或数月后才能被移除。幼年动物随着年龄的增长和肌肉骨骼结构的成熟，睑内翻可能会自愈。多种永久结构性睑内翻矫正手术技术已被提出，包括基础的"霍茨－赛尔苏斯（Hotz-Celsus）"手术和其衍生手术。这些手术也适用于由眼球位置和大小引起的继发性睑内翻。术后管理包括常规全身抗菌（如果需要）、抗炎和疼痛管理。术后动物需佩戴伊丽莎白圈以防止自体损伤，眼睑完全愈合前需要经常监测角膜健康情况。若采取电灼术、激光能和／或皮下注射填充物质永久性矫正睑内翻，术后护理需十分谨慎，因为与这些手术相关的并发症的发生概率较高。

参考阅读

[1] Read RA, Broun HC. Entropion correction in dogs & cats using a combination Hotz-Celsus and lateral eyelid wedge resection: results in 311 eyes. Vet Ophthalmol. 2007;10(1):6 - 11.

[2] Williams DL, Kim JY. Feline entropion: a case series of 50 affected animals (2003 - 2008). Vet Ophthalmol. 2009;12(4):221 - 226.

[3] van derWoerdt A. Adnexal surgery in dogs and cats. Vet Ophthalmol. 2004;7(5):284 - 290.

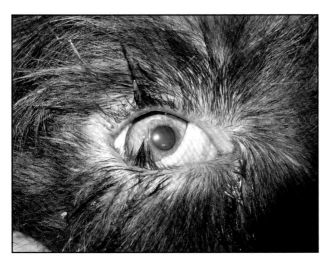

图14.1　结构型睑内翻，导致继发性倒睫。

图14.2　由下眼界过度松弛导致的结构型睑内翻。

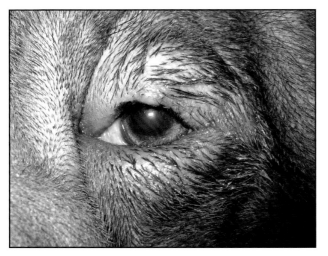

图14.3　幼年结构型睑内翻。

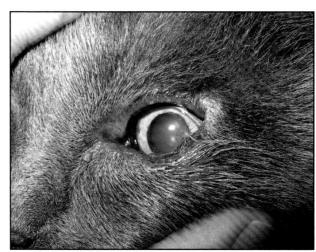

图14.4　猫睑内翻，由眼球下陷造成。

第15章　睑外翻

疾病简介

　　睑外翻，即眼睑向外翻转远离眼球表面以至于增加曝光，可能导致角膜结膜炎。相比睑内翻而言，睑外翻并发角膜疾病的普遍性和可能性较低。睑外翻可能是由组织结构异常（特别是血猎犬、圣伯纳德犬、纽芬兰犬和可卡犬）造成，创伤随后产生的瘢痕也导致睑外翻，另外睑内翻手术矫正过度也可能无意间造成睑外翻。结构型睑外翻最常见于下眼睑。

诊断和治疗

　　睑外翻病例可以采用药物治疗，即抗炎药物和润滑保护药剂结合用药。睑外翻矫正手术只适用于出现严重的继发性疾病的病例。典型的手术步骤为楔形切除部分眼睑然后进行"V至Y"缝合。最合适的手术矫正时间是患病动物达到组织结构成熟之后。术后护理包括常规全身性抗菌（如果需要）、抗炎、疼痛管理。术后动物需佩戴伊丽莎白圈以防止自身损伤，眼睑完全愈合之前需经常监测角膜健康情况。角膜炎和／或角膜溃疡需使用常规局部抗菌药以及润滑性和保护性药剂治疗。

参考文献

[1] DonaldsonD, Smith KM, Shaw SC, SansomJ, Hartley C. Surgicalmanagement of cicatricial ectropion following scarring dermatopathies in two dogs. Vet Ophthalmol. 2005;8(5):361‑366. Erratum in: Vet Ophthalmol. 2005;8(6):451.

[2] Gelatt KN, Gelatt JN. 2001. Small animal ophthalmic surgery, pp. 101‑102 Elsevier, Edinburgh.

[3] Lackner PA. Techniques for surgical correction of adnexal disease. Clin Tech Small Anim Pract. 2001;16(1):40‑50. Review.

[4] van derWoerdt A. Adnexal surgery in dogs and cats. Vet Ophthalmol. 2004;7(5):284‑290. Review.

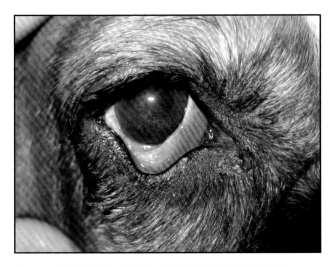

图15.1　结构型下眼睑外翻。患病动物患有轻度结膜炎（一）。

图15.2　结构型下眼睑外翻。患病动物患有轻度结膜炎（二）。

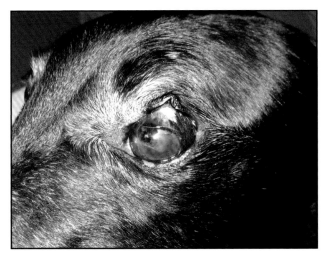

图15.3　继发性（瘢痕性）上眼睑外翻。患病动物患有中度角膜炎（一）。

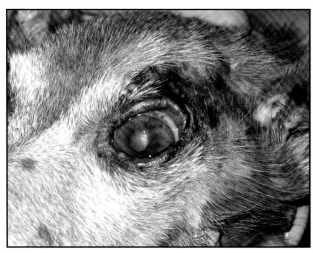

图15.4　继发性（瘢痕性）上眼睑外翻。患病动物患有中度角膜炎（二）。

第16章 睑内翻—外翻联合

疾病简介

睑内翻—外翻普遍被称为"菱形眼"。这种结构形态包括外侧和/或内侧睑内翻的同时伴有上眼睑和/或下眼睑中部睑外翻。这种情况常常见于大型犬，特别是脸部皮肤冗赘的犬（圣伯纳德犬、克伦伯猎犬和英国獒犬）。该病可能会导致与睑内翻和睑外翻两者相关的继发性疾病，如角膜结膜炎、倒睫和／或角膜溃疡。

诊断和治疗

睑内翻—外翻联合病例可以采取药物治疗，抗炎药物和润滑保护药剂结合用药 。若患病动物出现严重的继发性疾病则需要采用手术矫正。许多用于永久性矫正菱形眼的综合手术已被提出，这些手术通常需与眼睑整容术结合，其中改良版"库-希"手术适用于大多数病例。最合适的手术矫正时间是患病动物组织结构成熟之后。对于幼年动物或骨骼未成熟的动物，在实施永久性矫正手术之前可采用不可吸收缝线或手术钉将眼睑暂时外翻固定。

参考文献

[1] Bedford PG. Technique of lateral canthoplasty for the correction of macropalpebral fissure in the dog. J Small Anim Pract. 1998;39(3):117－120.

[2] Gelatt KN, Gelatt JN. 2001. Small Animal Ophthalmic Surgery, pp. 102－103, Elsevier, Edinburgh.

[3] van derWoerdt A. Adnexal surgery in dogs and cats. Vet Ophthalmol. 2004;7(5):284－290. Review.

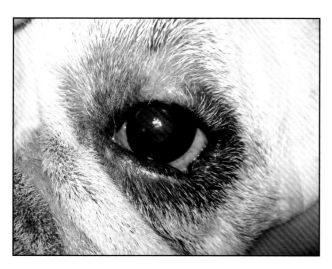

图16.1 睑内翻—外翻联合（菱形眼）。患病动物患有中度角膜炎（一）。

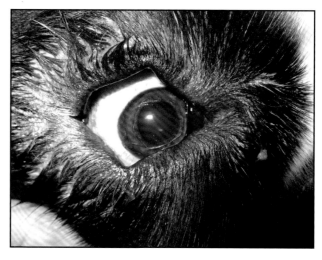

图16.2 睑内翻—外翻联合（菱形眼）。患病动物患有中度角膜炎（二）。

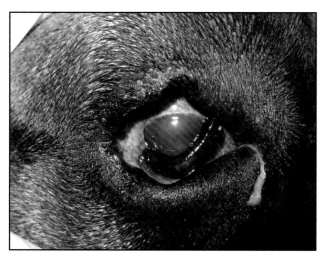

图16.3 睑内翻—外翻联合（菱形眼）。患病动物患有中度角膜结膜炎。

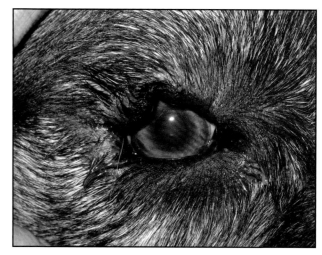

图16.4 睑内翻—外翻联合（菱形眼）。患病动物患有轻度角膜炎。

第17章　巨眼睑裂

疾病简介

巨眼睑裂是一种眼睑结构异常疾病，特征包括睑裂过大和眼睑过长。患病动物可能也会出现睑裂闭合不全或有效闭合眼睑的能力降低以及睡觉时眼睑部分敞开等症状。眼球的曝光增加会导致角膜结膜炎，泪膜异常，溃疡性角膜炎以及眼球突出的风险升高。常见的患病犬种包括北京犬、日本犬、西施犬、拉萨阿普索犬和哈巴犬。

诊断和治疗

某些病例可采用药物治疗，使用润滑和保护性药剂（如果病情需要消炎则需与抗炎药结合用药）。增加眼泪产出的药物和／或稳定角膜前泪膜的药物可能也有助于治疗该病。典型药物为局部环孢霉素（该药有不同浓度）。手术矫正适用于出现严重继发性疾病的患病动物，例如暴露性角膜疾病和／或溃疡性角膜炎。多种用于见效睑裂的手术技术已被提出，罗伯茨／詹森（Roberts/Jensen）内测荷包眼角整形术广泛适用于大多数病例。

潜在的药物不良反应

环孢霉素潜在的不良反应为过敏。

参考文献

[1] Bedford PG. Technique of lateral canthoplasty for the correction of macropalpebral fissure in the dog. J Small Anim Pract. 1998;39(3):117–120.

[2] Gelatt KN, Gelatt JN. 2001. Small Animal Ophthalmic Surgery, p. 109, Elsevier, Edinburgh.

[3] van derWoerdt A. Adnexal surgery in dogs and cats. Vet Ophthalmol. 2004;7(5):284–290. Review.

图17.1　结构型巨睑裂，继发严重慢性角膜疾病，图中可见血管化、纤维化和色素性角膜炎。

图17.2　结构型巨睑裂，继发轻度角膜炎（一）。

图17.3　结构型巨睑裂，继发轻度角膜炎（二）。

图17.4　结构型巨睑裂，继发轻度角膜炎（三）。

第18章 睑板腺囊肿

疾病简介

睑板腺囊肿即（上或下）眼睑内睑板腺由于炎症、感染和／或堵塞而造成肉芽肿性反应。腺体炎症和／或感染可能会造成更广泛的眼睑结膜炎和／或睑板腺炎。腺体堵塞通常是由睑缘肿瘤造成。临床上，病灶含有一个或多个无痛性结实的肿块，呈淡黄色，常见于单个眼睑或上下眼睑。该病在老龄犬中较常见。

诊断和治疗

单一的使用局部抗炎和／或抗菌药治疗效果不理想。全身抗菌治疗会治愈眼睑炎，但造成睑板腺囊肿的肉芽肿性反应需要物理性切除、引流、刮除，才能达到有效的治疗效果。任何眼睑肿瘤在切除睑板腺囊肿的同时需一并被切除。合适的抗菌药选择包括头孢菌素类和四环素类抗菌药。

潜在药物不良反应

头孢菌素类药物可能会引起过敏、胃肠不适和肾脏疾病。四环素类药物可能会引起胃肠不适，光敏感，肝脏损伤。全身性泼尼松给药可能造成食欲增加，多饮多尿，毛色改变，体重增加，胰腺炎，肠炎，肌肉损伤，肝损伤和糖尿病。

术后热敷和／或全身性抗炎给药（通常使用类固醇类药物）会加速消除临床症状。然而患病动物可能会出现新的病变或旧病灶复发。

参考文献

[1] Acharya N, Pineda R. 2nd, Uy HS, Foster CS. Discoid lupus erythematosus masquerading as chronic blepharoconjunctivitis. Ophthalmology.2005;112(5):e19 - e23.

[2] Dubielzig R. et al. 2010. Veterinary Ocular Pathology, 162, Elsevier, Edinburgh.

[3] Grahn BH, Sandmeyer LS. Diagnostic ophthalmology. Can Vet J. 2010;51(3):327.

[4] Peiffer RL Jr. Ocular immunology and mechanisms of ocular inflammation. Vet Clin North Am Small Anim Pract. 1980;10(2):281 - 302.

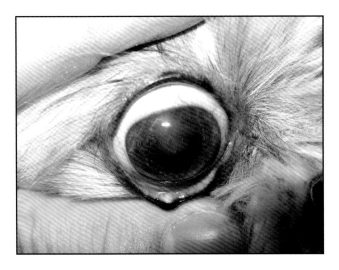

图18.1 下眼睑睑板腺囊肿（一）。

图18.2 下眼睑睑板腺囊肿（二）。

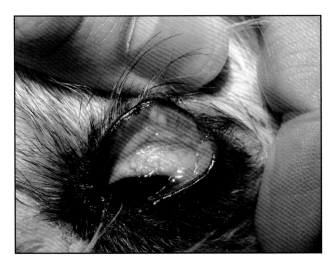

图18.3 上眼睑睑板腺囊肿。

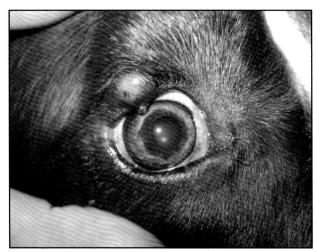

图18.4 一个小的眼睑肿瘤堵塞了睑板腺，造成睑板腺囊肿。

第19章　幼年型脓皮病

疾病简介

幼年型脓皮病（又被称为"幼年型蜂窝组织炎"，"幼年型皮炎"或者"幼犬腺疫"）是一种脓肉芽肿性疾病，通常6月龄以下的犬易感。临床表现为对称脓疱型皮炎，可影响不同的区域，如鼻口部、脸部、眼周组织或耳部，也可见外耳道炎症和／或局部（下颌）反应性淋巴腺肿大。某些病例表现为全身性皮炎。该病被认为是由自身免疫引起的，然而也会激发细菌感染。易感犬种包括金毛犬、拉布拉多寻回犬、腊肠犬。

诊断和治疗

幼年型脓皮病基于临床表现，可采用组织学评估进行确诊。细菌培养和药敏试验对该病的诊断没有实质性帮助。治疗包括全身糖皮质类激素给药，可附加（非必需）全身抗菌药。合适的经验性抗菌药的选择包括头孢菌素类和四环素类（可附加烟酰胺但非必需）。

药物潜在不良反应

糖皮质激素全身给药可能会造成多饮、多食、多尿，毛发质改变，体重增加，胰腺炎，肌肉损伤，肝脏损伤以及糖尿病。头孢菌素类药物可能会造成过敏，胃肠不适和肾脏疾病。四环素类药物可能会造成胃肠不适，光敏感，肝脏损伤。烟酰胺科可能会造成胃肠不适。

参考文献

[1] Gortel K. Recognizing pyoderma: more difficult than it may seem. Vet Clin North Am Small Anim Pract. 2013;43(1):1 - 18. doi: 10.1016/j.cvsm.2012.09.004.

[2] Hutchings SM. Juvenile cellulitis in a puppy. Can Vet J. 2003;44(5):418 - 419.

[3] White SD, Rosychuk RA, Stewart LJ, Cape L, Hughes BJ. Juvenile cellulitis in dogs: 15 cases (1979 - 1988). J Am Vet Med Assoc. 1989;195(11):1609 - 1611.

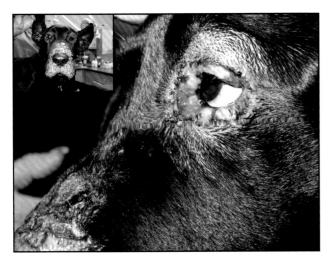

图19.1　幼年型脓皮病临床表现为对称性脸部和眼周脓性皮炎（左上角小插图为典型的双侧脓皮病例）。

图19.2　幼年型脓皮病（一）。

图19.3　幼年型脓皮病（二）。

图19.4　幼年型脓皮病（三）。

第20章　免疫介导性眼睑结膜炎

疾病简介

免疫介导性眼睑结膜炎是一种严重的急性双侧眼睑组织炎症疾病，小型犬更加易感。临床表现包括不规则红疹和／或眼睑肿胀；患病动物会有明显不适感，表现为眼睑痉挛和泪溢。该病通常会引发结膜炎。这种情况可能与睑板腺的炎症或感染或"睑板炎"相关，并可能与更广泛的特应性皮炎的发生和严重程度相吻合。受影响的品种通常包括吉娃娃犬、迷你杜宾犬、巴比龙和腊肠犬。

诊断和治疗

免疫介导性眼睑结膜炎的诊断基于临床表现。许多病例中眼睑共生菌落引发的无菌性过敏反应在发病机制中可能起到一定的作用，细菌培养和药敏试验通常无法识别特定病原。皮肤刮皮可判断动物是否同时感染寄生虫。组织活检适用于严重或治疗无效的患病动物，以排除自体免疫疾病和／或肿瘤形成（自体免疫性睑炎）。单独的局部治疗不能起到治疗效果，有效的治疗方法通常包括激进长效的全身抗菌和抗炎用药和／或免疫调节治疗（通常使用类固醇药物）。合适的经验性抗菌药的选择包括头孢菌素和四环素类药物（酌情添加烟酰胺）。

药物潜在不良反应

糖皮质激素全身给药可能会造成多饮、多食、多尿，毛发质改变，体重增加，胰腺炎，肌肉损伤，肝脏损伤以及糖尿病。头孢菌素类药物可能会造成过敏，胃肠不适和肾脏疾病。四环素类药物可能会造成胃肠不适，光敏感，肝脏损伤。烟酰胺可能会造成胃肠不适。

热敷可能有助于促进炎性睑板腺的开放，局部病灶可能需要被刮除。患病动物在炎症得以控制之前最好佩戴伊丽莎白圈，可防止动物自体损伤。眼睑结膜炎治疗起来不太容易，有可能反复发作或发展为慢性疾病。

参考文献

[1] Bistner S.Allergic- and immunologic-mediated diseases of the eye and adnexae.VetClinNorthAmSmall AnimPract. 1994;24(4):711 - 734. Review.

[2] Chambers ED, Severin GA. Staphylococcal bacterin for treatment of chronic staphylococcal blepharitis in the dog. J AmVet Med Assoc. 1984;185(4):422 - 425.

[3] Furiani N, Scarampella F, Martino PA, Panzini I, Fabbri E, Ordeix L. Evaluation of the bacterial microflora of the conjunctival sac of healthy dogs and dogs with atopic dermatitis. Vet Dermatol. 2011;22(6):490 - 496. doi: 10.1111/j.1365-3164.2011.00979.x. Epub 2011 May 2.

[4] Peña MA, Leiva M. Canine conjunctivitis and blepharitis. Vet Clin North Am Small Anim Pract. 2008;38(2):233 - 249, v. doi: 10.1016/j.cvsm.2007.12.001. Review.

[5] Sansom J, Heinrich C, Featherstone H. Pyogranulomatous blepharitis in two dogs. J Small Anim Pract. 2000;41(2):80 - 83.

图20.1 免疫介导性眼睑结膜炎（左下角插图为典型双侧炎症病例）。

图20.2 免疫介导性眼睑结膜炎显著影响结膜部分。

图20.3 典型免疫介导性眼睑结膜炎。

图20.4 免疫介导性眼睑结膜炎，动物自身抓挠造成毛干。

第21章 自体免疫性睑炎

疾病简介

原发性皮肤自体免疫性疾病可能影响多个身体部位，包括脸部、鼻部、眼周区域、黏膜皮肤连接部位和/或外耳郭，患病动物表现丘疹型糜烂、溃疡、皮炎和／或脱色。这种疾病分类复杂，包括天疱疮（自体抗体介导性皮肤棘层松解）疾病、狼疮（免疫细胞功能紊乱）疾病、血管炎相关疾病，以及葡萄膜皮肤症候群（也被称为vogt—小柳—原田综合征）。天疱疮疾病中，落叶型天疱疮（PF）相比其他类型更为常见，多见于秋田犬、松狮犬和拉布拉多寻回犬。狼疮疾病中，盘状红斑狼疮也被称为皮肤型红斑狼疮，相比于其他类型狼疮疾病更为常见，多见于秋田犬、松狮犬、哈士奇、德国牧羊犬、澳大利亚牧羊犬和柯利犬。典型的葡萄膜皮肤症候群不仅会影响皮肤组织（表现为鼻部、眼周和黏膜皮肤连接部位溃疡和／或脱色），也会影响葡萄膜造成葡萄膜炎、视网膜脱落、眼前房积血和／或青光眼。常见易感犬种包括秋田犬、松狮犬和阿拉斯加犬（另见"葡萄膜皮肤综合征相关性葡萄膜炎"和"葡萄膜皮肤综合征相关性脉络膜视网膜炎"）。

诊断和治疗

自体免疫性眼睑炎的诊断基于临床症状和代表性皮肤活组织切片检查，最理想的活检部位为发病和健康组织交界部位。所有病例的治疗都是长期使用免疫调节药物，典型的药物包括类固醇药物，有时需添加其他免疫抑制药物（如咪唑硫嘌呤，苯丁酸氮芥，麦考酚酯和／或环孢霉素）。如果患病动物出现继发性脓皮病，使用合适的抗菌药物全身给药治疗。

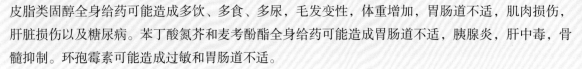

药物潜在不良反应

皮脂类固醇全身给药可能造成多饮、多食、多尿，毛发变性，体重增加，胃肠道不适，肌肉损伤，肝脏损伤以及糖尿病。苯丁酸氮芥和麦考酚酯全身给药可能造成胃肠道不适，胰腺炎，肝中毒，骨髓抑制。环孢霉素可能造成过敏和胃肠道不适。

参考文献

[1] Griffin CE. Diagnosis and management of primary autoimmune skin diseases: a review. Semin Vet Med Surg (Small Anim). 1987;2(3):173–185. Review.

[2] Ihrke PJ, Stannard AA, Ardans AA, Griffin CE. Pemphigus foliaceus in dogs: a review of 37 cases. J AmVetMedAssoc 1985;186(1):59–66.

[3] Mueller RS, Krebs I, Power HT, Fieseler KV. Pemphigus foliaceus in 91 dogs. J AmAnimHosp Assoc 2006;42(3):189–196.

[4] Pye CC. Uveodermatologic syndrome in an Akita. Can Vet J 2009;50(8):861–864.

[5] White SD, Rosychuk RA, Reinke SI, ParadisM. Use of tetracycline and niacinamide for treatment of autoimmune skin disease in 31 dogs. J AmVetMed Assoc 1992;200(10):1497–1500.

图21.1　猫落叶型天疱疮造成眼周和脸部皮肤异常。

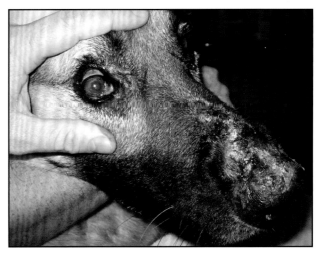

图21.2　犬落叶型天疱疮造成眼周和脸部皮肤异常。

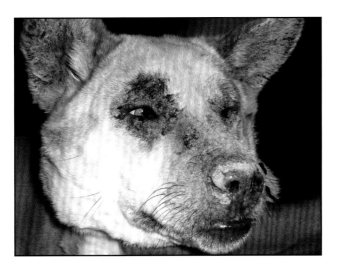

图21.3　犬盘状红斑狼疮造成眼周和脸部皮肤异常。

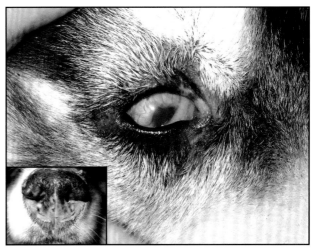

图21.4　葡萄膜皮肤综合征又称vogt—小柳—原田综合征，引起眼部异常，包括睑炎、白癜风和活动性葡萄膜炎（插图展示了典型鼻部皮肤变异）。

第22章　嗜酸性毛囊炎／疖病

疾病简介

毛囊炎是一种皮肤和毛囊炎症。疖病是指毛囊深部坏死性炎症。嗜酸性毛囊炎／疖病代表一种炎症，突然发病的结节性和／或溃疡性皮炎，通常影响口鼻部、脸部和眼周部位。偶尔可见皮肤病灶分布更加广泛的病例。这种疾病的病因尚不清楚但是有人提出与过敏反应相关。患病动物通常是幼年大型犬，还未见某个品种有发病倾向。

诊断和治疗

嗜酸性毛囊炎／疖病的诊断基于临床症状，若代表皮肤切取活检的判读为混合型炎性和显著嗜酸性粒细胞浸润，则有助于对该病进行确诊。治疗方法为使用免疫抑制剂量的泼尼松全身给药。如果患病动物继发细菌性皮炎，需使用抗菌药全身给药治疗。合适的经验性抗菌类药物的选择为头孢菌素类和四环素类抗菌药。

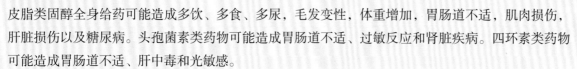

药物潜在不良反应

皮脂类固醇全身给药可能造成多饮、多食、多尿，毛发变性，体重增加，胃肠道不适，肌肉损伤，肝脏损伤以及糖尿病。头孢菌素类药物可能造成胃肠道不适、过敏反应和肾脏疾病。四环素类药物可能造成胃肠道不适、肝中毒和光敏感。

参考文献

[1] Fraser M.What is your diagnosis? Eosinophilic folliculitis and furunculosis. J Small Anim Pract. 2002;43(4):150, 187.

[2] Mauldin EA, Palmeiro BS, Goldschmidt MH, Morris DO. Comparison of clinical history and dermatologic findings in 29 dogs with severe eosinophilic dermatitis: a retrospective analysis. Vet Dermatol 2006;17(5):338 - 347.

[3] Van Poucke S. What is your diagnosis? Canine eosinophilic furunculosis (folliculitis) of the face. J Small Anim Pract. 2000;41(11):485, 524 - 525.

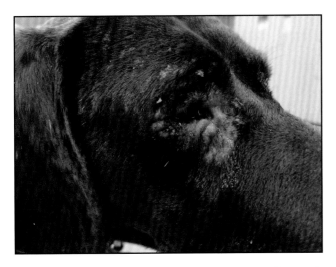

图22.1 嗜酸性毛囊炎/疖病的一种特征表现为结节性病灶,多见于口吻部和眼周部位(一)。

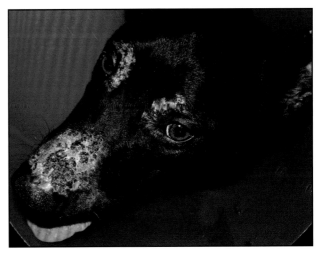

图22.2 嗜酸性毛囊炎/疖病的一种特征表现为结节性病灶,多见于口吻部和眼周部位(二)。

图22.3 嗜酸性毛囊炎/疖病的一种特征表现为结节性病灶,多见于口吻部和眼周部位(三)。

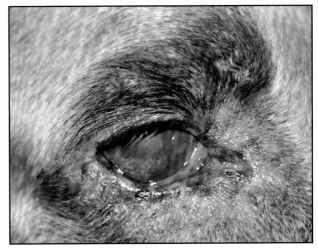

图22.4 嗜酸性毛囊炎/疖病的一种特征表现为结节性病灶,多见于口吻部和眼周部位(四)。

第23章 药物不良反应

疾病简介

药物（皮肤）不良反应的出现是由药理学因素和动物个体免疫反应共同造成的。症状表现为脸部和／或眼周出现严重的红斑、大疱和／或脓疱性皮疹，这些病灶在某些病例中可能分布更加广泛。药物不良反应的机制包括即时性、延迟性和抗原抗体反应以及补体激活和肥大细胞脱颗粒作用。造成药物不良反应的药物通常包括含硫抗菌药物（特别含甲氧苄啶的增效抗菌剂）、盘尼西林、头孢菌素类、新霉素和环孢霉素。较易感的品种包括喜乐蒂牧羊犬、澳大利亚牧羊犬、杜宾犬和约克夏狸犬。

诊断和治疗

药物不良反应的诊断基于病史、皮肤切取组织学活检和药物停止后动物的反应。鉴别诊断包括多形性红斑、中毒性表皮坏死松解症和皮肤血管炎以及自体免疫疾病。治疗方法为停止使用怀疑造成不良反应的药物。类固醇可能会有助于加快消除临床症状。若患病动物出现继发性细菌感染，需考虑全身抗菌治疗。

药物潜在不良反应

皮质类固醇全身给药可能造成多饮、多食、多尿，毛发变性，体重增加，胃肠道不适，肌肉损伤，肝脏损伤以及糖尿病。

参考文献

[1] Mason KV. Cutaneous drug eruptions.Vet Clin North Am Small Anim Pract. 1990;20(6):1633 - 1653. Review.

[2] Niza MM, Félix N, Vilela CL, PeleteiroMC, Ferreira AJ. Cutaneous and ocular adverse reactions in a dog following meloxicam administration. Vet Dermatol 2007;18(1):45 - 49.

[3] Noli C, Koeman JP, Willemse T. A retrospective evaluation of adverse reactions to trimethoprim-sulphonamide combinations in dogs and cats. Vet Q 1995;17(4):123 - 128.

[4] ScottDW,MillerWHJr. Idiosyncratic cutaneous adverse drug reactions in the dog: literature review and report of 101 cases (1990 - 1996). Canine Pract 1999;24:16 - 22.

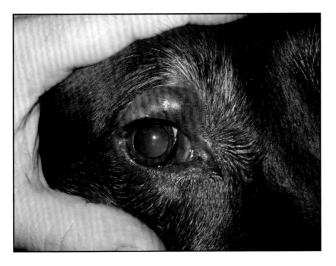

图23.1 磺胺醋酰局部用药造成不良反应（一）。

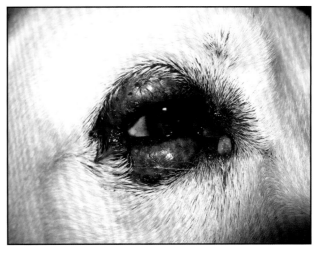

图23.2 磺胺醋酰局部用药造成不良反应（二）。

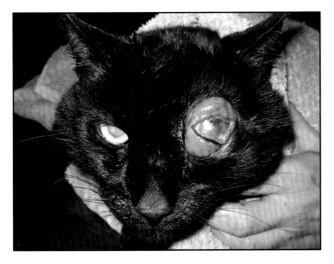

图23.3 新霉素局部用药造成不良反应。

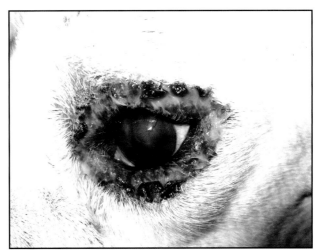

图23.4 环孢霉素局部用药造成不良反应。

第24章　皮肌炎

疾病简介

皮肌炎是炎症疾病，幼年犬的真皮、结缔组织以及不同程度的肌肉组织会受到影响。皮肤病灶通常包括红斑、皮炎和／或四肢、指头、耳朵和脸部脱毛。患病动物通常不超过1岁龄。许多患病动物会出现肌炎（特别是会影响咬肌和／或运动肌肉）。代表性犬种包括喜乐蒂牧羊犬和柯利犬。

诊断和治疗

皮肌炎的诊断基于临床症状，典型皮肤和肌肉组织活检和组织病理判读有助于该病的诊断。患病动物的肌酸激酶可能会升高，不同病例升高程度不同。治疗包括皮质类固醇全身用药，也可添加己酮可可碱和／或维生素E。

药物潜在不良反应

皮质类固醇全身给药可能造成多饮、多食、多尿，毛发变性，体重增加，胃肠道不适，肌肉损伤，肝脏损伤以及糖尿病。己酮可可碱可能会造成胃肠道不适，中枢神经系统兴奋和／或过敏反应。

皮肤病灶通常会被治愈（有瘢痕组织形成）；然而肌肉疾病可能会持续。

参考文献

[1] Evans J, Levesque D, Shelton GD. Canine inflammatory myopathies: a clinicopathologic review of 200 cases. J Vet Intern Med. 2004;18(5):679‐691.

[2] Ferguson EA, Cerundolo R, Lloyd DH, Rest J, Cappello R. Dermatomyositis in five Shetland sheepdogs in the United Kingdom. Vet Rec. 2000 Feb 19;146(8):214‐217.

[3] Rees CA, Boothe DM. Therapeutic response to pentoxifylline and its activemetabolites in dogs with familial canine dermatomyositis. Vet Ther. 2003;4(3):234‐241.

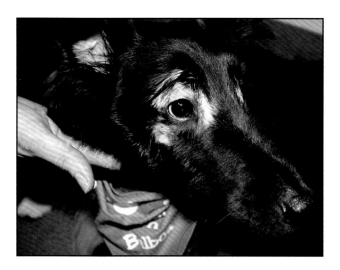

图24.1　犬皮肌炎典型病例（一）。

图24.2　犬皮肌炎典型病例（二）。

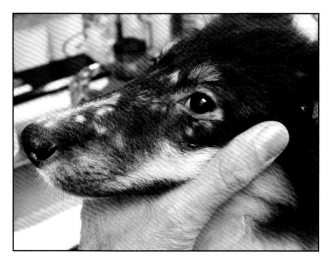

图24.3　犬皮肌炎典型病例（三）。

图24.4　慢性瘢痕形成，由已治愈的皮肌炎引起。

第25章　蠕形螨相关性睑炎

疾病简介

犬蠕形螨病是由共生在毛囊里的犬蠕形螨（*Demodex Canis*）或猫蠕形螨（*Demodex Cati*）数量显著增多引起的。身体机能欠佳，衰竭性疾病，紧张，皮质类固醇引起的免疫抑制和／或遗传性因素可能对该疾病的发展起到一定作用。患病动物通常出现红斑，湿疹性皮炎，脱毛和／或苔藓样硬化和过度着色，这些病灶可能是局部的或全身性的，尤其在眼周部位常见。身体的不同部位会受影响，患病动物也可能会出现显著的自体损伤和继发性细菌脓皮病。各个品种的犬和猫都可能会感染（猫也可能会感染猫耳螨）。常见易感犬种包括英国古代牧羊犬、拉萨犬、西施犬和英国斗牛犬。

诊断和治疗

蠕形螨病的诊断基于细胞学评估。挤压患部毛囊并进行深层刮皮，对所得的样本进行镜检，若能观察到大量的成熟和/或未成熟虫体（虫卵、幼虫、若虫），则可判定动物感染蠕形螨。局部治疗对蠕形螨的治疗效果不大。合适的治疗方式需要使用杀螨药物，最常见的药物为伊维菌素，每24-48h给药，持续3-6个月，直到获得2次阴性刮皮诊断，2次刮皮诊断间隔2-3个月为宜。

药物潜在不良反应

伊维菌素可能会造成神经中毒、肾脏损伤，代表犬种为柯利犬。

若出现继发性脓皮病，需选择合适的抗菌药物全身性给药治疗（若情况严重，可添加药浴香波辅助治疗）。

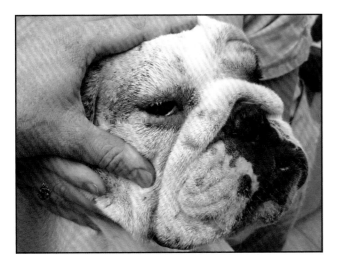

图25.1　全身性犬蠕形螨临床案例。

图25.2　局部性犬蠕形螨临床案例。

图25.3　全身性猫蠕形螨临床案例。

图25.4　慢性蠕形螨感染引起苔藓样硬化和过度着色。

第26章　皮肤癣菌病

疾病简介

　　皮肤癣菌病即皮肤感染了一种或多种真菌。人们通常提到的"皮癣"就是这一类感染的总称。被鉴别出的常见微生物包括犬小孢子菌（*Microsporum canis*），石膏样小孢子菌（*Microsporum gypseum*），须毛癣菌（*Trichophyton mentagrophytes*）。患病动物临床表现为红斑和／或结痂性皮炎，可能伴有继发性细菌感染。感染部位多为脸部、眼周组织、耳郭和／或前肢。慢性病灶包括脱毛和／或苔藓样硬化。任何品种的犬和猫以及它们的杂交品种都会感染该病。

诊断和治疗

　　皮肤癣菌病的诊断基于临床症状和皮肤霉菌试验培养基培养结果，典型样本的细胞学或组织学评估也有助于诊断。真菌感染可能会传染给人。治疗方法通常为杀真菌药物全身给药，代表药物为氟康唑和伊曲康唑（若患病动物存在继发性细菌感染，需添加抗菌药物治疗）。

药物潜在不良反应

氟康唑和伊曲康唑可能会造成胃肠道不适以及肝中毒。

参考文献

[1] Bond R. Superficial veterinary mycoses. Clin Dermatol. 2010;28(2):226－236. doi: 10.1016/j.clindermatol.2009.12.012.

[2] Moriello KA. Treatment of dermatophytosis in dogs and cats: review of published studies. Vet Dermatol. 2004;15(2):99－107.

[3] Outerbridge CA. Mycologic disorders of the skin. Clin Tech Small Anim Pract. 2006;21(3):128－134.

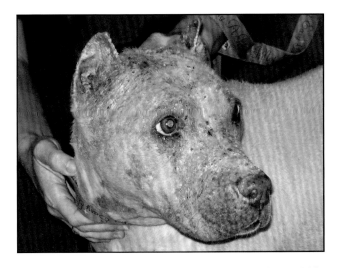

图26.1　严重皮肤癣菌病临床病例，真菌造成脸部和眼周部位脱毛和结痂（一）。

图26.2　严重皮肤癣菌病临床病例，真菌造成脸部和眼周部位脱毛和结痂（二）。

图26.3　严重皮肤癣菌病临床案例，真菌造成脸部和眼周部位脱毛和结痂（三）。

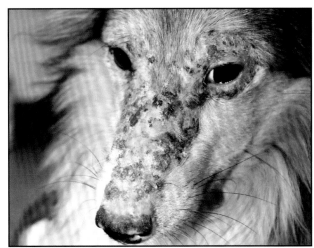

图26.4　严重皮肤癣菌病临床案例，真菌造成脸部和眼周部位脱毛和结痂（四）。

第27章　放射诱发性睑结膜炎

疾病简介

使用放射疗法治疗头侧、眼部或鼻窦部患有肿瘤的犬和猫患病动物，已经变得越来越普遍。治疗性射线的产生方式与X射线几乎相同，两者校准方式也类似。如果情况允许，眼部结构应尽量避免暴露于原级放射线中。暴露于辐射中的组织有丝分裂能力会受损，损伤程度与射线剂量和累积程度有关。代谢周转快的组织受影响最严重，放射引起的眼部并发症包括严重的眼周皮炎（湿性皮炎为特征的组织坏死，继发性细菌感染并随后引发纤维化）、干燥性较角膜结膜炎（KCS）、溃疡性角膜炎、白内障形成和／或视网膜坏死（导致退化）。

诊断和治疗

放射性病变的诊断基于临床症状和病史。湿性眼周皮炎需使用合适的全身性抗菌和抗炎疗法治疗。干燥性角膜结膜炎需要结合润滑剂和抗炎药物治疗。溃疡性角膜炎需要清除失活的组织，并使用常规局部抗菌药和润滑保护剂治疗。显然，受放射影响的眼睑和角膜组织愈合慢，效果达不到预期。葡萄膜炎，包括同时伴有白内障的葡萄膜炎，需使用局部消炎药降低继发性青光眼的风险。受放射影响的患病动物不适用于白内障手术。

参考文献

[1] Ching SV, Gillette SM, Powers BE, Roberts SM, Gillette EL,Withrow SJ. Radiation–induced ocular injury in the dog: a histological study. Int J Radiat Oncol Biol Phys. 1990;19(2):321‑328.

[2] Lawrence JA, Forrest LJ, Turek MM, Miller PE, Mackie TR, Jaradat HA, Vail DM, Dubielzig RR, Chappell R, Mehta MP. Proof of principle of ocular sparing in dogs with sinonasal tumors treated with intensity–modulated radiation therapy. Vet Radiol Ultrasound. 2010;51(5):561‑570.

[3] Pinard CL, Mutsaers AJ, Mayer MN,Woods JP. Retrospective study and review of ocular radiation side effects following external–beam Cobalt–60 radiation therapy in 37 dogs and 12 cats. Can Vet J. 2012;53(12):1301‑1307.

[4] Roberts SM, Lavach JD, Severin GA, Withrow SJ, Gillette EL. Ophthalmic complications following megavoltage irradiation of the nasal and paranasal cavities in dogs. J AmVetMed Assoc. 1987;190(1):43‑47.

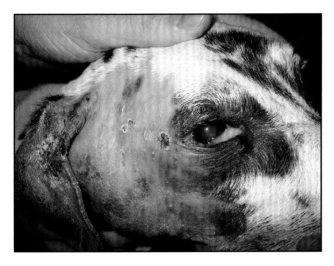

图27.1 由放射性治疗引发的病变。图中眼部黏性分泌物表示动物患有干燥性角膜结膜炎。

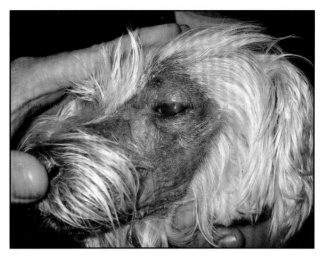

图27.2 由放射性治疗引发的病变。患病动物同时患有干燥性角膜结膜炎。

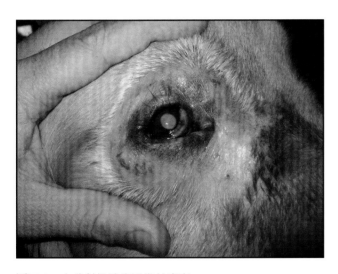

图27.3 由放射性治疗引发的病变。

图27.4 放射性眼周炎症愈后产生慢性皮肤脱毛和疤痕形成。

第28章　大汗腺囊瘤

疾病简介

大汗腺囊瘤是猫中相对常见的眼睑肿块，代表性易感品种为波斯猫和喜马拉雅猫品种。病变表现为一个或局部合并，灰色凸起的囊性肿块，影响一只或两只眼睑（上和／或下眼睑）和／或眼周部位。组织学上，这些肿块包括腺瘤组织和扩张的上皮囊肿，其中含有棕褐色至棕色的黏性蛋白碎片。

诊断和治疗

大汗腺囊肿是良性的，通常不会导致明显的不适或继发性病理。如有需要，这些病变可以通过外科手术切除或更理想方式，即使用CO_2激光消融来去除。不管采取何种方法去除肿块，都应尽可能保持眼睑边缘的完整性。肿块被切除后可能会出现新的或复发性病变。

参考文献

[1] Cantaloube B, Raymond-Letron I, Regnier A. Multiple eyelid apocrine hidrocystomas in two Persian cats. Vet Ophthalmol. 2004;7(2):121‒125.

[2] Chaitman J, van der Woerdt A, Bartick TE. Multiple eyelid cysts resembling apocrine hidrocystomas in three Persian cats and one Himalayan cat. Vet Pathol. 1999;36(5):474‒476.

[3] Giudice C,MuscoloMC, Rondena M, Crotti A, Grieco V. Eyelid multiple cysts of the apocrine gland ofMoll in Persian cats. J FelineMed Surg. 2009;11(6):487‒491. doi: 10.1016/j.jfms.2008.11.006. Epub 2008 Dec 21.

[4] Yang SH, Liu CH, Hsu CD, Yeh LS, Lin CT. Use of chemical ablation with trichloroacetic acid to treat eyelid apocrine hidrocystomas in a cat. J AmVet Med Assoc. 2007;230(8):1170‒1173.

图28.1　上下两眼睑同时患有大汗腺囊肿的临床案例。

图28.2　该病例中内眦有一个大的大汗腺囊肿（一）。

图28.3　该病例中内眦有一个大的大汗腺囊肿（二）。

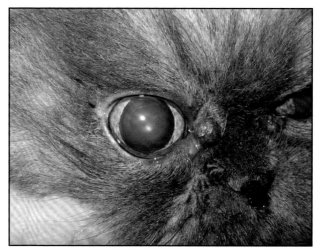

图28.4　该病例中内眦有一个大的大汗腺囊肿（三）。

第29章 皮脂腺腺瘤／上皮瘤

疾病简介

　　腺瘤和上皮瘤是皮脂腺组织中相对常见的肿瘤增生。腺瘤在组织学上通常会表现腺体分化，然而上皮瘤大多数情况不出现分化，但两者会有组织学"重叠"的情况发生。两者病变通常会呈粉色到灰色，结实的不规则眼睑增生肿块，影响上眼睑和／或下眼睑，不同程度地入侵眼睑。由于磨损和／或自体损伤，患病动物可能会继发睑结膜炎和／或角膜炎。继发性睑板腺囊肿可能也与这些病变有关，是由腺体堵塞造成的。

诊断和治疗

　　诊断是基于临床症状和指示样本活检组织学判读。组织病理学将确定肿瘤形成过程的性质和程度，并指示肿块是否已被完全切除。少数病例被鉴定为恶性肿瘤。治疗方法为手术切除肿块。小型肿块（2-5mm）可用CO_2激光切除，可保存睑缘结构和功能的完整性并且通常能够避免手术重建的需要。更大的肿块则需要全层眼睑切除，切除后需精确的眼睑修复。理想情况下，内眦和外眦解剖结构能够保存完好。若眼睑切除后缺失部分的长度小于眼睑总长度的1/3，则缺失部分可直接对合。若缺失部分较大则需进行眼睑整形重建手术，如勒温（Lewin）提出的外眦切开术和眼睑分割术。术后护理包括常规性抗菌（如果需要）、抗炎、疼痛管理。术后动物需佩戴伊丽莎白圈以防止自身损伤，角膜健康情况需频繁被监测，直到眼睑愈合完全。

参考文献

[1] BussieresM, Krohne SG, Stiles J, Townsend WM.The use of carbon dioxide laser for the ablation ofmeibomian gland adenomas in dogs. J AmAnimHosp Assoc. 2005;41(4):227–234.

[2] Dubielzig R et al. 2010. Veterinary Ocular Pathology, pp. 151–152, Elsevier, Edinburgh.

[3] Grahn BH, Sandmeyer LS. Diagnostic ophthalmology. Tarsal gland adenoma. Can Vet J. 2009;50(11):1199–1200.

[4] Lewin G. Eyelid reconstruction in seven dogs using a split eyelid flap. J Small Anim Pract. 2003 Aug;44(8):346–351.

[5] Roberts SM, Severin GA, Lavach JD. Prevalence and treatment of palpebral neoplasms in the dog: 200 cases (1975–1983). J AmVetMed Assoc. 1986;189(10):1355–1359.

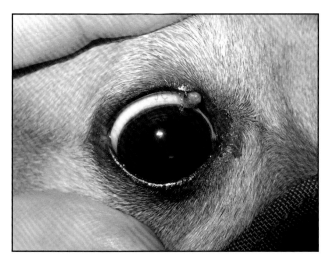

图29.1　皮脂腺上皮瘤临床病例，眼睑上的小肿块可通过CO_2激光切除。

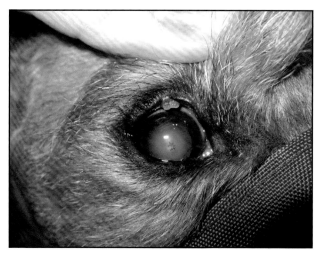

图29.2　皮脂腺腺瘤临床病例，眼睑上的小肿块可通过CO_2激光切除。

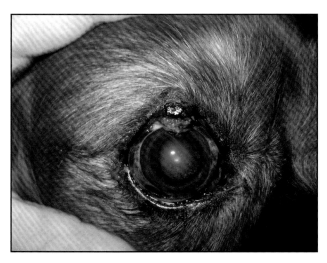

图29.3　皮脂腺腺瘤临床病例，眼睑上的大肿块更适合手术切除（一）。

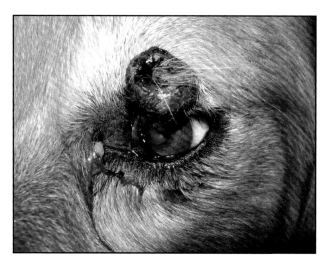

图29.4　皮脂腺腺瘤临床病例，眼睑上的大肿块更适合手术切除（二）。

第30章　组织细胞瘤

疾病简介

组织细胞瘤通常是良性皮肤肿瘤，多数情况下具有自限性，可影响眼睑和眼周部位，年幼的犬易感。病变结实，凸起，呈粉色至红色，肿块边界清晰，位于睑缘上或靠近睑缘处，可能会发生溃疡。易感犬种包括可卡犬、拳师犬和腊肠犬。

诊断和治疗

组织细胞瘤诊断基于代表性组织活检（通常通过切除肿块获得样本）的组织病理学判读。年幼犬中组织细胞瘤可能会在1-3个月后自行消失，这一过程与淋巴细胞浸润有关，或者需要外科手术切除。需要外科手术介入的病例需尽量保存眼睑边缘的完整性。单个眼睑组织细胞瘤的生物学行为通常是良性的，分布更广泛的皮肤型细胞组织瘤和全身性组织细胞瘤相关疾病（特别是伯恩山犬和拉布拉多寻回犬）更值得关注。比较罕见的组织细胞肉瘤的生物学行为呈高度恶性。

参考文献

[1] Coomer AR, Liptak JM. Canine histiocytic diseases. Compend Contin Educ Vet. 2008;30(4):202 - 204, 208 - 216; quiz 216 - 217.

[2] Fulmer AK, Mauldin GE. Canine histiocytic neoplasia: an overview. Can Vet J. 2007;48(10):1041 - 1043, 1046 - 1050.

[3] Gelatt KN. Histiocytoma of the eyelid of a dog. Vet Med Small Anim Clin. 1975;70(3):305.

[4] KillickDR, Rowlands AM, BurrowRD, Cripps P,Miller J,GrahamP, Blackwood L.Mast cell tumour and cutaneous histiocytoma excision wound healing in general practice. J Small Anim Pract. 2011;52(9):469 - 475. doi: 10.1111/j.1748-5827.2011.01093.x.

[5] Schmidt JM, North SM, Freeman KP, Ramiro-Ibañez F. Canine paediatric oncology: retrospective assessment of 9522 tumours in dogs up to 12 months (1993 - 2008). Vet Comp Oncol. 2010;8(4):283 - 292. doi: 10.1111/j.1476-5829.2010.00226.x.

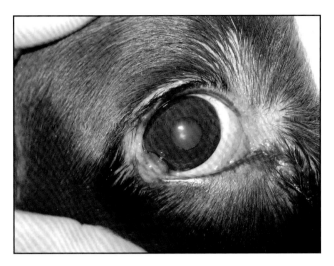

图30.1　犬组织细胞瘤临床病例（一）。

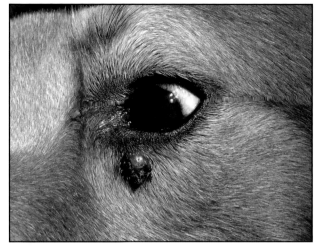

图30.2　犬组织细胞瘤临床病例（二）。

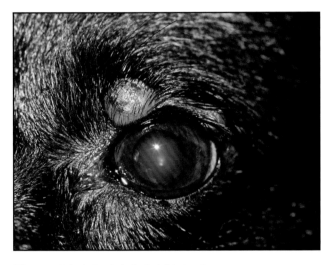

图30.3　犬组织细胞瘤临床病例（三）。

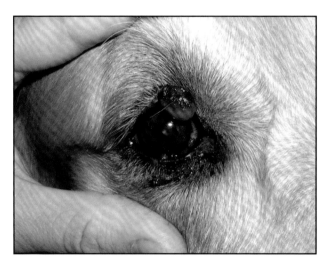

图30.4　犬组织细胞瘤临床病例（四）。

第31章 眼睑黑色素细胞瘤

疾病简介

眼睑黑色素细胞瘤是一种黑色素细胞良性增生，表现为一个或多个肿块，多个肿块较常见。肿块小而结实，形状不规则且着色，沿着眼睑边缘缓慢生长。易感犬种包括维希拉猎犬和杜宾犬。

诊断和治疗

黑色素细胞瘤的诊断和治疗是基于临床症状，代表性组织活检的组织病理学判读有助于诊断。这类肿块有向眼睑边缘发展的趋势，因此需要手术切除肿瘤，然而多个病变部位使切除变得困难。这类病变的治疗方法包括"良性忽略"，即无需治疗；手术切除；应用冷冻技术局部切除或者更加理想情况是使用CO_2激光切除。 术后可能出现局部复发或新的病变。

参考文献

[1] Dubielzig R et al. 2010. Veterinary Ocular Pathology 150, Elsevier, Edinburgh.

[2] Finn M, Krohne S, Stiles J. Ocular melanocytic neoplasia. Compend Contin Educ Vet. 2008;30(1):19‐25; quiz 26. Review. Roberts SM, Severin GA, Lavach JD. Prevalence and treatment of palpebral neoplasms in the dog: 200 cases (1975‐1983). J AmVetMed Assoc. 1986;189(10):1355‐1359.

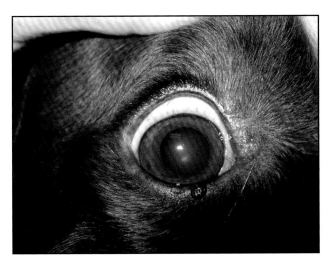

图31.1 犬眼睑黑色素细胞瘤临床病例（一）。

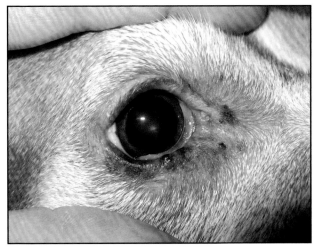

图31.2 犬眼睑黑色素细胞瘤临床病例（二）。

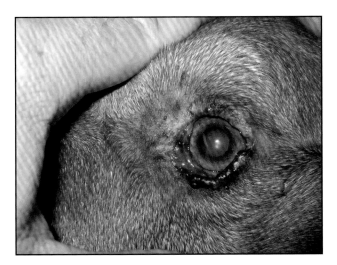

图31.3 犬眼睑黑色素细胞瘤临床病例（三）。

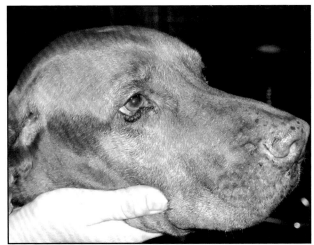

图31.4 犬眼睑黑色素细胞瘤临床病例（四）。

第32章　眼睑黑色素瘤

疾病简介

眼睑黑色素瘤通常为结实而不规则的肿块增生。肿块可能着色也可能不着色（诊断范围包括无黑色素性黑素瘤），偶尔会导致出血。眼睑黑素瘤通常表现恶性生物行为，会激进地侵润周围局部组织。易感犬种包括杜宾犬和玩具贵宾犬。

诊断和治疗

黑素瘤的最终诊断基于代表组织活检的组织病理学评估。治疗方法包括：条件允许可采用广泛手术切除，可配合化学疗法或外粒子束（电子）放射疗法，若病情需要可配合"节拍治疗"〔结合非甾体抗炎药（NSAID）和烷化剂抑制血管生长〕。黑素瘤存在癌扩散的可能，建议患病动物在手术前做一个分期评估，所需检测包括局部淋巴结抽吸、三视图X射线照相、全血球细胞计数检查（CBC）/化学分析。如果需要，头部软组织影像学诊断〔磁共振成像（MRI）或计算机断层扫描（CT）〕有助于进一步精确手术方案。患病动物切除大的肿块后可能需要局部眼睑整形重建手术。疫苗介导的免疫疗法在治疗黑素瘤中的潜在价值尚未得到评估。

参考文献

[1] Aquino SM. Management of eyelid neoplasms in the dog and cat. Clin Tech Small Anim Pract. 2007;22(2):46–54. Review.

[2] Finn M, Krohne S, Stiles J. Ocular melanocytic neoplasia. Compend Contin Educ Vet. 2008;30(1):19–25; quiz 26. Review.

[3] Gwin RM, Alsaker RD, Gelatt KN. Melanoma of the lower eyelid of a dog. Vet Med Small Anim Clin. 1976;71(7):929–931.

[4] Munger RJ, Gourley IM. Cross lid flap for repair of large upper eyelid defects. J AmVetMed Assoc. 1981;178(1):45–48.

[5] Roberts SM, Severin GA, Lavach JD. Prevalence and treatment of palpebral neoplasms in the dog: 200 cases (1975–1983). J AmVetMed Assoc. 1986;189(10):1355–1359.

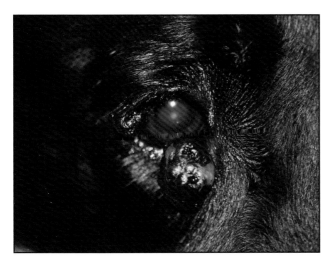

图32.1 犬眼睑黑素瘤临床病例（一）。

图32.2 犬眼睑黑色素瘤临床病例（二）。

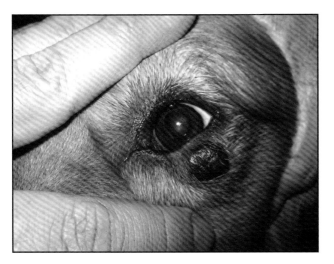

图32.3 犬眼睑黑色素瘤临床病例（三）。

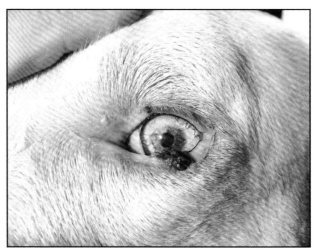

图32.4 犬眼睑黑色素瘤临床病例（四）。

第33章　皮肤上皮样淋巴瘤

疾病简介

　　皮肤上皮样淋巴瘤是淋巴瘤的一种，通常会影响眼睑和附属结构。这种疾病也被称为"蕈样肉芽肿"，该术语有时会让人感到疑惑。临床表现为增厚的，不规则至结节性／增生性和／或溃疡性皮炎／睑炎，病变部位可能会脱色，脱色的严重程度和分布程度在不同个体间存在差异。皮肤上皮样淋巴瘤通常影响眼周和口部黏膜皮肤接合部位和甲床和／或爪垫，然而也存在病变分布更广的案例。若眼周组织受影响，患病动物可能会出现结膜炎和／或眼部分泌物。疾病末期可能会影响淋巴系统、肝系统和／或胃肠道系统。易感犬种包括金毛犬、拳师犬和美国爱斯基摩犬。

诊断和治疗

　　皮肤上皮样淋巴瘤通过组织学判读进行诊断，样本通过切取活检获得。任何淋巴瘤疑似病例在治疗前需获取样本以助于建立准确的治疗方案。皮肤上皮样淋巴瘤存在癌扩散的可能，建议在开始化疗前通过局部淋巴结（和／或器官／骨髓）抽吸，三视图X射线照相，全血球细胞计数（CBC）/生化检查评估肿瘤分期情况。治疗包括全身性化疗以及继发性细菌感染的治疗。患病动物化疗方案最好是由肿瘤专科医师设计，方案通常会包括泼尼松和环己亚硝脲。

药物潜在不良反应

全身性皮质类固醇给药可能会造成多食、多饮、多尿，毛皮出现异常变化，体重增加，胰腺炎，肠炎，肌肉损伤，肝脏损伤和糖尿病。环己亚硝脲可能造成口炎，角膜上皮中毒，脱毛，胃肠道不适，肾中度和／或肝中毒和／或骨髓移植。

　　预后与淋巴瘤的分级和涉及身体部位的程度有关，存活时间几个月到几年不等。

参考文献

[1] Fontaine J, Bovens C, Bettenay S, Mueller RS. Canine cutaneous epitheliotropic T-cell lymphoma: a review. Vet.

[2] Comp Oncol. 2009;7(1):1–14. doi: 10.1111/j.1476-5829.2008.00176.x.

[3] Fontaine J, Heimann M, Day MJ. Canine cutaneous epitheliotropic T-cell lymphoma: a review of 30 cases. Vet Dermatol. 2010;21(3):267–75. doi: 10.1111/j.1365-3164.2009.00793.x. Epub 2010 Feb 5.

[4] Fontaine J, HeimannM, Day MJ. Cutaneous epitheliotropic T-cell lymphoma in the cat: a review of the literature and five new cases. Vet Dermatol. 2011;22(5):454–61. doi: 10.1111/j.1365-3164.2011.00972.x. Epub 2011 May 2.

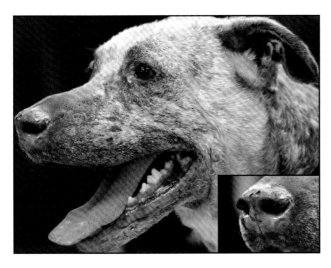

图33.1　上皮样淋巴瘤临床病例，眼周和脸部出现糜烂病变。

图33.2　上皮样淋巴瘤临床病例出现广泛的皮肤病变。

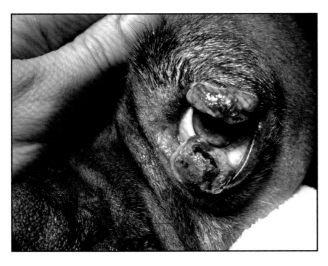

图33.3　上皮样淋巴瘤临床病例出现增生病变（一）。

图33.4　上皮样淋巴瘤临床病例出现增生病变（二）。

第34章　眼睑鳞状细胞癌

疾病简介

眼睑鳞状细胞癌是一种肿瘤形成过程，在白色毛发或几乎不着色的动物中更常见。遗传因素，紫外线暴露和／或慢性炎症可能对该病的发展有一定影响。随着时间的进行，该病病变过程从局部棘层增厚发展为原位癌再彻底发展成鳞状细胞癌。眼睑鳞状细胞癌在猫中更常见，患病动物表现不规则粉色至红色，糜烂性和／或增生性病变，可能会继发局部睑结膜炎、黏性分泌物和／或出血。肿瘤具有激进的侵润性生物行为，可能会扩散到周围组织，包括结膜、眼球和眼眶。

诊断和治疗

鳞状细胞癌的治疗包括临床症状，代表性组织切取活检有助于该病的确诊。组织病理学有助于明确肿瘤的恶性程度。若情况允许，该病的治疗可采用外科切除。手术切除肿瘤后患病动物通常需要进行局部眼睑整形重建。眼睑鳞状细胞癌存在癌扩散的可能，建议在手术前通过局部淋巴结抽吸，三视图X射线照相，全血球细胞计数（CBC）/生化检查评估肿瘤分期情况。如果需要，头部软组织影像学诊断［磁共振成像（MRI）或计算机断层扫描（CT）］有助于进一步精确手术方案。表层病变可能可以采用锶疗法治疗。鳞状细胞癌对外放射的敏感性存在差异。

参考文献

[1] Murphy S. Cutaneous squamous cell carcinoma in the cat: current understanding and treatment approaches. J Feline Med Surg. 2013;15(5):401‑407.

[2] Newkirk KM, Rohrbach BW. A retrospective study of eyelid tumors from 43 cats. Vet Pathol. 2009;46(5):916‑927.

[3] Roberts SM, Severin GA, Lavach JD. Prevalence and treatment of palpebral neoplasms in the dog: 200 cases (1975‑1983). J AmVetMed Assoc. 1986;189(10):1355‑1359.

[4] Schmidt K, Bertani C,Martano M,Morello E, Buracco P. Reconstruction of the lower eyelid by third eyelid lateral advancement and local transposition cutaneous flap after "en bloc" resection of squamous cell carcinoma in 5 cats. Vet Surg. 2005;34(1):78‑82.

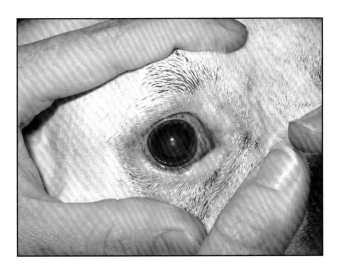

图34.1　犬下眼睑糜烂性鳞状细胞癌。

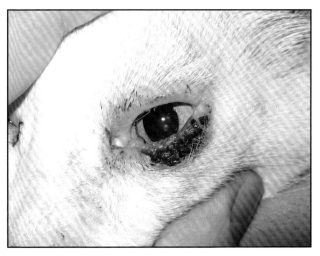

图34.2　猫下眼睑糜烂性鳞状细胞癌。

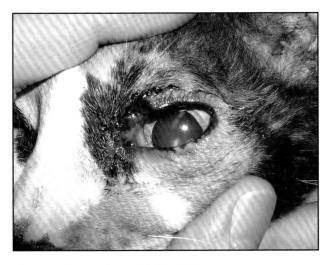

图34.3　猫上眼睑糜烂性鳞状细胞癌。

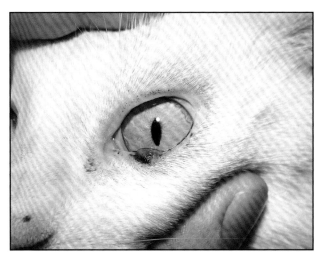

图34.4　猫下眼睑增生性鳞状细胞癌。

第35章　肥大细胞瘤

疾病简介

肥大细胞瘤是眼睑肿瘤中相对普遍的疾病。病变通常表现为进行性，具有结实而凸起的肿块，有可能出现溃疡。肿瘤局部扩散到周围组织的情况也可能会发生。易感犬种包括波士顿犬、拉布拉多寻回犬和拳师犬。

诊断和治疗

肥大细胞瘤的诊断基于代表组织活检。组织病理学能够对该病进行确诊以及明确肿瘤的恶性程度。考虑到手术操作过程中肿瘤脱颗粒作用，人们认为在术前使用抗组胺或皮质类固醇类药物较为合适。肥大细胞瘤存在扩散的可能，建议在手术前通过局部淋巴结抽吸，三视图X射线照相，全血球细胞计数（CBC）/生化检查评估肿瘤分期情况。治疗方法包括广泛切除（如果可能）、锶局部治疗和／或适当的外放射线治疗（电子）。

参考文献

[1] Fife M, Blocker T, Fife T, Dubielzig RR, Dunn K. Canine conjunctival mast cell tumors: a retrospective study. Vet Ophthalmol. 2011;14(3):153 - 160. doi: 10.1111/j.1463-5224.2010.00857.x.

[2] KillickDR, Rowlands AM, BurrowRD, Cripps P,Miller J,GrahamP, Blackwood L.Mast cell tumour and cutaneous histiocytoma excision wound healing in general practice. J Small Anim Pract. 2011;52(9):469 - 475. doi: 10.1111/j.1748-5827.2011.01093.x.

[3] Lewin G. Eyelid reconstruction in seven dogs using a split eyelid flap. J Small Anim Pract. 2003;44(8):346 - 351.

[4] Roberts SM, Severin GA, Lavach JD. Prevalence and treatment of palpebral neoplasms in the dog: 200 cases (1975 - 1983). J AmVetMed Assoc. 1986;189(10):1355 - 1359.

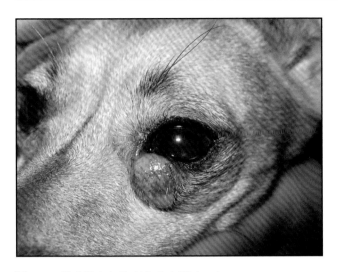

图35.1　眼睑肥大细胞瘤临床病例（一）。

图35.2　眼睑肥大细胞瘤临床病例（二）。

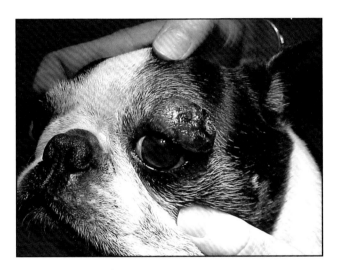

图35.3　显著溃疡性眼睑肥大细胞瘤临床病例。

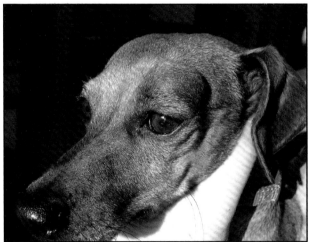

图35.4　眼睑肥大细胞瘤临床病例，肿瘤已明显扩散到周围皮下组织。

第36章 纤维肉瘤

疾病简介

纤维肉瘤表现为一种不可控的，成纤维细胞瘤性增生。眼睑肿瘤体积大，慢性，通常还会影响邻近的眼部／眼眶组织。病变通常表现为进行性增大，结实且几乎不可移动的皮下肿胀，可能还会出现表面溃疡。肉瘤具有不同的形态学特点，然而，其生物学行为通常表现为激进的局部扩散。易感犬种包括金毛、杜宾犬和罗特韦尔犬。

诊断和治疗

纤维肉瘤的诊断基于代表组织切取活检的组织学判读。组织病理学有助于明确肿瘤的恶性程度。纤维肉瘤存在癌扩散的可能性，建议在手术前通过局部淋巴结抽吸，三视图X射线照相，全血球细胞计数检查（CBC）／生化检查评估肿瘤分期情况。如果需要，头部软组织影像学诊断［磁共振成像（MRI）或计算机断层扫描（CT）］有助于进一步精确手术方案。患病动物术后可能需要进行局部眼睑整形重建。

参考文献

[1] Al-Dissi AN, Haines DM, Singh B, Kidney BA. Immunohistochemical expression of vascular endothelial growth factor and vascular endothelial growth factor receptor in canine cutaneous fibrosarcomas. J Comp Pathol. 2009 Nov;141(4):229–236.

[2] Dubielzig R et al. 2010. Veterinary Ocular Pathology, pp. 127–128, Elsevier, Edinburgh.

[3] Frazier SA, Johns SM, Ortega J, Zwingenberger AL, Kent MS, Hammond GM, Rodriguez CO Jr, SteffeyMA, Skorupski KA. Outcome in dogs with surgically resected oral fibrosarcoma (1997–2008). Vet Comp Oncol. 2012;10(1):33–43.

图36.1　眼睑纤维肉瘤临床病例（一）。

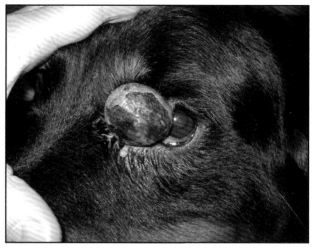

图36.2　眼睑纤维肉瘤临床病例（二）。

图36.3　眼睑纤维肉瘤临床病例（三）。

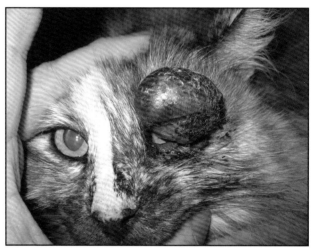

图36.4　眼睑纤维肉瘤临床病例（四）。

第3部分

结膜、鼻泪管系统和第三眼睑疾病

第37章 过敏性结膜炎

疾病简介

结膜表面富含免疫系统的细胞成分，是面对抗原最先做出应答的结构。因此，过敏性结膜炎并不少见，特别是在那些患有全身性皮肤过敏或异位性疾病的患病动物中。症状一般为轻度至中度，可能包括结膜充血、结膜水肿、毛囊增生、泪溢和/或黏性分泌物。另外，症状可能随全身过敏症状和/或季节性过敏原暴露的变化而波动。普遍受影响的品种包括英国斗牛犬和西高地白㹴。

诊断和治疗

过敏性结膜炎的诊断通常是基于临床发现，这类患病动物出现临床表现但不存在潜在的眼部异常。必要时可采用结膜活检帮助诊断，活检可观察到肥大细胞明显增多。治疗方法包括避免接触诱发过敏原（若情况允许），合适条件下控制全身性异位反应性疾病，局部抗炎治疗，用药频率和持续时间取决于临床情况。虽然非甾体和／或抗组胺药也可用于治疗该病，但通常情况下会使用类固醇药物。

药物潜在不良反应

与局部使用皮质类固醇激素相关的潜在不良反应包括伤口愈合不良和角膜变性。

参考文献

[1] Bistner S. Allergic- and immunologic-mediated diseases of the eye and adnexae. Vet Clin North Am Small Anim Pract. 1994;24(4): 711 - 734.

[2] Glaze MB. Ocular allergy. Semin Vet Med Surg (Small Anim). 1991;6(4):296 - 302.

[3] Lourenço-Martins AM, Delgado E, Neto I, PeleteiroMC,Morais-Almeida M, Correia JH. Allergic conjunctivitis and conjunctival provocationtests in atopic dogs. Vet Ophthalmol. 2011;14(4):248 - 256. doi: 10.1111/j.1463-5224.2011.00874.x. Epub 2011 Apr 18.

图37.1 与过敏性结膜炎相关的临床表现，有明显的淋巴结滤泡增生。

图37.2 与过敏性结膜炎相关的临床表现，第三眼睑增厚。

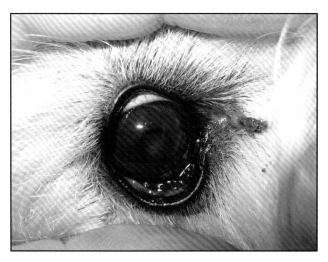

图37.3 与过敏性结膜炎相关的临床表现，有明显的淋巴结滤泡增生。

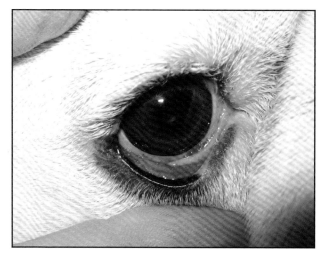

图37.4 与过敏性结膜炎相关的临床表现。

第38章 泪囊炎

疾病简介

　　泪囊炎描述了鼻泪引流结构的炎症，其中包括眼睑泪点、泪小管、泪囊、通向外鼻孔的鼻窦管。鼻泪系统的炎症可能是细菌感染，邻近结构的炎症扩散，瘤形成或异物残留的结果。该系统任何部分也可能发生原发性发育缺失或发育不全，常见于幼龄动物。炎症后瘢痕形成和纤维化是导致鼻泪管不通畅的常见原因，尤其是在先前受到疱疹病毒相关炎症影响的猫中更常见。慢性炎症或鼻泪管阻塞也可能导致囊性扩张。泪囊炎的临床症状包括结膜炎，结膜穹隆出现黏性至脓性分泌物，以及鼻泪管系统任何部位的局部肿胀和／或不适，内眦部位更常见。症状通常是单侧的。任何品种及杂交品种的犬和猫都会受影响。

诊断和治疗

　　泪囊炎是根据临床症状和／或鼻泪点是否出现黏性分泌物而进行诊断。患侧的鼻泪引流可能受损或缺失，表现为"琼斯试验"阴性，即荧光染料滴至结膜穹隆后未能在10-15min内从外鼻孔排出。泪囊炎的进一步研究可能包括细胞学取样以及培养和敏感性测试，X射线造影检查和/或通过磁共振成像（MRI）或计算机断层扫描（CT）进行的软组织成像。根据疾病的严重程度、诊断结果和对治疗的反应，使用局部和/或全身性抗微生物和/或消炎药以及插管、冲洗、支架植入和/或手术探查进行治疗。在极端情况下，可能会通过手术结膜鼻腔吻合术或结膜-颊造口术形成新的引流；但是很少有病例需要用到这类手术。

参考文献

[1] Giuliano EA, Pope ER, Champagne ES, Moore CP. Dacryocystomaxillorhinostomy for chronic dacryocystitis in a dog. Vet Ophthalmol. 2006;9(2):89 – 94.

[2] Murphy JM, Severin GA, Lavach JD. Nasolacrimal catheterization for treating chronic dacryocystitis. Vet Med Small Anim Clin. 1977 May;72(5):883 – 887.

[3] Singh A, Cullen CL, Gelens H, Grahn BH. Diagnostic Ophthalmology. Left dacryocystitis with naso-lacrimal duct obstruction. Can Vet J. 2004;45(11):953 – 955.

[4] van derWoerdt A,Wilkie DA, Gilger BC, Smeak DD, Kerpsack SJ. Surgical treatment of dacryocystitis caused by cystic dilatation of the nasolacrimal system in three dogs. J AmVetMed Assoc. 1997;211(4):445 – 447.

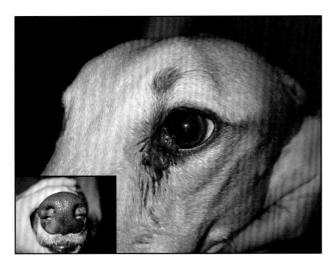

图38.1 与泪囊炎相关的临床表现。插图表明"琼斯试验"结果为阴性，染料由于鼻泪管阻塞而未能从患侧的外鼻孔流出。

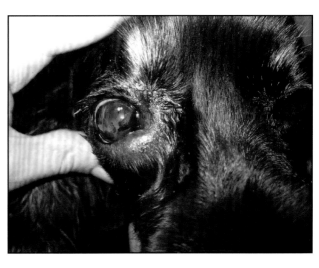

图38.2 与泪囊炎相关的临床表现。内眦波动性肿胀是由泪囊炎症引起的（一）。

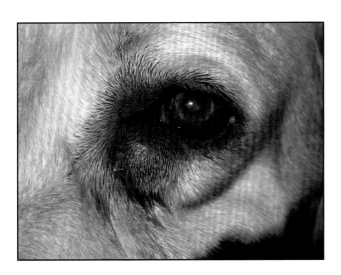

图38.3 与泪囊炎相关的临床表现。内眦波动性肿胀是由泪囊炎症引起的（二）。

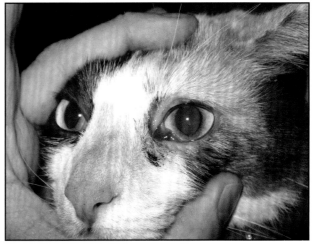

图38.4 与泪囊炎相关的临床表现。分泌物是由鼻泪点产生的。

第39章　睑球粘连

疾病简介

　　睑球粘连描述了相邻结膜表面（包括睑结膜表面和/或第三眼睑表面）和/或角膜之间不同程度的粘连。临床表现为不同程度的纤维化和／或着色组织延伸到睑结膜和／或角膜表面，可能还存在结膜炎、结膜水肿和／或眼部分泌物，还可能导致睑裂明显变窄和／或角膜表面闭塞。睑球粘连是由上皮连续性丧失引起的，最常见于猫疱疹病毒性疾病，但可能也会继发于任何严重的猫或犬结膜炎症（另见"疱疹病毒相关性结膜炎"）。

诊断和治疗

　　睑球粘连的诊断基于临床症状。该病的治疗包括结膜炎以及潜在病毒和／或细菌性疾病的治疗。手术切除结膜粘连相对简单。然而，睑球粘连快速复发（可能加剧）的可能性非常高。因此，在实施手术前，需要仔细考虑手术带来的潜在益处。使用硅胶手术隔离材料可在上皮再生之前防止粘连，合理地使用抗生素和／或抗炎药（通常为非甾体药物）可能有助于最大化达成长期效果。

参考文献

[1] Jacobi S, Dubielzig RR. Feline early life ocular disease. Vet Ophthalmol. 2008;11(3):166–169.

[2] Andrew SE. Ocular manifestations of feline herpesvirus. J Feline Med Surg. 2001;3(1):9–16. Review.

[3] Nasisse MP. Feline herpesvirus ocular disease. Vet Clin North Am Small Anim Pract. 1990;20(3):667–680.

图39.1　猫睑球粘连相关的临床表现（一）。

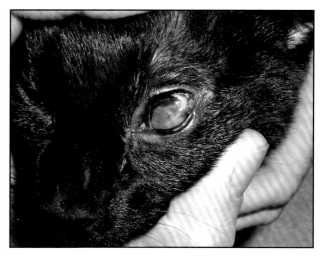

图39.2　猫睑球粘连相关的临床表现（二）。

图39.3　猫睑球粘连相关的临床表现（三）。

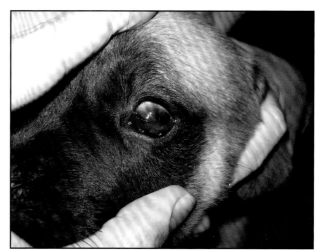

图39.4　猫睑球粘连相关的临床表现（四）。

第40章　疱疹病毒相关性结膜炎

疾病简介

　　疱疹病毒性眼病是高度流行的疾病，主要是由动物之间的接触引起的，通过打喷嚏形成的气溶性颗粒进行传播。患病动物可能会出现一系列症状，包括打喷嚏、咳嗽、鼻分泌物、发热、食欲不振、嗜睡、结膜炎、结膜水肿、角膜炎和/或继发性角膜溃疡。幼龄猫受影响通常最为严重，具有免疫能力的成年猫症状通常表现较轻。猫可能还会继发感染其他病原体，包括杯状病毒、猫衣原体、支原体和／或细菌。探查犬类患病动物类似症状时应考虑犬疱疹病毒1型（CHV-1）。在调查犬疱疹病毒在眼表疾病中的潜在作用时，还应考虑其他犬病原体，包括犬腺病毒2型（CAV-2）、支气管败血鲍特病、犬流感病毒（H3N8）、副流感病毒和支原体。一旦患病动物被感染，α疱疹病毒颗粒会保持潜伏状态，在生理或药理学压力（包括不适当地给予免疫抑制剂）的作用下可能出现复发感染。因此对于可能受到疱疹病毒影响的患病动物，在使用长药效的或者长效制剂的皮质类固醇前应慎重考虑。

诊断和治疗

　　准确检测猫疱疹病毒1型（FHV-1）的存在及其与眼科疾病的相关性具有挑战性，然而，基于组织样本的聚合酶链反应测定，目前被认为是最可靠的诊断方法。健康的猫最终会在疾病暴发后的数周内自发地恢复；但是患病动物通常需要治疗。可以使用局部和／或全身性抗病毒药，包括三氟胸苷、异氧尿苷、西多福韦和更昔洛韦和/或泛昔洛韦（代谢成喷昔洛韦）。

药物潜在不良反应

与局部使用抗病毒药有关的潜在并发症包括局部刺激。与使用全身抗病毒药物有关的潜在并发症包括胃肠不适、骨髓抑制和/或肝病。与四环素和阿奇霉素相关的潜在不良反应包括胃肠道不适，光敏感性和肝性损伤。与氟喹诺酮类药物相关的潜在不良反应包括胃肠道不适、肝病、神经系统疾病和/或视网膜毒性。

　　同时服用全身性赖氨酸可能会抑制疱疹病毒代谢从而降低猫症状的严重程度。当考虑使用抗炎疗法治疗疱疹病毒相关疾病时，应格外小心。通常认为非甾体类药物不太可能导致并发症，在大多数情况下，皮质类固醇的使用是禁忌。在治疗潜在的复杂病例时，四环素、阿奇霉素和氟喹诺酮类药物是合适的抗菌药物选择。

参考文献

[1] Ledbetter EC, Hornbuckle WE, Dubovi EJ. Virologic survey of dogs with naturally acquired idiopathic conjunctivitis. J Am Vet Med Assoc. 2009;235(8):954–959.

[2] Maggs DJ. Update on pathogenesis, diagnosis, and treatment of feline herpesvirus type 1.ClinTech Small AnimPract. 2005;20(2):94–101.

[3] Maggs DJ. Antiviral therapy for feline herpesvirus infections. Vet Clin North Am Small Anim Pract. 2010 Nov;40(6):1055–1062. DOI: 10.1016/j.cvsm.2010.07.010.

[4] Thomasy SM, Lim CC, Reilly CM, Kass PH, Lappin MR, Maggs DJ. Evaluation of orally administered famciclovir in cats experimentally infected with feline herpesvirus type-1. Am J Vet Res. 2011;72(1):85–95. DOI: 10.2460/ajvr.72.1.85.

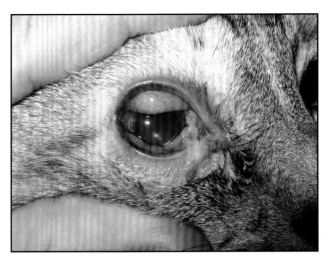

图40.1　与疱疹病毒病相关的猫的临床表现。存在明显的结膜水肿和眼部分泌物。

图40.2　与疱疹病毒病相关的猫的临床表现。存在明显的结膜水肿。

图40.3　与疱疹病毒病相关的幼龄猫的临床表现。眼部明显可见分泌物。

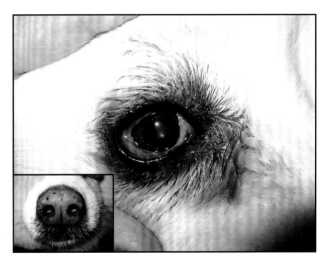

图40.4　与疱疹病毒病相关的犬的临床表现。存在中度结膜水肿。插图中可见浆液性鼻分泌物。

第41章　第三眼睑腺体脱出（樱桃眼）

疾病简介

临床中第三眼睑的泪腺脱出（"樱桃眼"）相对常见。腺体脱出是由结缔组织发育不良和易患品种的腺体松弛引起的。第三眼睑的泪腺部分或完全脱出，呈光滑的粉红色组织肿块，从一个或两个第三眼睑的后表面脱出。第三眼睑腺体脱出通常影响幼龄动物。相关症状可能包括结膜炎、眼分泌物和／或泪液分泌功能下降以及继发性溃疡性角膜炎。患病动物可能发生严重的继发性炎症和／或细菌感染，尤其是受慢性腺体脱出影响的患病动物。易患犬种包括英国斗牛犬、可卡犬和西施犬。第三眼睑腺体脱出也可能会影响猫，最常见的是缅甸猫。

诊断和治疗

理想的治疗方法是对脱出的组织进行手术复位。应尽量避免切除腺体组织，以免引起并发症。已经有几种手术技术被提出，其中"摩根口袋"技术最为合适。充分的钝性分离后使用可吸收缝线创造一个口袋使腺体组织回到原位，避免在第三眼睑球表面打结，这些操作可以最大程度提高手术成功的可能性。更具挑战性的病例，如慢性或严重脱出，严重炎症和／或先前手术失败的患病动物可以通过多种手术技术将脱出组织固定到巩膜或眼眶组织从而达到修复目的。术后护理包括常规全身抗菌（如果需要）、抗炎和疼痛管理。术后动物需佩戴伊丽莎白圈以防止自体损伤。应经常检测角膜健康情况直到第三眼睑愈合为止。

参考文献

[1] Chahory S, Crasta M, Trio S, Clerc B. Three cases of prolapse of the nictitans gland in cats. Vet Ophthalmol. 2004;7(6):417 – 419.

[2] Dugan SJ, Severin GA, Hungerford LL,Whiteley HE, Roberts SM. Clinical and histologic evaluation of the prolapsed third eyelid gland in dogs. J AmVet Med Assoc. 1992;201(12):1861 – 1867.

[3] Mazzucchelli S,VaillantMD,W é verberg F,Arnold–TavernierH,HoneggerN, Payen G,Vanore M, Liscoet L,Thomas O, Clerc B, Chahory.

[4] S. Retrospective study of 155 cases of prolapse of the nictitating membrane gland in dogs. Vet Rec. 2012;170(17):443.

图41.1　与第三只眼睑腺体脱出（"樱桃眼"）脱垂有关的临床表现（插图为双侧脱出）（一）。

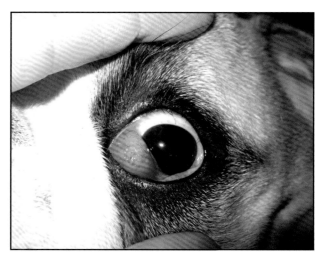

图41.2　与第三只眼睑腺体脱出（"樱桃眼"）有关的临床表现（二）。

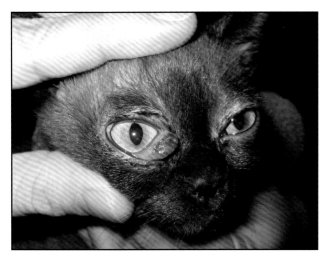

图41.3　与第三只眼睑腺体脱出（"樱桃眼"）有关的临床表现（三）。

图41.4　与第三只眼睑腺体脱出（"樱桃眼"）有关的临床表现（四）。

第42章　干燥性角结膜炎（干眼症）

疾病简介

角膜前泪膜包含外部脂质成分，中央水部分和内部黏液成分。脂质和黏液成分分别由眼睑和结膜腺体分泌。角膜前泪膜由眼眶和第三眼睑的泪腺分泌。干燥性角结膜炎（KCS）可能是由与脂质和/或黏液分泌不足而导致泪液质量不佳和/或由于泪腺分泌不足引起的泪液容量不足造成的。腺功能障碍可能继发于免疫介导性、创伤性、炎性或神经性疾病。可能引起或加剧干燥性角膜炎的药物包括依托度酸和含磺胺类抗菌药物。干燥性角结膜炎的症状通常包括结膜炎、血管／色素性角膜炎、继发性睑板腺炎症／感染以及结膜穹隆内和周围有绿色／黄色黏液积聚。症状可能是单侧或双侧的，其严重程度与泪膜功能障碍的程度有关。易患品种包括英国斗牛犬、西高地白㹴和骑士查理王猎犬。

诊断和治疗

蒸发过强性（泪液质量不佳）干燥角膜结膜炎的诊断基于异常的泪膜破裂时间（BUTs）。在角膜表面滴入荧光染液，手动保持眼睑张开，荧光染液由于角膜表面的张力而破裂，破裂所需的时间为泪膜分解时间。泪膜破裂时间小于20s通常被认为短于正常时间间隔。泪液缺乏性干燥性角结膜炎根据泪液分泌试验（STT，Schirmer tear test）的数值减少而诊断的。测量方法是将刺度条放进下结膜穹隆，1min后读取数值，若湿润度数值少于15mm／min，则怀疑干燥性角膜结膜炎，若湿润度数值小于10mm通常可以确定动物患有干燥性角结膜炎。湿润度数值为0mm／min被称为"绝对"干燥性角膜结膜炎，意味着特别具有挑战性的临床病例（另见"神经源性干燥性角结膜炎和鼻干燥"）。治疗包括泪液的促进和／或配合抗炎药，通常需要长期治疗。泪液促进剂包括免疫抑制性真菌细胞壁提取物环孢霉素和他克莫司。具有神经功能障碍的患病动物口服匹罗卡品（毛果云香碱）可帮助恢复泪腺功能。抗炎药通常包括局部类固醇药。如果存在继发性眼睑和／或睑板腺炎症／感染，则需对症治疗。人们也提倡排除潜在的内分泌疾病。对于异常严重的患病动物或适当的治疗不起效果的患病动物，可以考虑实施腮腺导管移位手术；然而，该手术可能导致一系列手术并发症。

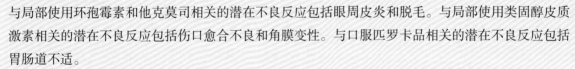

药物潜在不良反应

与局部使用环孢霉素和他克莫司相关的潜在不良反应包括眼周皮炎和脱毛。与局部使用类固醇皮质激素相关的潜在不良反应包括伤口愈合不良和角膜变性。与口服匹罗卡品相关的潜在不良反应包括胃肠道不适。

参考文献

[1] Hendrix DV, Adkins EA, Ward DA, Stuffle J, Skorobohach B. An investigation comparing the efficacy of topical ocular application of tacrolimus and cyclosporine in dogs. Vet Med Int. 2011;2011:487592. DOI: 10.4061/2011/487592. Epub 2011 May 23.

[2] Klauss G, Giuliano EA, Moore CP, Stuhr CM, Martin SL, Tyler JW, Fitzgerald KE, Crawford DA. Keratoconjunctivitis sicca associated with administration of etodolac in dogs: 211 cases (1992 - 2002). J AmVet Med Assoc. 2007;230(4):541 - 547.

[3] Matheis FL, Walser-Reinhardt L, Spiess BM. Canine neurogenic Keratoconjunctivitis sicca: 11 cases (2006 - 2010). Vet Ophthalmol. 2012;15(4):288 - 290. DOI: 10.1111/j.1463-5224.2011.00968.x. Epub 2011 Oct 31.

[4] Williams DL. Immunopathogenesis of keratoconjunctivitis sicca in the dog. Vet Clin North Am Small Anim Pract. 2008;38(2):251 - 268, vi.

图42.1　干燥性角结膜炎（"干眼症"）相关的典型临床表现包括黏液样分泌物积聚、结膜炎和血管性色素性角膜炎（一）。

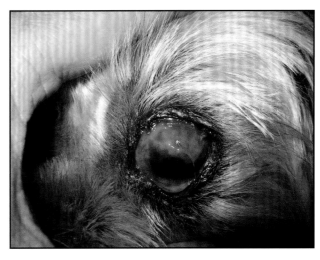

图42.2　干燥性角结膜炎（"干眼症"）相关的典型临床表现包括黏液样分泌物积聚、结膜炎和血管性色素性角膜炎（二）。

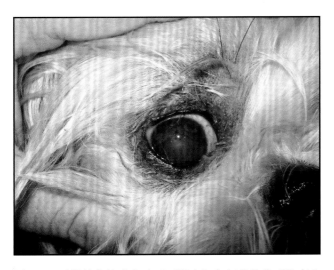

图42.3　干燥性角结膜炎（"干眼症"）相关的典型临床表现包括黏液样分泌物积聚、结膜炎和血管性色素性角膜炎（三）。

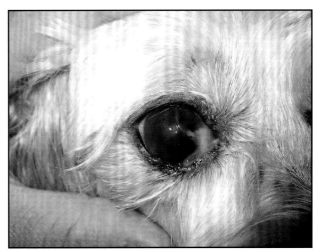

图42.4　干燥性角结膜炎（"干眼症"）相关的典型临床表现包括黏液样分泌物积聚、结膜炎和血管性色素性角膜炎（四）。

第43章　第三眼睑软骨卷曲

疾病简介

第三眼睑由"T形"软骨支撑。该软骨有时会变得畸形，通常会导致第三眼睑前缘弯曲或卷曲，从而导致这些组织外翻远离眼表。这种疾病通常是先天性的，可能是单侧也有可能是双侧的。继发性结膜炎和/或第三眼睑泪腺（"樱桃眼"）的部分脱出可能与第三眼睑软骨的卷曲有关。通常受到影响的犬种是大丹犬。

诊断和治疗

该病的诊断基于第三眼睑结构的仔细检查。若检查结果表明第三眼睑软骨卷曲，则需实施外科手术切除畸形软骨以达到治疗目的。若手术由经验丰富的外科医师操刀，修复手术预后极好。然而，若软骨切除不当或对合不当以及缝线缝合位置不当导致的后续缝线磨损角膜，术后可能会出现显著的并发症。术后护理包括常规全身性抗菌（如果需要），消炎和镇痛护理。患病动物应佩戴伊丽莎白圈以防止自体损伤，角膜的健康情况需经常监测直到眼睑愈合完全。

参考文献

[1] Allbaugh RA, Stuhr CM. Thermal cautery of the canine third eyelid for treatment of cartilage eversion. Vet Ophthalmol. 2013;16(5):392–395.

[2] MañéMC, Vives MA, Barrera R, Bascuas JA. Results and histological development of various surgical techniques for correcting eversion of the third eyelid in dogs. Histol Histopathol. 1990;5(4):415–425.

[3] Williams D, Middleton S, Caldwell A. Everted third eyelid cartilage in a cat: a case report and literature review. Vet Ophthalmol. 2012;15(2):123–127. doi: 10.1111/j.1463–5224.2011.00945.x. Epub 2011 Oct 7.

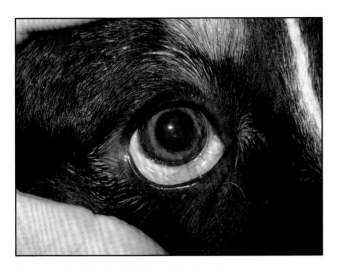

图43.1　第三眼睑软骨卷曲（犬）（一）。

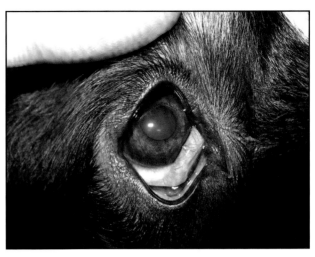

图43.2　第三眼睑软骨卷曲（犬）（二）。

图43.3　第三眼睑软骨卷曲（犬）（三）。

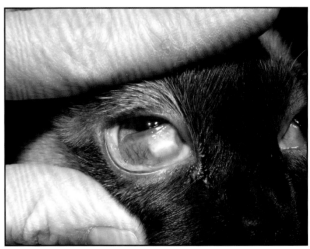

图43.4　第三眼睑软骨卷曲（猫）。

第44章　内眦囊状综合征

临床陈述

内眦囊状综合征是一种相对常见的临床表现，特别是具有深的眼眶和狭窄的头骨的品种，细微的碎屑积聚在下结膜皱褶或"口袋"里。临床上，该病表现为轻度、慢性滤泡性结膜炎，会影响腹侧结膜穹隆和第三眼睑组织。患病动物通常存在轻度至中度相关性黏液分泌物，而干燥的分泌物可能会进一步积聚在内眦周围。季节性 / 特异性皮炎可加剧症状。易患品种包括标准贵宾犬和阿富汗猎犬。

诊断和治疗

该病的治疗通常以护理为主而非治愈。合适的护理包括经常使用眼科冲洗液冲洗碎屑使其从结膜穹窿排出，并配合局部消炎药（如环孢霉素和 / 或皮质类固醇）。

药物潜在不良反应

与环孢霉素相关的不良反应包括过敏反应和胃肠道不适。与局部皮质类固醇相关的潜在性不良反应包括伤口愈合不良和角膜变性。

某些患病动物需要长时间护理甚至终身护理。

参考文献

[1] Hendrix DVH 1991. Diseases and surgery of the canine conjunctiva. In: Veterinary Ophthalmology, 3rd ed., Gelatt KN (Ed.), Lippincott Williams & Wilkins.

[2] Rubin LF. 1989. Inherited Eye Diseases in Purebred Dogs, Williams & Wilkins, Baltimore.

[3] Turner SM. 2008. Medial canthal pocket syndrome. In: Small Animal Ophthalmology.

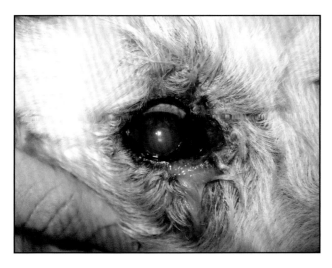

图44.1　内眦囊状综合征相关的临床表现（一）。

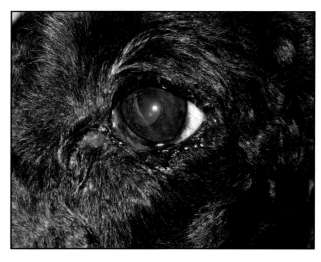

图44.2　内眦囊状综合征相关的临床表现（二）。

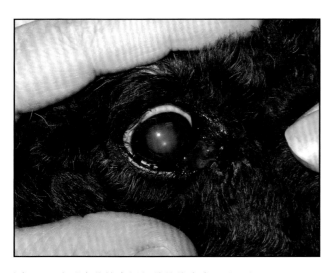

图44.3　内眦囊状综合征相关的临床表现（三）。

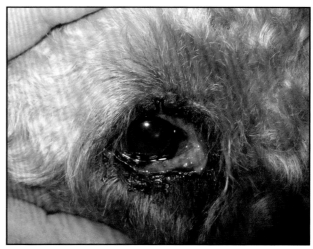

图44.4　内眦囊状综合征相关的临床表现。该严重慢性病例出现继发性糜烂性睑炎。

第45章　盘尾丝虫病

疾病简介

　　盘尾丝虫病是一种由丝状线虫寄生于眼部和眼周组织的寄生虫病，可能会感染犬。目前已发现*Onhocerca lupi*和*Onchocerca lienali*可造成感染。虫体在终宿主内完成其生活史，待性成熟后虫体产生微丝蚴。蚋属和库蠓属蚊蝇可作为微丝蚴的载体进行传播。盘尾丝虫病的临床症状包括眼部分泌物、眼睑痉挛、结膜炎、外巩膜角膜炎、葡萄膜炎和／或外巩膜或眼周组织出现含寄生虫的肉芽肿，临床表现为其中一种或多种症状。

诊断和治疗

　　盘尾丝虫病的诊断基于寄生虫的鉴别和／或样本活检。治疗包括：

- 手术切除肉芽肿（将成虫一起切除或切除时不切掉成虫）
- 全身抗炎治疗（典型用药为皮质类固醇）
- 全身抗菌治疗破坏内共生的沃尔巴克氏体（典型用药为四环素）
- 使用杀成虫药（典型用药为美拉索明，术后持续给药2d，每天一次）
- 微丝蚴杀虫剂治疗（通常在术后1个月使用单剂量伊维菌素，该产品的用法为标签外用药）

药物潜在不良反应

与四环素相关的不良反应包括胃肠不适，光敏感和肝损伤。与美拉索明相关的不良反应包括注射部位过敏。与伊维菌素相关的不良反应包括神经中毒和肾脏损伤，尤其是柯利犬。

参考文献

[1] Labelle AL, Daniels JB, Dix M, Labelle P. Onchocerca lupi causing ocular disease in two cats. Vet Ophthalmol. 2011;14 Suppl 1:105–110.

[2] Labelle AL, Maddox CW, Daniels JB, Lanka S, Eggett TE, Dubielzig RR, Labelle P. Canine ocular onchocerciasis in the United States is associated with Onchocerca lupi. Vet Parasitol. 2013;193(1–3):297–301.

[3] Sréter T, Széll Z. onchocerciasis: a newly recognized disease in dogs. Vet Parasitol. 2008;151(1):1–13.

[4] ZarfossMK, Dubielzig RR, Eberhard ML, Schmidt KS. Canine ocular onchocerciasis in the United States: two new cases and a review of the literature. Vet Ophthalmol. 2005;8(1):51–57. Review.

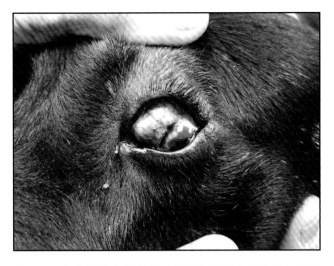

图45.1　犬盘尾丝虫病引起的典型外巩膜肉芽肿和结膜炎（一）。

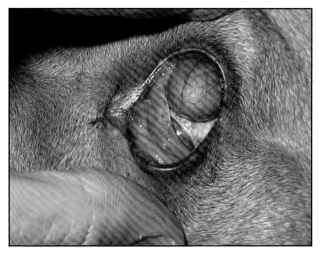

图45.2　犬盘尾丝虫病引起的典型外巩膜肉芽肿和结膜炎（二）。

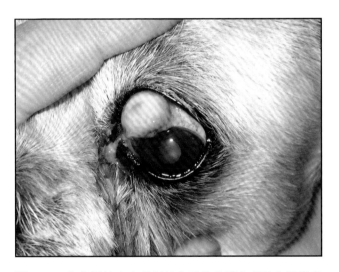

图45.3　犬盘尾丝虫病引起的典型外巩膜肉芽肿和结膜炎（三）。

图45.4　犬盘尾丝虫病引起的典型外巩膜肉芽肿和结膜炎（四）。

第46章　吸吮线虫

疾病简介

吸吮线虫是线虫寄生虫其中的一个属（有时被称为"眼线虫"），可感染犬和猫眼部和附属结构组织。目前已发现结膜吸吮线虫（*Thelazia callipaeda*）和加利福尼亚吸吮线虫（*Thelazia californiensis*）可造成感染。该寄生虫的生活史需要终宿主（包括马、反刍动物和许多野生食肉动物）和中间宿主（主要为双翅目昆虫）共同参与。交配后，雌性成虫会产生不成熟的（第一阶段）幼虫，这些幼虫被释放到终宿主的角膜前泪膜中。随后未成熟幼虫被苍蝇吞食，在其体内发育到第三阶段的幼虫，然后再次被释放到泪膜中。成虫可寄生在结膜穹隆、鼻泪管系统、第三眼睑中，但很少寄生在眼球内部。相关症状可能包括眼睑痉挛、结膜水肿、眼部分泌物、第三眼睑抬高和／或葡萄膜炎，自我损伤可能造成这些症状的加剧。

诊断和治疗

该疾病是通过临床发现和眼部和／或附属组织的寄生虫鉴定而进行诊断。成虫呈细线状，白色至透明，长度约1~2cm。治疗方法包括移除成虫，局部施用地美溴铵和/或使用全身驱虫药，包括阿维菌素、吡喹酮和/或甲苯咪唑。

药物潜在不良反应

与地美溴铵相关的不良反应包括眼部不适和胃肠道不适。与使用阿维菌素有关的并发症包括神经系统异常和视网膜毒性。与吡喹酮和甲苯达唑相关的潜在并发症包括胃肠道不适。

参考文献

[1] Burnett HS, Lee RD, Parmelee WE, Wagner ED. A survey of Thelazia californiensis, a mammalian eye worm, with new locality records. J AmVetMed Assoc. 1956;129(7):325–327.

[2] Calero-Bernal R, Sánchez-Murillo JM, Alarcón-Elbal PM, Sánchez-Moro J, Latrofa MS, Dantas-Torres F, Otranto D. Resolution of canine ocular thelaziosis in avermectin-sensitive Border Collies from Spain. Vet Parasitol. 2014;200(1–2):203–206. DOI: 10.1016/ j.vetpar.2013.12.014. Epub 2013 Dec 22.

[3] Dubay SA,Williams ES,Mills K, Boerger-Fields AM. Bacteria and nematodes in the conjunctiva of mule deer fromWyoming and Utah. J WildlDis. 2000;36(4):783–787.

[4] Motta B, Schnyder M, Basano FS, Nägeli F, Nägeli C, Schiessl B, Mallia E, Lia RP, Dantas-Torres F, Otranto D. Therapeutic efficacy of milbemycin oxime/praziquantel oral formulation (Milbemax®) against Thelazia callipaeda in naturally infested dogs and cats. Parasit Vectors. 2012;5:85. DOI: 10.1186/1756-3305-5-85.

[5] Otranto D, Traversa D.Thelazia eyeworm: an original endo- and ecto-parasitic nematode. Trends Parasitol. 2005;21(1):1–4.

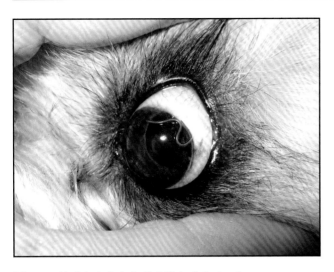

图46.1　结膜穹隆内存在吸吮线虫成虫（一）。

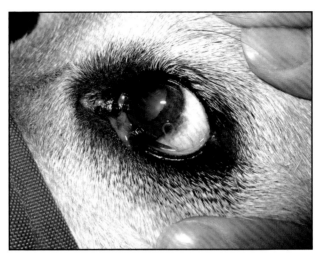

图46.2　结膜穹隆内存在吸吮线虫成虫（二）。

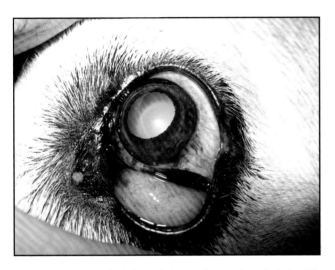

图46.3　结膜穹隆内存在吸吮线虫成虫（三）。寄生虫可能难以识别（如本例所示），然而，滴注地美溴胺可能会刺激寄生虫使其运动变得活跃。

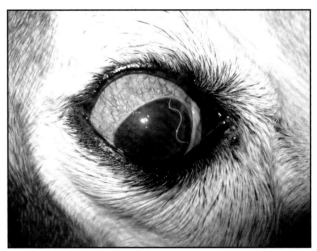

图46.4　结膜穹隆内存在吸吮线虫成虫（四）。

第47章　乳头状瘤

疾病简介

鳞状细胞乳头状瘤是良性肿瘤，可能影响结膜和黏膜表面。幼犬可能会受到大量病毒性乳头状瘤的影响，肿瘤通常发生于结膜和眼睑表面以及口腔黏膜。单个离散的乳头状眼睑病变在成年动物中更常见，病变呈粉红色至棕褐色，无柄，有一"茎状"结构作为基底。

诊断和治疗

可根据临床表现对乳头状瘤作初步诊断；但是，确诊需要用到切取活检或切除活检以及组织病理学辅助诊断。幼龄动物在6-24个月后乳头状瘤会自然脱落，无需任何治疗；如果肿瘤影响到正常生活质量，则需通过手术切除。如果患病动物存在多个乳头状瘤，则可使用CO_2激光切除肿块。也有人提倡使用患病动物特异性自身抗原疫苗。虽然该病最初不好护理，但是病毒性乳头状瘤通常随着动物年龄的增长而消退。

参考文献

[1] Bonney CH, Koch SA, Confer AW, Dice PF. A case report: a conjunctivocorneal papilloma with evidence of a viral etiology. J SmallAnim Pract. 1980a;21(3):183 - 188.

[2] Bonney CH, Koch SA, Dice PF, Confer AW. Papillomatosis of conjunctiva and adnexa in dogs. J AmVetMed Assoc. 1980b;176(1):48 - 51.

[3] Wiggans KT, Hoover CE, Ehrhart EJ, Wobeser BK, Cohen LB, Gionfriddo JR. Malignant transformation of a putative eyelid papilloma to squamous cell carcinoma in a dog. Vet Ophthalmol. 2013;16 Suppl 1:105 - 112. DOI: 10.1111/j.1463-5224.2012.01062.x. Epub 2012 Aug 9.

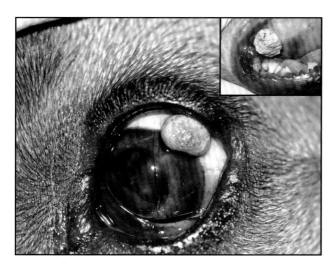

图47.1　幼犬病毒性乳头状瘤的典型表现。插图表示口腔病变（一）。

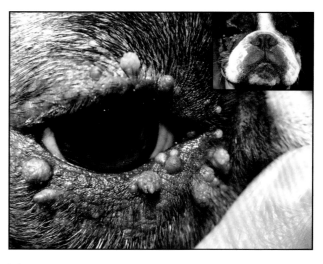

图47.2　幼犬病毒性乳头状瘤的典型表现。插图表示口腔病变（二）。

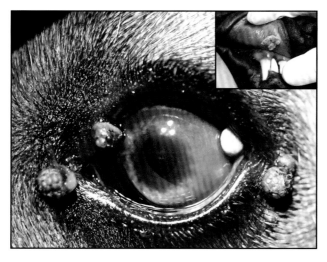

图47.3　幼犬病毒性乳头状瘤的典型表现。插图表示口腔病变（三）。

图47.4　成年犬无柄乳头状瘤。

第48章　结膜黑色素瘤

疾病简介

　　黑色素瘤可能会影响眼部黏膜与皮肤的连接部位，通常呈结实而不规则的增生性肿块，可能着色也可能不着色（诊断范围包括无黑色素性黑色素瘤），偶尔会导致出血。结膜黑素瘤通常表现恶性生物学行为包括侵袭性局部浸润。任何品种的犬和猫都有可能患病。

诊断和治疗

　　黑色素瘤的最终诊断基于代表组织活检的组织病理学判读。黑素瘤存在癌扩散的可能，建议在手术前通过局部淋巴结抽吸，三视图X射线照相，全血球细胞计数（CBC）/生化检查评估肿瘤分期情况。治疗方法包括：情况允许可通过手术切除（有时需采用眶内容物摘除），可配合化学疗法或外粒子束（电子）放射疗法，若病情需要可结合"节拍疗法"［结合非甾体抗炎药（NSAID）和烷化剂抑制血管生长］。如果有必要也可做头部软组织影像学诊断［磁共振成像（MRI）或计算机断层扫描（CT）］进一步优化术前方案。疫苗介导的免疫疗法在治疗眼周病变方面的潜在价值尚未得到评估。

参考文献

[1] Aquino SM. Management of eyelid neoplasms in the dog and cat. Clin Tech Small Anim Pract. 2007;22(2):46–54. Review.

[2] Finn M, Krohne S, Stiles J. Ocular melanocytic neoplasia. Compend Contin Educ Vet. 2008;30(1):19–25; quiz 26. Review.

[3] Gwin RM, Alsaker RD, Gelatt KN. Melanoma of the lower eyelid of a dog. Vet Med Small Anim Clin. 1976;71(7):929–931.

[4] Munger RJ, Gourley IM. Cross lid flap for repair of large upper eyelid defects. J AmVetMed Assoc. 1981;178(1):45–48.

[5] Roberts SM, Severin GA, Lavach JD. Prevalence and treatment of palpebral neoplasms in the dog: 200 cases (1975–1983). J AmVetMed Assoc. 1986;189(10):1355–1359.

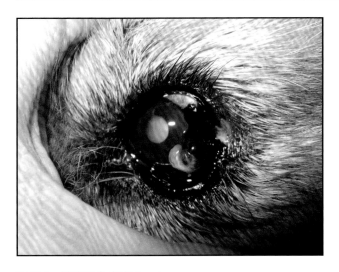

图|48.1　结膜黑色素瘤（一）。

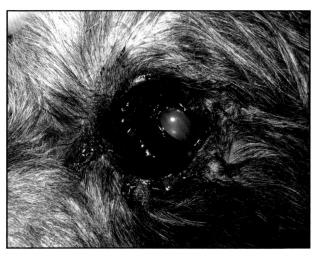

图|48.2　结膜黑色素瘤（二）。

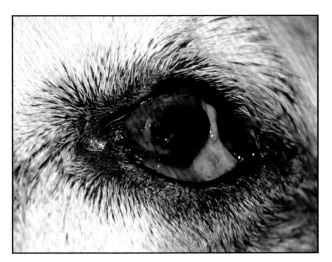

图|48.3　结膜黑色素瘤。病变位于第三眼睑表面。

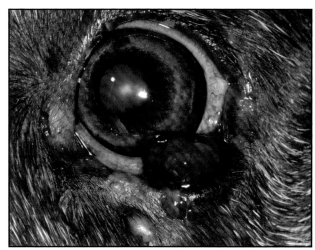

图|48.4　结膜黑色素瘤。该病变为无黑色素性黑色素瘤。

第49章 结膜血管瘤／血管肉瘤

疾病简介

来源于血管内皮的肿瘤可能会影响角巩膜和／或上方的结膜组织（另请参见"角膜巩膜血管瘤／血管肉瘤"）。这些病变通常呈鲜红色、光滑、凸起、不规则至结节性肿块。肿块可生长于角膜巩膜缘上，或靠近角膜巩膜缘的眼睑结膜表面，或第三眼睑表面。肿瘤局部增大，可能会侵袭到周围组织。有人提出紫外线（UV）的暴露对于眼附属结构血管瘤／血管肉瘤的发展起到一定作用。易患品种包括澳大利亚牧羊犬和柯利系列的犬种。

诊断和治疗

血管瘤／血管肉瘤可通过临床表现特征作出初步诊断，恶性肿瘤的鉴定和确诊还需要切取活检或切除活检以及组织病理学诊断。虽然肿瘤通常只局限于眼部附属结构组织中，但是建议通过包括局部淋巴结抽吸、三视图X射线照相、全血球细胞计数（CBC）／生化检查评估全身健康状态和肿瘤转移情况。若病情允许，肿块通常通过手术切除（术后若存在构造缺陷可使用生物或合成移植材料进行修复）和／或配合冷冻疗法辅助治疗。冷冻疗法只能在适当的N_2O冷却装置中进行。患病动物在冷冻疗法后通常会出现局灶性肿胀，但是炎症会迅速消退。术后护理包括适当的局部和／或全身性抗炎和／或抗菌治疗。患病动物需佩戴伊丽莎白圈以防止自体损伤。

参考文献

[1] Chandler HL, Newkirk KM, Kusewitt DF, Dubielzig RR, Colitz CM. Immunohistochemical analysis of ocular hemangiomas and hemangiosarcomas in dogs. Vet Ophthalmol. 2009;12(2):83–90. DOI: 10.1111/j.1463–5224.2008.00684.x.

[2] Hargis AM, Ihrke PJ, Spangler WL, Stannard AA. A retrospective clinicopathologic study of 212 dogs with cutaneous hemangiomas and hemangiosarcomas. Vet Pathol. 1992;29(4):316–328.

[3] Pirie CG, Knollinger AM,Thomas CB, Dubielzig RR. Canine conjunctival hemangioma and hemangiosarcoma: a retrospective evaluation of 108 cases (1989–2004). Vet Ophthalmol. 2006.

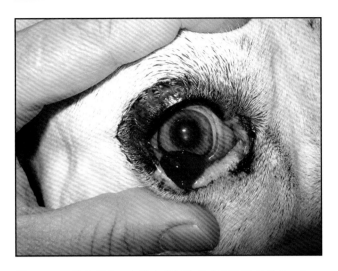

图49.1　结膜血管瘤／血管肉瘤相关的典型临床表现（一）。

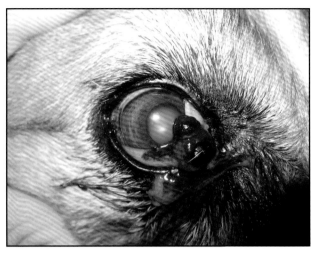

图49.2　结膜血管瘤／血管肉瘤相关的典型临床表现（二）。

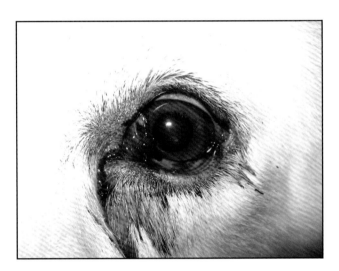

图49.3　结膜血管瘤／血管肉瘤相关的典型临床表现（三）。图中可见眼部出血。

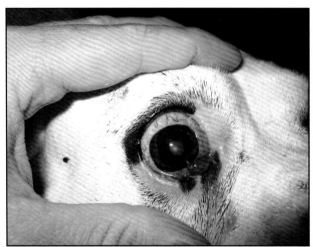

图49.4　结膜血管瘤／血管肉瘤相关的典型临床表现（四）。

第50章 腺瘤／腺癌

疾病简介

第三眼睑肿瘤并不少见，肿瘤通常生长在第三眼睑泪腺部位。这些肿瘤通常为腺瘤／腺癌，可通过组织学区分。临床上，肿瘤表现为缓慢进行性肿大、增厚、移位和第三眼睑充血。患病动物也可能出现继发性结膜炎和／或眼部分泌物。

诊断和治疗

该病通过切取活检或切除活检以及组织学检查进行诊断。虽然肿瘤通常只局限于第三眼睑组织内，但是建议通过局部淋巴结抽吸，三视图X射线照相，全血球细胞计数（CBC）／生化检查评估患病动物全身健康状态和肿瘤转移情况。治疗通常是将受影响的组织切除，通常移除整个第三眼睑。术后护理包括常规抗菌，抗炎和镇痛管理以及佩戴伊丽莎白圈以防止自体损伤。另外，应考虑局部使用环孢霉素或他克莫司和／或长期使用局部润滑保护剂以避免患病动物继发由角膜保护缺乏和泪腺功能减少引起的并发症。

药物潜在不良反应

与环孢霉素和他克莫司相关的不良反应包括眼周皮炎和脱毛。

参考文献

[1] Komaromy AM, Ramsey DT, Render JA, Clark P. Primary adenocarcinoma of the gland of the nictitating membrane in a cat. J Am Anim Hosp Assoc. 1997;33(4):333‑336.

[2] Schäffer EH, Pfleghaar S, Gordon S, Knödlseder M. Malignant nictitating membrane tumors in dogs and cats. Tierarztl Prax. 1994;22(4):382‑391.

[3] Wang FI, Ting CT, Liu YS. Orbital adenocarcinoma of lacrimal gland origin in a dog. J Vet Diagn Invest. 2001;13(2):159‑161.

[4] Wilcock B, Peiffer R Jr. Adenocarcinoma of the gland of the third eyelid in seven dogs. J AmVetMed Assoc. 1988;193(12):1549‑1550.

图50.1　结膜腺瘤／腺癌典型临床表现（一）。

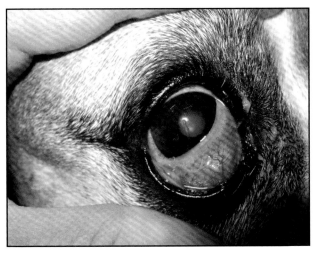

图50.2　结膜腺瘤／腺癌典型临床表现（二）。

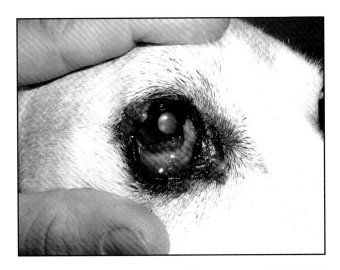

图50.3　结膜腺瘤／腺癌典型临床表现（三）。该患病动物在上眼睑还存在一个独立的（良性）腺瘤。

图50.4　结膜腺瘤／腺癌典型临床表现（四）。

第51章　结膜淋巴瘤

疾病简介

结膜／第三眼睑组织可能会受到淋巴瘤的影响（另见"皮肤上皮样淋巴瘤"，"角膜巩膜淋巴瘤"，"葡萄膜淋巴瘤"，"脉络膜视网膜淋巴瘤"和"眼球后肿瘤"）。在某些病灶分布更广泛的病例中，患病动物的症状可能起始于眼部和／或附属结构。临床表现多种多样，包括结膜／第三眼睑充血，组织浸润和／或结节和／或弥散性乳白色肿块。任何品种的猫和犬都可能患该病。

诊断和治疗

结膜淋巴瘤诊断基于代表组织活检以及组织病理学判读。任何淋巴瘤疑似病例在治疗前都应进行样本采集，后续有助于制定准确的治疗方案。治疗包括常规抗炎疗法（通常用皮质类固醇）和全身化疗。相关眼科病变，如眼内压升高需要进行适当的治疗。全身化疗开始前建议通过局部淋巴结（和／或器官／骨髓）抽吸，三视图X射线照相，全血球细胞计数（CBC）/生化检查评估患病动物的全身健康状态和肿瘤转移情况。对于猫患病动物，还建议对感染性病毒特别是猫白血病病毒（FeLV）和猫免疫缺陷病毒（FIV）进行诊断测试。患病动物个体化疗方案最好是由肿瘤专科兽医医师设计，化疗药物通常包括泼尼松、长春新碱环磷酰胺和／或阿霉素，不同病例需要不同的药物搭配。

药物潜在不良反应

与皮质类固醇相关的潜在不良反应包括多食、多饮、多尿，毛发变性，体重增加，胰腺炎胃肠不适，肌肉损伤，肝损伤和糖尿病。与长春新碱相关的潜在不良反应包括口炎，胃肠道不适，神经疾病，肝病，骨髓抑制。环磷酰胺可能造成胃肠不适，胰腺炎，肝中毒和骨髓抑制。阿霉素可造成过敏反应，胃肠不适，心功能异常，骨髓抑制。

预后取决于开始治疗前所患疾病的程度。

参考文献

[1] Hong IH, Bae SH, Lee SG, Park JK, Ji AR, Ki MR,Han SY, Lee EM, KimAY, You SY, Kim TH, Jeong KS.Mucosa-associated lymphoid tissue lymphoma of the third eyelid conjunctiva in a dog. Vet Ophthalmol. 2011;14(1):61‐65. doi: 10.1111/j.1463-5224.2010.00843.x.

[2] McCowan C, Malcolm J, Hurn S, O'Reilly A, Hardman C, Stanley R. Conjunctival lymphoma: immunophenotype and outcome in five dogs and three cats. Vet Ophthalmol. 2013. doi: 10.1111/vop.12083.

[3] Nola M, Lukenda A, BollmannM, Kalauz M, Petrovecki M, Bollmann R. Outcome and prognostic factors in ocular adnexal lymphoma. Croat Med J. 2004;45(3):328‐332.

[4] Olbertz L, Lima L, Langohr I, Werner J, Teixeira L, Montiani-Ferreira F. Supposed primary conjunctival lymphoma in a dog. Vet Ophthalmol. 2013;16 Suppl 1:100‐104. doi: 10.1111/j.1463-5224.2012.01027.x. Epub 2012 Apr 23.

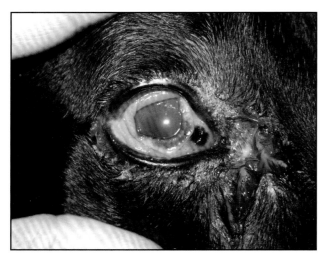

图51.1　结膜淋巴瘤相关的典型临床表现。图中可见角膜缘周结膜增厚和充血以及相关的角膜病变（一）。

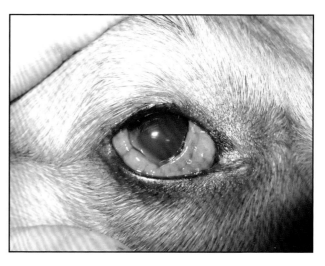

图51.2　结膜淋巴瘤相关的典型临床表现。图中可见角膜缘周结膜增厚和充血以及相关的角膜病变（二）。

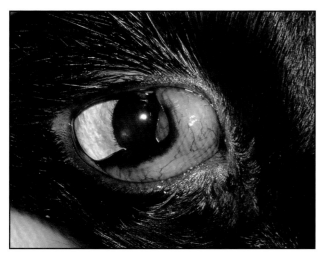

图51.3　结膜淋巴瘤相关的典型临床表现。结膜增厚和充血，主要发生于第三眼睑组织（一）。

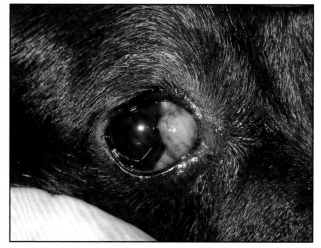

图51.4　结膜淋巴瘤相关的典型临床表现。结膜增厚和充血，主要与发生于第三眼睑组织（二）。

第52章　结膜鳞状细胞癌

疾病简介

遗传因素，紫外线暴露和／或慢性炎症可能对结膜和／或第三眼睑鳞状细胞癌的发展起到一定作用。发病过程通常由局灶性棘皮病发展为原位癌，随着时间的推移最终发展为鳞状细胞癌。临床上，鳞状细胞癌呈不规则、粉色增生性至糜烂性病变。易患品种包括哈巴犬和英国斗牛犬。

诊断和治疗

鳞状细胞癌临床表现通常与（甚至包括）慢性角膜炎症／肉芽组织类似，诊断方法包括切取活检或切除活检以及组织病理学检查。建议通过局部淋巴结抽吸，三视图X射线照相，全血球细胞计数（CBC）／生化检查评估患病动物全身健康状态和肿瘤转移情况。治疗包括肿瘤切除（若情况允许），可辅助冷冻疗法和／或放射疗法。术后通常出现局部肿胀，但炎症会快速消除。术后护理包括适当的局部或全身抗炎和／或抗菌治疗，以及给患病动物佩戴伊丽莎白圈以防止自体损伤。

参考文献

[1] Dreyfus J, Schobert CS, Dubielzig RR. Superficial corneal squamous cell carcinoma occurring in dogs with chronic keratitis. Vet Ophthalmol. 2011;14(3):161–168. doi: 10.1111/j.1463–5224.2010.00858.x.

[2] Montiani-Ferreira F, Kiupel M, Muzolon P, Truppel J. Corneal squamous cell carcinoma in a dog: a case report. Vet Ophthalmol. 2008;11(4):269–72. doi: 10.1111/j.1463–5224.2008.00622.x.

[3] Takiyama N, Terasaki E, Uechi M. Corneal squamous cell carcinoma in two dogs. Vet Ophthalmol. 2010;13(4):266–269. doi: 10.1111/j.1463–5224.2010.00792.x.

图52.1 结膜／第三眼睑鳞状细胞癌相关典型临床表现（一）。

图52.2 结膜／第三眼睑鳞状细胞癌相关典型临床表现（二）。

图52.3 结膜／第三眼睑鳞状细胞癌相关典型临床表现（三）。

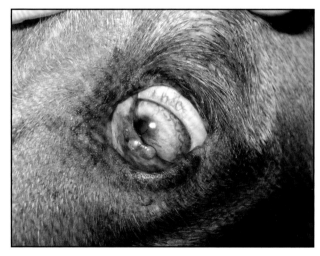

图52.4 结膜／第三眼睑鳞状细胞癌相关典型临床表现（四）。

第4部分

角巩膜疾病

第53章　皮样囊肿

疾病简介

皮样囊肿（有时被称为"迷芽瘤"）即正常毛发皮肤生长在眼睛或其附属结构组织等异常位置。病变可能会影响角膜和／或邻近结构，包括角膜缘、结膜表面、第三眼睑和／或眼睑。病变是先天性的，因此该病变通常会在2周龄动物可以睁开双眼时被注意到。患病动物会出现继发性结膜炎和眼部不适，表现为眼睑痉挛和／或眼部出现分泌物。易患品种包括德国牧羊犬、腊肠犬和圣伯纳德犬。

诊断和治疗

皮样囊肿的诊断基于临床表现，可以通过浅表环状切开术和／或角膜切除术切除异常组织进行治疗。病变一旦被切除就不会复发。手术应尽可能保留内眦和外眦解剖结构。根据术后产生的缺损深度，可能需要构造角膜移植。同样，术后造成的眼睑缺损可能需要眼睑整形重建。

药物潜在不良反应

术后护理包括常规全身抗菌、抗炎和镇痛管理。

患病动物需佩戴伊丽莎白圈以防止自体损伤，角膜健康状况需要被经常监测直到眼睑完全愈合。

参考文献

[1] Brudenall DK, Bernays ME, Peiffer RL Jr. Central corneal dermoid in a Labrador retriever puppy. J Small Anim.

[2] Pract. 2007;48(10):588–590.

[3] KalpravidhM, Tuntivanich P,Vongsakul S, Sirivaidyapong S. Canine amniotic membrane transplantation for corneal reconstruction after the excision of dermoids in dogs. Vet Res Commun. 2009;33(8):1003–1012.

[4] Lee JI, Kim MJ, Kim IH, Kim YB, Kim MC. Surgical correction of corneal dermoid in a dog. J Vet Sci. 2005;6(4):369–370.

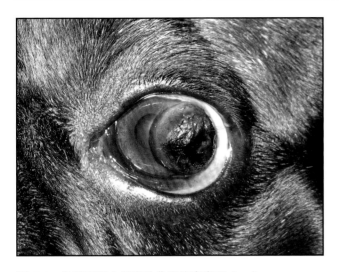

图53.1　角膜巩膜皮样囊肿典型临床表现（一）。

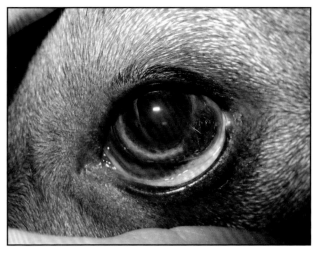

图53.2　角膜巩膜皮样囊肿典型临床表现（二）。

图53.3　角膜巩膜皮样囊肿典型临床表现（三）。

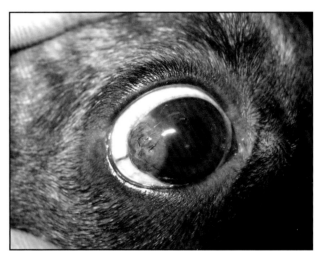

图53.4　角膜巩膜皮样囊肿典型临床表现（四）。

第54章　角膜营养不良

疾病简介

　　角膜营养不良描述了一组角膜疾病，病因可能与遗传有关。胆固醇、磷脂和游离脂肪酸积聚在角膜内引发该病。病变呈灰色／白色透明晶体，位于角膜上皮下层或基质内。双侧角膜同时受影响（但是病变并非对称），与任何先前或同时发生的角膜或眼部炎症无相关性。角膜营养不良存在多种不同模式，大多与品种有关。这些模式可能包括轴向或周边、椭圆至圆形病变。角膜营养不良有时可能是潜在代谢性贮积病。易患品种包括查理士王小猎犬、哈士奇、比格犬和喜乐蒂牧羊犬。

诊断和治疗

　　角膜营养不良的诊断基于临床表现。某些患病动物可能需要评估甲状腺和肾上腺皮质功能以及全身性脂质和胆固醇水平、脂蛋白、葡萄糖、钙磷水平，以排除潜在的代谢异常疾病，若发现患病动物存在这类疾病，需进行适当的治疗。通常情况下角膜营养不良无需治疗，使用皮质类固醇药物抗炎可能会加重病变。某些罕见病例中，患病动物因角膜上皮不完整和眼部不适继发溃疡和／或矿化，这类患病动物则需要实施角膜切除术。

参考文献

[1] Barsotti G, Pasquini A, Busillo L, SeneseM, Cardini G, Guidi G. Corneal crystalline stromal dystrophy and lipidic metabolism in the dog. Vet Res Commun. 2008;32 Suppl 1:S227 - S229.

[2] Cooley PL, Dice PF. 2nd. Corneal dystrophy in the dog and cat. Vet Clin North Am Small Anim Pract. 1990;20(3):681 - 692.

[3] Crispin SM. Crystalline corneal dystrophy in the dog. Histochemical and ultrastructural study. Cornea. 1988;7(2):149 - 161.

[4] Spangler WL,Waring GO, Morrin LA. Oval lipid corneal opacities in beagles. Vet Pathol. 1982;19(2):150 - 159.

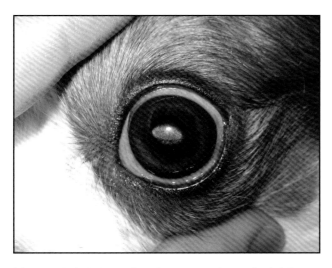

图54.1　角膜营养不良典型表现。这些病变通常同时出现于双侧角膜，并且与炎症无关（一）。

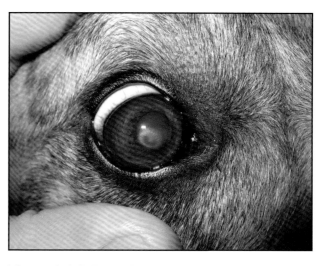

图54.2　角膜营养不良典型表现。这些病变通常同时出现于双侧角膜，并且与炎症无关（二）。

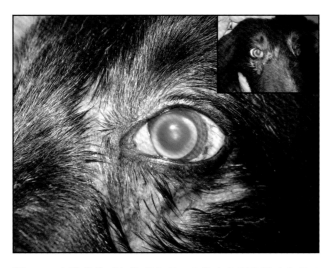

图54.3　角膜营养不良典型表现。这些病变通常同时出现于双侧角膜，并且与炎症无关（三）。

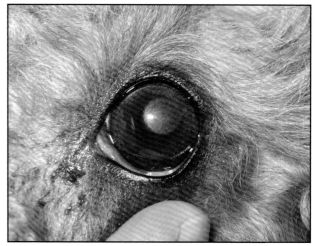

图54.4　角膜营养不良典型表现。这些病变通常同时出现于双侧角膜，并且与炎症无关（四）。

第55章　角膜变性

疾病简介

　　角膜变性即角膜的一种病理变化，继发于现存的眼部和／或全身炎症。退行性病变表现为角膜内出现不规则、不对称的灰色／白色沉积物。病变可能影响单侧角膜也可同时影响双侧角膜，通常有新血管形成。患病动物还可能同时出现溃疡和／或继发感染、变性和矿化的组织稳定性变差，可能会自发脱落。不同患病动物不适感表现形式不同，包括泪溢、眼睑痉挛和／或黏液样分泌物。很多品种都会患病，特别是老龄动物。

诊断和治疗

　　角膜变性的诊断基于临床表现。甲状腺和肾上腺皮质功能、全血球细胞计数（CBC）/生化检查以及全身脂质和胆固醇水平的评估可以排除潜在的代谢异常疾病。若要除去矿物质沉积，可采用金刚砂车针角膜切除术、化学角膜切除术（使用稀释的三氯乙酸）或外科角膜切除术。术后角膜缺损深度决定是否需要构造角膜移植。局部使用乙二胺四乙酸溶液直到表皮完全再生有助于螯合暴露的矿物质。相关溃疡应使用局部抗菌药物进行治疗，或在适当情况下进行手术治疗。通常情况下，应避免局部使用皮质类固醇。患病动物在角膜愈合完全之前应佩戴伊丽莎白圈以防止自体损伤。

参考文献

[1] Crispin SM, Barnett KC. Dystrophy, degeneration and infiltration of the canine cornea. J Small Anim Pract 1983;24:63‑83.

[2] Laus JL, dos Santos C, Talieri IC, Oriá AP, Bechara GH. Combined corneal lipid and calcium degeneration in a dog with hyperadrenocorticism: a case report. Vet Ophthalmol. 2002;5(1):61‑64.

[3] Ledbetter EC, Kice NC, Matusow RB, Dubovi EJ, Kim SG. The effect of topical ocular corticosteroid administration in dogs with experimentally induced latent canine herpesvirus-1 infection. Exp Eye Res. 2010;90(6):711‑717. doi: 10.1016/j.exer.2010.03.001. Epub 2010 Mar 16.

[4] Sansom J, Blunden T. Calcareous degeneration of the canine cornea. Vet Ophthalmol. 2010;13(4):238‑243.

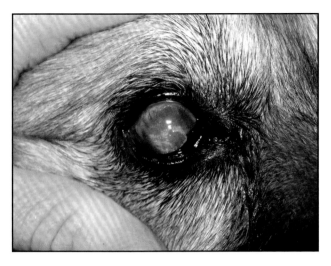

图55.1 角膜变性典型临床表现。患病动物存在活动性炎症以及溃疡性角膜炎（一）。

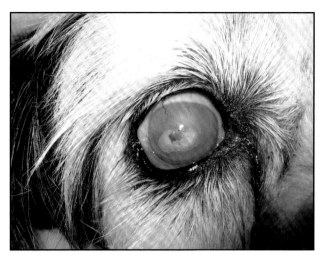

图55.2 角膜变性典型临床表现。患病动物存在活动性炎症以及溃疡性角膜炎（二）。

图55.3 角膜变性典型临床表现。患病动物存在活动性炎症以及溃疡性角膜炎（三）。

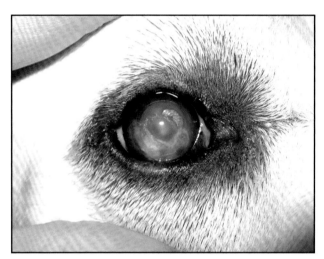

图55.4 角膜变性典型临床表现。

第56章　角膜内皮代偿失调

疾病简介

角膜内皮代偿失调即角膜内皮细胞功能和密度逐渐丧失，导致缓慢的进行性角膜水肿。角膜内皮细胞不会再生，并且仅具有有限的代偿能力。临床上，这种疾病表现为进行性、无血管性、角膜水肿、以蓝色／灰色着色和角膜增厚为特征。病变通常始于角膜颞上象限。该病同时影响双侧角膜，但病变并非总是对称。最初，病变不会导致严重的视觉障碍或不适，但随着病情加重，患病动物可能会出现周期性的大疱性疼痛和／或溃疡性角膜病。易患品种包括波士顿㹴犬，腊肠犬，吉娃娃和迷你贵宾犬。

诊断和治疗

必要时，根治性手术治疗包括有限热或CO_2激光角膜成形术，放置"冈德森（Gunderson）"结膜蒂状移植片，若这些方法都不使用，最后选择全层角膜移植术。据报道，使用氯化钠软膏姑息治疗可以提高患病动物舒适程度；但不能完全治疗潜在的内皮功能异常。有些作者也提倡局部抗炎药也可作为姑息治疗的一种方法。

参考文献

[1] Cooley PL, Dice PF. 2nd. Corneal dystrophy in the dog and cat. Vet Clin North Am Small Anim Pract. 1990;20(3):681 - 692.

[2] Gwin R, Pollack F, Warren J, et al. Primary canine corneal endothelial cell dystrophy: specular microscopic evaluation, diagnosis and therapy. J AmAnimHosp Assoc. 1982;18:471 - 479.

[3] Martin C, Dice P. Corneal endothelial dystrophy in the dog. J AmAnimHosp Assoc. 1982;18:327 - 336.

[4] Michau TM, Gilger BC, Maggio F, DavidsonMG. Use of thermokeratoplasty for treatment of ulcerative keratitis and bullous keratopathy secondary to corneal endothelial disease in dogs: 13 cases (1994 - 2001). J AmVetMed Assoc. 2003;222(5):607 - 612.

图56.1　角膜内皮代偿失调和继发性角膜水肿的典型表现（一）。

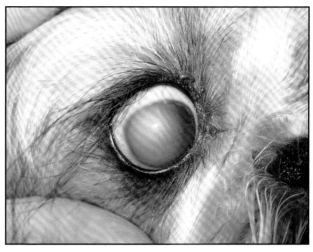

图56.2　角膜内皮代偿失调和继发性角膜水肿的典型表现（二）。

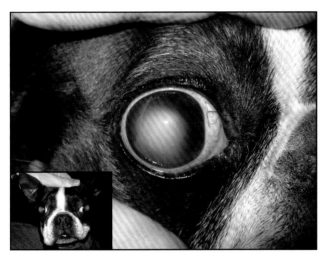

图56.3　角膜内皮代偿失调和继发性角膜水肿的典型表现。插图显示了该病同时影响双侧角膜的性质（一）。

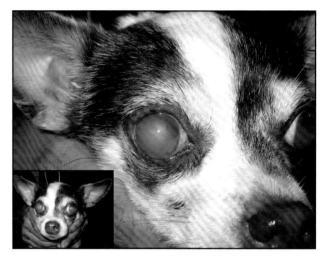

图56.4　角膜内皮代偿失调和继发性角膜水肿的典型表现。插图显示了该病同时影响双侧角膜的性质（二）。

第57章 巩膜炎

疾病简介

巩膜炎描述了犬巩膜和/或外巩膜组织的原发性炎性疾病，被认为起源于免疫介导。临床上，这种情况表现为部分或全部角巩膜缘周围炎性浸润，影响一只或两只眼睛。患病动物可能表现眼睑痉挛和／或眼部分泌物等相关的不适感。邻近结构组织包括葡萄膜也可能受影响，临床上表现为炎症，少数患病动物甚至会进一步发展为坏死性巩膜病变、葡萄膜炎、视网膜脱落和／或青光眼。易患品种包括可卡犬和波士顿㹴犬。

诊断和治疗

诊断基于临床表现，如果必要可通过组织活检和组织病理学帮助确诊，组织病理学通常有大量的淋巴浆细胞浸润。严重病例可能需要对免疫介导疾病做全身筛查。治疗包括局部和／或全身免疫调节疗法，可使用皮质类固醇和／或配合咪唑硫嘌呤、苯丁酸氮芥和环孢霉素辅助治疗。

药物潜在不良反应

皮质类固醇局部用药可能造成伤口愈合不良和角膜变性。皮质类固醇全身用药可能造成多食、多饮、多尿，毛发变性，体重增加，胰腺炎，胃肠不适，肌肉损伤，肝损伤和糖尿病。咪唑硫嘌呤、苯丁酸氮芥全身用药可能造成胃肠不适，胰腺炎，肝中毒和骨髓抑制。环孢霉素可能造成过敏反应和胃肠不适。

巩膜炎通常可以得到控制，然而大多数病例需要持续治疗以使患病动物保持一个健康无病的状态。

参考文献

[1] Breaux CB, Sandmeyer LS, Grahn BH. Immunohistochemical investigation of canine episcleritis. Vet Ophthalmol. 2007;10(3):168‐172.

[2] Denk N, Sandmeyer LS, Lim CC, Bauer BS, Grahn BH. A retrospective study of the clinical, histological, and immunohistochemical manifestations of 5 dogs originally diagnosed histologically as necrotizing scleritis. Vet Ophthalmol. 2012;15(2):102‐109. doi: 10.1111/j.1463-5224.2011.00948.x. Epub 2011 Sep 29.

[3] Grahn BH, Sandmeyer LS. Canine episcleritis, nodular episclerokeratitis, scleritis, and necrotic scleritis. Vet Clin North Am Small Anim Pract. 2008;38(2):291‐308, vi. doi: 10.1016/j.cvsm.2007.11.003.

[4] Sandmeyer LS, Breaux CB, Grahn BH. What are your clinical diagnosis, differential diagnoses, therapeutic plan, and prognosis? Diffuse episcleritis of the right eye. Can Vet J. 2008;49(1):89‐90.

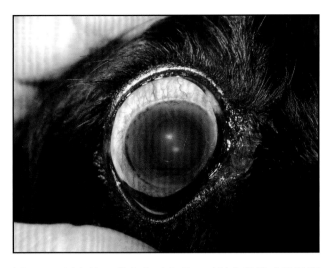

图57.1 原发性巩膜炎典型表现，可见角膜缘炎性浸润（一）。

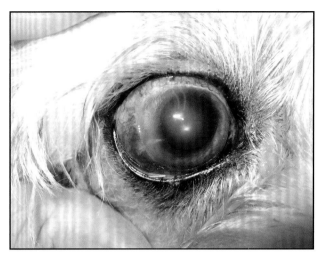

图57.2 原发性巩膜炎典型表现，可见角膜缘炎性浸润（二）。

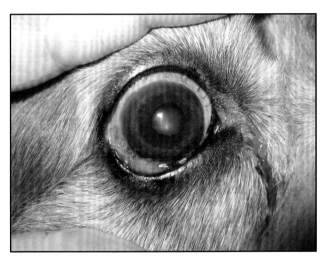

图57.3 原发性巩膜炎典型表现，可见角膜缘炎性浸润（三）。

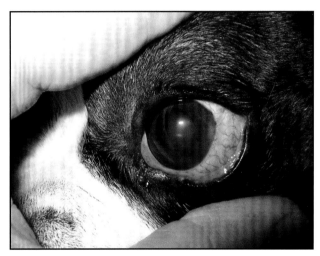

图57.4 原发性巩膜炎典型表现，可见角膜缘炎性浸润（四）。

第58章 结节肉芽肿性巩膜外层炎

疾病简介

结节肉芽肿性巩膜外层炎（NGE）描述了犬巩膜和/或外巩膜组织的增生性炎性疾病，被认为起源于免疫介导。该病存在多种名称，包括结节性筋膜炎，纤维组织细胞瘤，假瘤和柯利肉芽肿。临床上，患病动物出现一个或多个光滑而结实的肿块，影响一只或两只眼睛的角膜巩膜缘，最常见于颞上区域。患病动物可能会伴有不适的症状，如眼睑痉挛和／或眼部出现分泌物。易患品种包括柯利系列犬种、西班牙犬种和獚犬。

诊断和治疗

结节肉芽肿性巩膜外层炎的诊断基于临床表现，如果需要，可通过组织活检和组织病理学帮助确诊。组织病理学通常表现成纤维细胞增生以及大量淋巴细胞、浆细胞和组织细胞浸润。治疗包括局部和／或全身免疫调节疗法和／或配合咪唑硫嘌呤、苯丁酸氮芥和环孢霉素辅助治疗。

药物潜在不良反应

皮质类固醇局部用药可能造成伤口愈合不良和角膜变性。皮质类固醇全身用药可能造成多食、多饮、多尿，毛发变性，体重增加，胰腺炎，胃肠不适，肌肉损伤，肝损伤和糖尿病。咪唑硫嘌呤、苯丁酸氮芥全身用药可能造成胃肠不适，胰腺炎，肝中毒和骨髓抑制。环孢霉素可能造成过敏反应和胃肠不适。

在严重的情况下，最初可以通过注射类固醇皮质激素、手术切除、冷冻疗法和/或应用β–辐射来控制病变。

结节肉芽肿性巩膜外层炎通常可以得到控制，然而大多数病例需要持续治疗以使患病动物保持一个健康无病的状态。

参考文献

[1] Barnes LD, Pearce JW, Berent LM, Fox DB, Giuliano EA. Surgical management of orbital nodular granulomatous episcleritis in a dog. Vet Ophthalmol. 2010;13(4):251–258. doi: 10.1111/j.1463–5224.2010.00781.x.

[2] Day MJ, Mould JR, Carter WJ. An immunohistochemical investigation of canine idiopathic granulomatous scleritis. Vet Ophthalmol. 2008;11(1):11–17. doi: 10.1111/j.1463–5224.2007.00592.x.

[3] Grahn BH, Sandmeyer LS. Canine episcleritis, nodular episclerokeratitis, scleritis, and necrotic scleritis. Vet Clin North Am Small Anim Pract. 2008;38(2):291–308, vi. doi: 10.1016/j.cvsm.2007.11.003. Review.

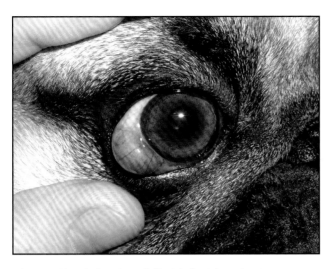

图58.1　结节肉芽肿性巩膜外层炎典型表现（一）。

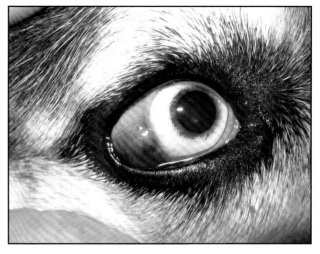

图58.2　结节肉芽肿性巩膜外层炎典型表现（二）。

图58.3　结节肉芽肿性巩膜外层炎典型表现（三）。

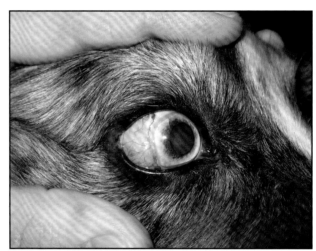

图58.4　结节肉芽肿性巩膜外层炎典型表现（四）。

第59章 慢性浅表角膜炎

疾病简介

慢性浅表角膜炎描述了双侧炎性疾病，主要影响角膜组织。病变通常包括血管增生，炎性细胞浸润，继发性色素沉积。细胞浸润包括淋巴细胞、浆细胞、中性粒细胞和黑色素细胞。这些病变通常起源于外侧角膜缘区域并向角膜中央延伸，邻近的眼睑边缘、结膜和第三眼睑炎症通常与此过程有关。在慢性和严重病例中可能会继发角膜变性和矿化。这种疾病也被称为"角膜翳（pannus）"和"尤伯莱特尔综合征（Uberreiter's syndrome）"。慢性浅表角膜炎被认为是一种免疫介导过程，与遗传因素有关。紫外线的暴露可能会加重临床症状。易患品种包括德国牧羊犬、比利时玛利诺犬和灵缇犬。

临床诊断

慢性浅表角膜炎的诊断基于临床表现，如有需要，可以通过组织活检帮助诊断。慢性浅表角膜炎若不及时治疗可能导致眼盲。另外，慢性角膜炎症可能是导致角膜鳞状细胞癌的一个风险因素。炎症变化通常会对局部消炎疗法产生反应，一般情况使用皮质类固醇（±局部免疫抑制剂，包括环孢霉素和/或他克莫司）。有些病例需要用到结膜下皮质类固醇贮存剂。重症患病动物可能需要皮质类固醇全身用药和／或配合咪唑硫嘌呤治疗。

药物潜在不良反应

皮质类固醇局部用药可能造成伤口愈合不良和角膜变性。皮质类固醇全身用药可能造成多食、多饮、多尿，毛发变性，体重增加，胰腺炎，胃肠不适，肌肉损伤，肝损伤和糖尿病。咪唑硫嘌呤、苯丁酸氮芥全身用药可能造成胃肠不适，胰腺炎，肝中毒和骨髓抑制。环孢霉素和他克莫司局部用药可能造成眼周皮炎和脱毛。

大多数慢性浅表角膜炎病例控制起来较容易，但通常需要持续局部治疗以防止症状复发。异常严重慢性病例可能需要手术浅表角膜切除，或联合使用β–辐射辅助治疗。

参考文献

[1] Allgoewer I, Hoecht S. Radiotherapy for canine chronic superficial keratitis using soft X–rays (15 kV). Vet Ophthalmol. 2010;13(1):20‐25. doi: 10.1111/j.1463–5224.2009.00750.x.

[2] Balicki I. Clinical study on the application of tacrolimus and DMSO in the treatment of chronic superficial keratitis in dogs. Pol J Vet Sci. 2012;15(4):667‐676.

[3] Peiffer RL Jr, Gelatt KN, Gwin RM. Chronic superficial keratitis. Vet Med Small Anim Clin. 1977;72(1):35‐37. No abstract available. Williams DL. Histological and immunohistochemical evaluation of canine chronic superficial keratitis. Res Vet Sci. 1999;67(2):191‐195.

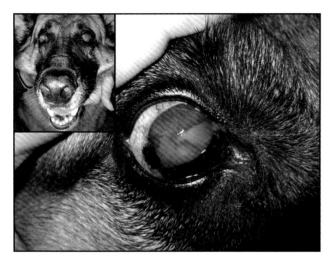

图59.1　慢性浅表角膜炎典型临床表现，可见相关第三眼睑组织浸润。插图显示典型双侧病变表现（一）。

图59.2　慢性浅表角膜炎典型临床表现，可见相关第三眼睑组织浸润。插图显示典型双侧病变表现（二）。

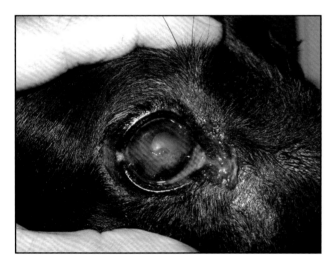

图59.3　慢性浅表角膜炎典型临床表现（一）。

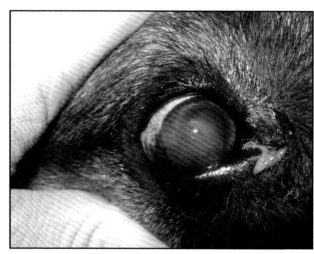

图59.4　慢性浅表角膜炎典型临床表现（二）。

第60章　嗜酸性角膜结膜炎

疾病简介

　　嗜酸性角膜结膜炎描述了一种猫科疾病，包含角膜和/或结膜组织富含嗜酸性粒细胞的炎性浸润。临床上，受影响的猫表现出不同程度的乳色至白色浸润和"板块样"沉积，通常与血管性角膜炎相关。病变通常起源于角膜巩膜缘，可以为单侧或双侧。患病动物眼部会有不适感，表现为眼睑痉挛和/或眼部有分泌物。

诊断和治疗

　　嗜酸性角膜结膜炎是通过对受影响的组织采样后进行细胞学或组织病理学评估确诊。治疗包括局部和/或全身抗炎疗法，通常使用皮质类固醇。某些患病动物需要用到环孢霉素辅助治疗。情况严重的患病动物，在进行全身醋酸甲地孕酮治疗后临床症状会立刻得到显著改善，然而醋酸甲地孕酮可能会造成严重的不良反应，因此临床上使用需要非常谨慎，用药后需要密切监测患病动物。最后，猫疱疹病毒和嗜酸性角膜结膜炎之间的关系仍不清楚，某些患病动物可能需要局部和/或全身抗病毒治疗。

药物潜在不良反应

皮质类固醇全身用药可能造成多饮、多食、多尿，毛发变性，体重增加，胰腺炎，胃肠不适，肌肉损伤，肝损伤和糖尿病。皮质类固醇局部用药可能造成伤口愈合不良和角膜变性。环孢霉素局部用药可能造成眼周皮炎和脱毛。醋酸甲地孕酮可能造成糖尿病、乳腺增生和肿瘤。

　　嗜酸性角膜结膜炎比较容易得到控制，然而一般情况下患病动物需要持续治疗以控制疾病和防止症状复发。

参考文献

[1] Andrew SE. Immune-mediated canine and feline keratitis. Vet Clin North Am Small Anim Pract. 2008;38(2):269 - 290, vi. doi: 10.1016/j.cvsm.2007.11.007.

[2] Dean E, Meunier V. Feline eosinophilic keratoconjunctivitis: a retrospective study of 45 cases (56 eyes). Feline Med Surg. 2013;15(8):661 - 666. doi: 10.1177/1098612X12472181. Epub 2013 Jan 15.

[3] Nasisse MP, Glover TL, Moore CP, Weigler BJ. Detection of feline herpesvirus 1 DNA in corneas of cats with eosinophilic keratitis or corneal sequestration. Am J Vet Res. 1998;59(7):856 - 858.

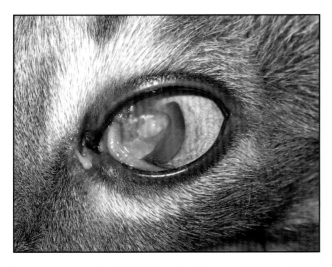

图60.1 嗜酸性角膜结膜炎典型临床表现，包括乳色角膜浸润和血管化变性（一）。

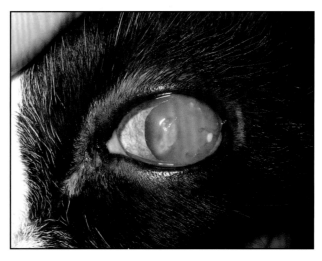

图60.2 嗜酸性角膜结膜炎典型临床表现，包括乳色角膜浸润和血管化变性（二）。

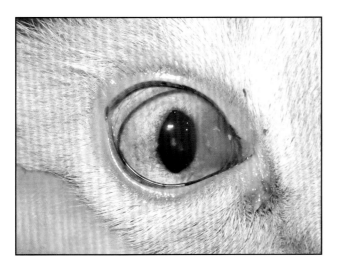

图60.3 嗜酸性角膜结膜炎典型临床表现，包括乳色角膜浸润和血管化变性（三）。

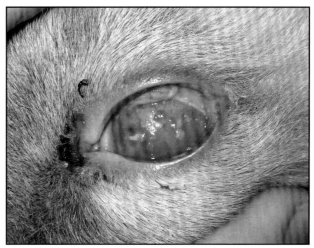

图60.4 嗜酸性角膜结膜炎典型临床表现，包括乳色角膜浸润和血管化变性（四）。

第61章　疱疹病毒相关性角膜炎

疾病简介

　　猫疱疹病毒1型是造成眼科疾病一种普遍流行的病因，既影响幼龄猫也影响成年猫（常见于收容所和多猫家庭）。初次感染是通过与病毒接触（通常是猫与猫接触）或与受病毒污染的污染物接触。一旦被感染，猫就会成为这种疾病的潜在携带者，在生理或药物免疫抑制作用下可能会复发。症状可能包括发热，嗜睡，食欲不振，上呼吸道疾病（如咳嗽或打喷嚏），结膜炎，结膜水肿，睑球粘连和树突状浅表或基质溃疡性角膜炎（另见"疱疹病毒相关性结膜炎"）。眼部不适感可能表现为眼睑痉挛和／或眼部分泌物。症状可能是单侧或双侧。

诊断和治疗

　　准确检测猫疱疹病毒1型的存在及其与眼科疾病的关系还存在疑问。组织样品聚合酶链反应测定目前被认为是最可靠的检测方法。健康的猫最终会在病毒爆发数周后自发恢复，但通常需要治疗。可以使用局部和／或全身性抗病毒药进行治疗，包括三氟胸苷，疱疹净，西多福韦，更昔洛韦和/或泛昔洛韦。

药物潜在不良反应

与抗病毒药物局部使用相关的潜在并发症包括局部刺激。与抗病毒药物全身使用相关的潜在并发症包括胃肠道不适、骨髓抑制和／或肝病。

　　同时配合赖氨酸全身给药可能通过抑制疱疹病毒代谢而减轻症状。对于疱疹病毒相关疾病，抗炎药的使用应相当谨慎。非甾体类药物通常被认为不太可能导致并发症，并且大多数疱疹病毒患病动物使用皮质类固醇被认为是一种禁忌。角膜溃疡应该通过药物治疗，若有需要也可通过手术治疗。疱疹病毒相关性结膜炎可能并发潜在全身性疾病（如猫白血病和猫免疫缺陷疾病），可能同时感染其他病毒病原体（如杯状病毒）和／或继发感染衣原体、支原体和／或细菌病原体。

参考文献

[1] Drazenovich TL, Fascetti AJ,Westermeyer HD, Sykes JE, Bannasch MJ, Kass PH, Hurley KF, Maggs DJ. Effects of dietary lysine supplementation on upper respiratory and ocular disease and detection of infectious organisms in cats within an animal shelter. Am J Vet Res. 2009;70(11):1391 - 1400. doi: 10.2460/ajvr.70.11.1391.

[2] Fontenelle JP, PowellCC,Veir JK, Radecki SV, Lappin MR. Effect of topical ophthalmic application of cidofovir on experimentally induced primary ocular feline herpesvirus-1 infection in cats. Am J Vet Res. 2008;69(2):289 - 293. doi: 10.2460/ajvr.69.2.289.

[3] Maggs DJ. Update on pathogenesis, diagnosis, and treatment of feline herpesvirus type 1.ClinTech Small AnimPract. 2005;20(2):94 - 101.

[4] Maggs DJ. Antiviral therapy for feline herpesvirus infections. Vet Clin North Am Small Anim Pract. 2010;40(6):1055 - 1062. doi: 10.1016/j.cvsm.2010.07.010.

[5] Thomasy SM, Lim CC, Reilly CM, Kass PH, Lappin MR, Maggs DJ. Evaluation of orally administered famciclovir in cats experimentally infected with feline herpesvirus type-1. Am J Vet Res. 2011;72(1):85 - 95. doi: 10.2460/ajvr.72.1.85.

图61.1 疱疹病毒感染继发血管性角膜炎（一）。

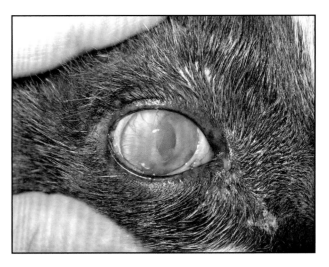

图61.2 疱疹病毒感染继发血管性角膜炎（二）。

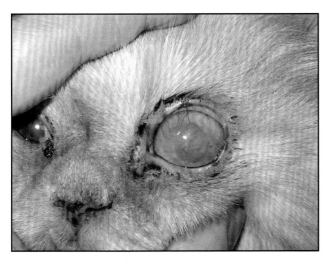

图61.3 疱疹病毒感染继发血管性角膜炎（三）。

图61.4 疱疹病毒感染继发血管性角膜炎（四）。

第62章　犬多灶性免疫介导点状角膜炎

疾病简介

多灶性免疫介导点状角膜炎是一种犬科疾病，导致角膜多个离散部位出现炎症和／或溃疡，被怀疑是由免疫介导造成。病变通常为椭圆形至圆形，界限分明，可能伴有树状血管生成。继发感染可能导致这些病变快速发展。易患品种包括喜乐蒂牧羊犬和腊肠犬。

诊断和治疗

免疫介导点状角膜炎的诊断基于临床症状。被认为起源于免疫介导的溃疡性角膜炎应谨慎使用局部（±全身）抗菌药以及抗炎药联合治疗。合适的抗炎药可能包括非甾体抗炎药、糖皮质激素和／或环孢霉素。

药物潜在不良反应

皮质类固醇局部用药可能造成伤口愈合不良和角膜变性。环孢霉素和他克莫司局部用药可能造成眼周皮炎和脱毛。泼尼松全身用药可能造成多饮、多食、多尿，毛皮变形，体重增加，胰腺炎，胃肠不适和肌肉损伤，肝损伤和糖尿病。

疾病初期患病动物出现急性临床变化的可能性很高，因此需经常检测患病动物直到角膜炎症得到充分控制。

该病的愈后一般良好。但是，很多病例需要长期低剂量维持治疗以防止症状复发。

参考文献

[1] Andrew SE. Immune-mediated canine and feline keratitis. Vet Clin North Am Small Anim Pract. 2008;38(2):269–290, vi. doi: 10.1016/j.cvsm.2007.11.007. Review.

[2] Clerc C, Jegou J. Superficial punctuate keratitis. Can Pract. 1996;21:6–11.

[3] Dice PF 2nd. Primary corneal disease in the dog and cat. Vet Clin North Am Small Anim Pract. 1980;10(2):339–356.

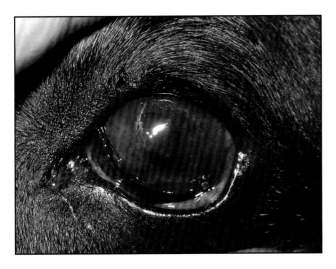

图62.1　犬多灶性免疫介导点状角膜炎典型临床表现
（一）。

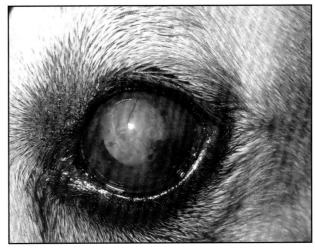

图62.2　犬多灶性免疫介导点状角膜炎典型临床表现
（二）。

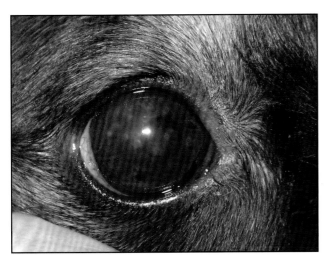

图62.3　犬多灶性免疫介导点状角膜炎典型临床表现
（三）。

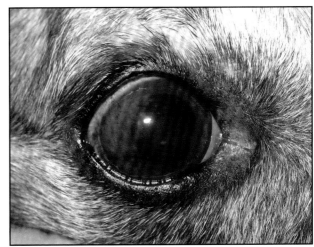

图62.4　犬多灶性免疫介导点状角膜炎典型临床表现
（四）。

第63章 内皮炎

疾病简介

葡萄膜炎，1型犬腺病毒（CAV-1）感染和／或弱毒活性1型腺病毒疫苗接种可能造成内皮炎（另见"疫苗相关性葡萄膜炎"）。眼部症状可能包括房水闪辉，瞳孔缩小和／或继发于内皮功能紊乱的角膜水肿（有时称为"蓝眼"）。潜在后遗症包括大疱性角膜疾病，溃疡性角膜炎和／或继发性青光眼。已发现越来越多的阿富汗猎犬患该病。

诊断和治疗

内皮炎的诊断基于临床发现以及病史（包括近期疫苗接种史），常规全血球细胞计数（CBC）／生化检查检测和／或传染性微生物检测。治疗通常包括局部和全身使用（类固醇）抗炎药（除非存在用药禁忌）。在许多情况下，在疾病的早期阶段进行适当的治疗，症状就会消失。如果存在继发疾病，如角膜溃疡和／或青光眼，应进行适当的治疗［另见"继发性（炎症后）青光眼"］。

药物潜在不良反应

皮质类固醇局部用药可能造成伤口愈合不良和角膜变性。泼尼松全身用药可能造成多食、多饮、多尿，毛皮变性，体重增加，胰腺炎和胃肠不适，肌肉损伤，肝损伤和糖尿病。

参考文献

[1] Aguirre G, Carmichael L, Bistner S. Corneal endothelium in viral induced anterior uveitis. Ultrastructural changes following canine adenovirus type 1 infection. Arch Ophthalmol. 1975;93(3):219‑224.

[2] Curtis R, Barnett KC. Canine adenovirus‑induced ocular lesions in the Afghan hound. Cornell Vet. 1981;71(1):85‑95.

[3] Curtis R, Barnett KC. The 'blue eye' phenomenon. Vet Rec. 1983;112(15):347‑353.

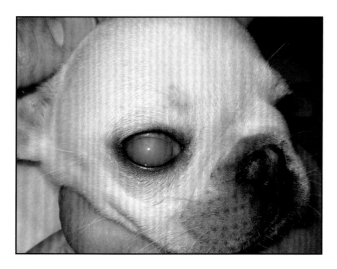

图63.1 继发于疫苗相关反应的内皮炎（一）。

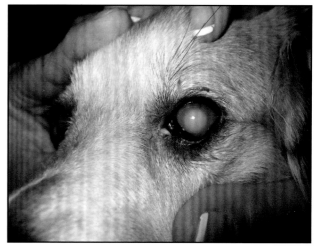

图63.2 继发于疫苗相关反应的内皮炎（二）。

图63.3 继发于疫苗相关反应的内皮炎（三）。

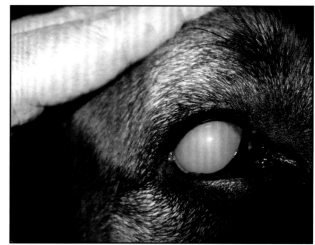

图63.4 继发于疫苗相关反应的内皮炎（四）。

第64章 大疱性角膜病变

疾病简介

大疱性角膜病即角膜基质组织急性代偿失调。严重、急性、局灶性或广泛性角膜水肿可导致患病动物出现一个或多个大的不稳定角膜大疱［另见"角膜软化（溶解性溃疡）"］。病变可能发展得非常快（通常在24-48h内），可能合并和／或破裂。临床上，这种疾病表现为水肿性角膜组织严重变形，角膜通常向前隆起。这一过程是由蛋白水解酶介导的，这些水解酶可能来自角膜细胞、炎性细胞和／或细菌病原体，可能与前期的角膜炎症和／或溃疡有关。大疱性角膜病变在任何品种的猫和犬中都可发生，然而短头品种的动物更易患病。

诊断和治疗

大疱性角膜病变的诊断基于临床表现。治疗包括稳定介导此过程的金属蛋白酶。适当的局部治疗剂包括血清（新鲜或冷冻）、四环素、EDTA溶液和或N-乙酰半胱氨酸，应经常涂抹抗胶原蛋白酶药剂。通常禁止使用皮质类固醇。继发性细菌感染可使用合适的抗生素治疗。严重的病例，现存或即将发生的角膜破裂的病例，可能需要手术切除病变组织和/或构造角膜移植手术。患病动物在愈合过程中需佩戴伊丽莎白圈以防止自体损伤。

参考文献

[1] Cooley PL, Dice PF 2nd. Corneal dystrophy in the dog and cat. Vet Clin North Am Small Anim Pract. 1990;20(3):681–692. Review.

[2] Moore PA. Feline corneal disease. Clin Tech Small Anim Pract. 2005;20(2):83–93. Review.

[3] Ollivier FJ, Gilger BC, Barrie KP, Kallberg ME, Plummer CE, O'Reilly S, Gelatt KN, Brooks DE. Proteinases of the cornea and preocular tear film. Vet Ophthalmol. 2007;10(4):199–206. Review.

[4] Pattullo K. Acute bullous keratopathy in a domestic shorthair. Can Vet J. 2008;49(2):187–189.

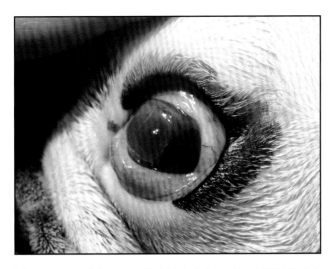

图64.1 由角膜炎和不可控的蛋白酶介导的组织损坏导致大疱性角膜病变（一）。

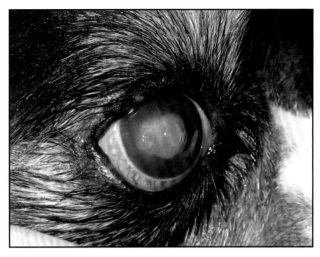

图64.2 由角膜炎和不可控的蛋白酶介导的组织损坏导致大疱性角膜病变（二）。

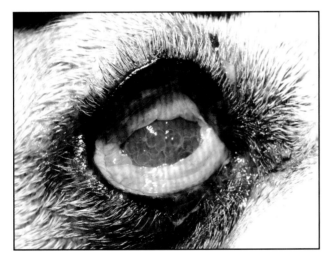

图64.3 由角膜炎和不可控的蛋白酶介导的组织损坏导致大疱性角膜病变（三）。

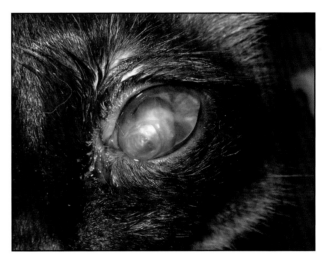

图64.4 由角膜炎和不可控的蛋白酶介导的组织损坏导致大疱性角膜病变（四）。

第65章　猫角膜腐骨

疾病简介

　　猫角膜腐骨，即角膜局部坏死和相关炎症。临床上，角膜腐骨表现为褐色至棕色角膜变色。病变大小和深度可能存在很大差异，可能并发溃疡。症状可能影响单侧或双侧角膜。相关不适感可能表现为眼睑痉挛和／或眼部分泌物。已存在的慢性角膜炎，角膜溃疡，进行了不适当的"网格角膜切开术"和／或感染猫疱疹病毒1型，以及品种易感性都是潜在的促成因素。易患品种包括波斯猫和喜马拉雅猫。

诊断和治疗

　　猫角膜腐骨的诊断基于临床症状。慢性腐骨的治疗为外科角膜切除，在手术显微镜的帮助下进行。角膜切除术的大小和深度决定于病变的程度，在切除患病组织后，可能额外需要进行构造角膜移植。根据患病动物具体情况决定是否使用局部和／或全身性抗菌药剂以及局部和／或全身性抗病毒药剂。患病动物术后佩戴伊丽莎白圈以防止自体损伤。

参考文献

[1] Cullen CL, Wadowska DW, Singh A, Melekhovets Y. Ultrastructural findings in feline corneal sequestra. Vet Ophthalmol. 2005;8(5):295–303.

[2] Featherstone HJ, SansomJ. Feline corneal sequestra: a review of 64 cases (80 eyes) from1993 to 2000. Vet Ophthalmol. 2004;7(4):213–227.

[3] Grahn BH, Sisler S, Storey E. Qualitative tear film and conjunctival goblet cell assessment of cats with corneal sequestra. Vet Ophthalmol. 2005;8(3):167–170.

[4] Volopich S, Benetka V, Schwendenwein I, Möstl K, Sommerfeld–Stur I, Nell B. Cytologic findings, and feline herpesvirus DNA and Chlamydophila felis antigen detection rates in normal cats and cats with conjunctival and corneal lesions. Vet Ophthalmol. 2005;8(1):25–32.

图65.1　猫角膜腐骨典型临床表现（一）。

图65.2　猫角膜腐骨典型临床表现（二）。

图65.3　猫角膜腐骨典型临床表现（三）。

图65.4　猫角膜腐骨典型临床表现（四）。

第66章　色素性角膜炎

疾病简介

色素性角膜炎是一种相对常见的临床表现，包括色素逐渐沉积在角膜和相关的结膜表面。临床上，这一过程很明显，从光滑到不规则棕色浑浊，可影响不同的浅表区域。患病动物可能同时并发有新血管形成的炎性角膜炎。严重病例可能会出现完全色素型角膜炎，导致严重的视力障碍甚至功能性失明。促成因素包括由结构性眼睑闭合不全导致的曝光，慢性或重度角膜炎，蒸发过快型和／或泪腺分泌不足型泪膜疾病，倒睫和／或遗传因素。易患品种包括哈巴犬，北京犬，西施犬和拉萨犬。

诊断和治疗

色素性角膜炎的诊断基于临床表现。治疗包括解决潜在疾病，包括角膜炎症和／或泪膜疾病，通常使用局部皮质类固醇，环孢霉素，他克莫司和／或泪膜替代／或稳定药剂。患病动物可能需要长期用药以最大程度地减少疾病的发展。

药物潜在不良反应

皮质类固醇局部用药可能造成伤口愈合不全和角膜变性。环孢霉素和他克莫司局部用药可能造成眼皮炎和脱毛。

此外，通过有限的内眦和／或外眦角膜整形术减小睑裂，增加角膜保护和泪膜覆盖可能有助于缓解疾病的进展。多种用于减小睑裂的技术已被提出，其中普遍使用的一种技术为罗伯茨／延森（Roberts/Jensen）内眦口袋整形术。尽管角膜切除术很容易去除角膜色素，但术后复发的可能性很高。某些病例中，适当地使用冷冻疗法或β–辐射可能有助于限制疾病复发。

参考文献

[1] Azoulay T. Adjunctive cryotherapy for pigmentary keratitis in dogs: a study of 16 corneas. Vet Ophthalmol. 2013. doi: 10.1111/vop.12089. [Epub ahead of print]

[2] Bedford PG. Technique of lateral canthoplasty for the correction of macropalpebral fissure in the dog. J Small Anim Pract. 1998;39(3):117–120.

[3] Labelle AL, Dresser CB, Hamor RE, Allender MC, Disney JL. Characteristics of, prevalence of, and risk factors for corneal pigmentation (pigmentary keratopathy) in Pugs. J AmVetMed Assoc. 2013;243(5):667–674. doi: 10.2460／javma.243.5.667. van derWoerdt A. Adnexal surgery in dogs and cats. Vet Ophthalmol. 2004;7(5):284–290. Review.

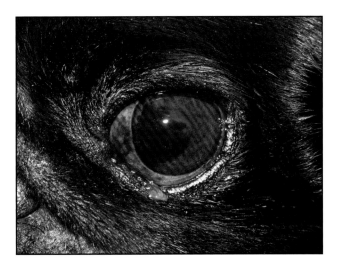

图66.1 色素性角膜炎（一）。

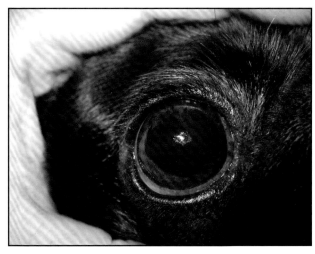

图66.2 色素性角膜炎（二）。

图66.3 色素性角膜炎（三）。

图66.4 色素性角膜炎（四）。

第67章　角膜脓肿形成

疾病简介

角膜上皮［或内皮（罕见）］屏障破裂后，细菌或真菌进入角膜基质，导致感染性和／或炎性物质病灶的形成，随后可能形成角膜脓肿。临床上，这种疾病表现为大小不一、局部棕褐色角膜基质变色，通常导致强烈的不适和激进的血管反应。荧光染液通常无法检测患病动物是否同时患有角膜溃疡。不适感通常表现为眼睑痉挛和／或眼部出现分泌物。

诊断和治疗

角膜脓肿形成的诊断基于临床表现。治疗包括通过清创术／刮除术暴露和清除感染灶以及全身或局部抗菌激进治疗。完整的上皮表面和／或生物材料的沉积严重阻碍了抗生素的渗透和伤口愈合。理想情况下，治疗应基于细胞学判读和革兰氏染色以及微生物样品培养和药敏试验。某些病例可能还需要配合局部和／或全身（非甾类）抗炎给药。愈合过程中，应密切反复检测受影响的角膜组织，术后患病动物需佩戴伊丽莎白圈以防止自体损伤。

参考文献

[1] Ledbetter EC, Munger RJ, Ring RD, Scarlett JM. Efficacy of two chondroitin sulfate ophthalmic solutions in the therapy of spontaneous chronic corneal epithelial defects and ulcerative keratitis associated with bullous keratopathy in dogs. Vet Ophthalmol. 2006;9(2):77 – 87.

[2] Ollivier FJ. Bacterial corneal diseases in dogs and cats. Clin Tech Small Anim Pract. 2003;18(3):193 – 198.

[3] Sherman A, Daniels JB,Wilkie DA, Lutz E. Actinomyces bowdenii ulcerative keratitis in a dog. Vet Ophthalmol. 2013;16(5):386 – 391. doi: 10.1111/vop.12001. Epub 2012 Nov 4.

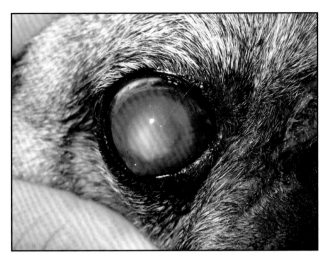

图67.1　角膜脓肿形成的典型临床表现（一）。

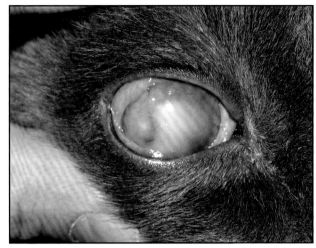

图67.2　角膜脓肿形成的典型临床表现（二）。

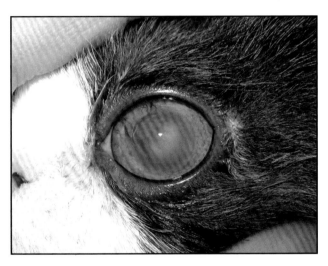

图67.3　角膜脓肿形成的典型临床表现（三）。

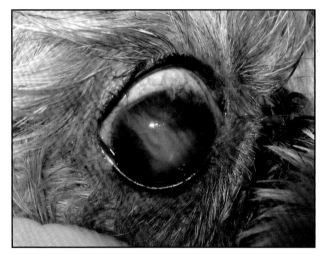

图67.4　角膜脓肿形成的典型临床表现（四）。

第68章　角膜出血

疾病简介

角膜内出血有时是由角膜内血管引起的。临床上，这种疾病表现为红色到棕褐色的变色，病变呈扇形，起源于邻近的角膜血管，出血位置可位于角膜内的任何深度，通常只影响一只眼睛。

诊断和治疗

角膜内出血的诊断基于临床表现。大多数离散型角膜出血病例会自愈。患病动物应排除潜在的凝血病／血管病、代谢性疾病和／或高血压。肿瘤性血管病变是最重要的鉴别诊断（另见"角膜巩膜血管瘤／血管肉瘤"）。此外，应对角膜内存在的异常血管做评估，特别是识别和治疗相关的表面或眼内疾病。外用甾体或非甾体 药物将有助于加速血液的吸收；但是，变色可能会持续数月至数年，某些患病动物，特别是深层基质出血的病例，在血管被吸收后，一定程度的或永久性的浑浊可能会停留在出血部位。

药物潜在不良反应
局部皮质类固醇潜在的不良反应包括伤口愈合不良和角膜变性。

参考文献

[1] MatasM, Donaldson D, Newton RJ. Intracorneal hemorrhage in 19 dogs (22 eyes) from2000 to 2010: a retrospective study. Vet Ophthalmol. 2012;15(2):86–91. doi: 10.1111/j.1463–5224.2011.00944.x. Epub 2011 Nov 29.

[2] McDonnell PJ, Green WR, Stevens RE, Bargeron CB, Riquelme JL. Blood staining of the cornea. Light microscopic and ultrastructural features. Ophthalmology. 1985;92(12):1668–1674.

[3] Swanson JF. Ocular manifestations of systemic disease in the dog and cat. Recent developments. Vet Clin North Am Small Anim Pract. 1990;20(3):849–867.

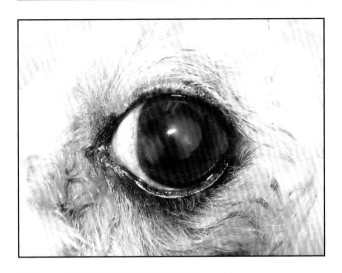

图68.1　角膜内出血典型的临床表现（一）。

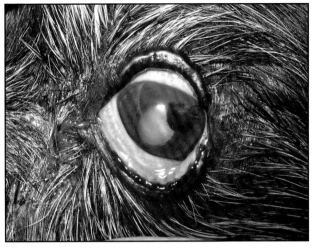

图68.2　角膜内出血典型的临床表现（二）。

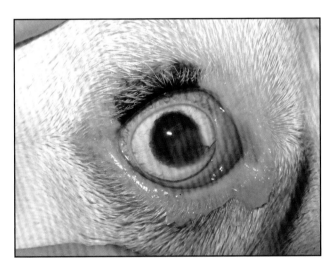

图68.3　角膜内出血典型的临床表现（三）。

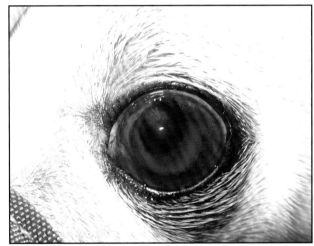

图68.4　角膜内出血典型的临床表现（四）。

第69章　角膜巩膜裂伤

疾病简介

外伤性角膜巩膜裂伤在眼科急诊中较为常见，猫抓伤通常是造成这些损伤的原因。角膜裂伤的典型特征是极度不适，眼睑痉挛，眼部出现分泌物，眼部出血，伤口部位积聚纤维蛋白或黏液，前房变浅或塌陷和／或葡萄膜组织脱落。

诊断和治疗

角膜巩膜裂伤的诊断基于临床表现以及病史。撕裂的眼球在构造上相对脆弱，处理患病动物时应格外小心，尽可能最大程度地防止进一步的眼内病变（包括虹膜脱垂和／或视网膜脱落）的风险。禁止手术修复前对组织进行机械操作，包括清创或"擦去"积聚的纤维蛋白。全身性（甾体或非甾体）抗炎和／或抗菌治疗较为合适。应尽早采用手术修复治疗，人们已提出许多不同的手术技术。转诊前和手术后患病动物需佩戴伊丽莎白圈以防止自体损伤。治疗时需要考虑晶状体结构是否已被破坏，若无法识别和解决这种潜在并发症，患病动物患上极其严重的继发性病变的风险将会大大增加，这些病变包括由晶状体裂伤性葡萄膜炎引起的青光眼（另见"晶状体裂伤性葡萄膜炎"和"猫创伤后眼部肉瘤"）。

参考文献

[1] Giuliano EA. Feline ocular emergencies. Clin Tech Small Anim Pract. 2005;20(2):135－141.

[2] Mandell DC. Ophthalmic emergencies. Clin Tech Small Anim Pract. 2000;15(2):94－100. Review.

[3] PaulsenME, Kass PH. Traumatic corneal laceration with associated lens capsule disruption: a retrospective study of 77 clinical cases from 1999 to 2009. Vet Ophthalmol. 2012;15(6):355－368.

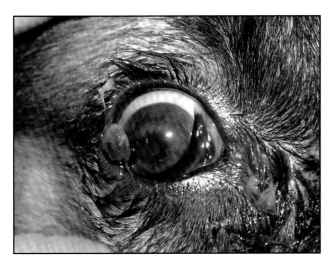

图69.1　角巩膜裂伤典型临床表现，患病动物同时存在瞳孔变性和虹膜脱垂。

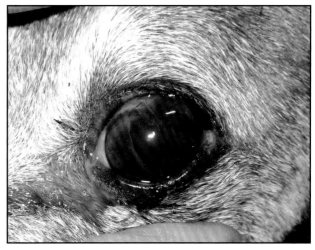

图69.2　角巩膜裂伤典型临床表现，患病动物存在眼前房积血和角膜缘虹膜脱垂。

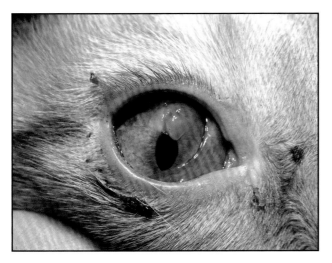

图69.3　角膜裂伤典型临床表现。猫抓造成了虹膜裂伤和角膜裂伤皮瓣。

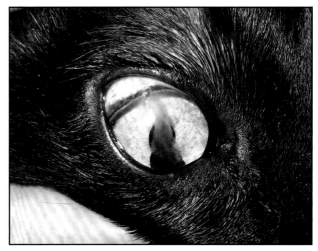

图69.4　角膜裂伤典型临床表现。患病动物存在角膜内出血和纤维蛋白积聚。

第70章 自发性慢性角膜上皮缺损

疾病简介

自发性慢性角膜上皮缺损是引起犬角膜病变相对普遍的病因。这些病变通常被称为"惰性"溃疡或"拳师犬"溃疡。与先前存在的结构和／或生理性角膜异常有关的角膜微创可能导致自发性慢性角膜上皮缺损。临床上，自发性慢性角膜上皮缺损表现为慢性浅表角膜溃疡，溃疡通常被一圈可见的、黏附力差的上皮组织包围。如果用荧光染液做角膜染色试验，这一圈上皮组织很容易被荧光染液穿透，形成一个"光环"。长期不愈的病变可能造成明显的相关性角膜炎症、血管生成和／或肉芽组织生成。不适感表现为眼睑痉挛和／或眼部出现分泌物。易患动物包括拳师犬、波士顿犬、法国斗牛犬和拉布拉多寻回犬。

诊断和治疗

自发性慢性角膜上皮缺损的诊断基于临床外观和染色结果。通过物理清创术清除疏松的浅表上皮组织以及下层表皮的基质可以达到治疗目的。单独使用药物治疗不太可能使角膜愈合。同样，"第三眼睑皮瓣"的放置也不大可能解决潜在的病理问题，而且病变不能愈合完全。可以使用无菌棉签、无菌压舌板、手术刀片或金刚石车针进行清创术。角膜清创术完成后可能还需要用到线性或点状角膜切除术。一些很难治疗的病例可能最终需要用到浅表角膜切除术。角膜愈合过程中患病动物需要使用常规的局部抗菌药，术后需佩戴伊丽莎白圈以防止自体损伤。有自发性慢性角膜上皮缺损病史的犬有可能在另一只眼出现类似的病变。

参考文献

[1] Bentley E. Spontaneous chronic corneal epithelial defects in dogs: a review. J AmAnimHosp Assoc. 2005;41(3):158－165. Review.

[2] Bentley E, Abrams GA, Covitz D, Cook CS, Fischer CA, Hacker D, Stuhr CM, Reid TW, Murphy CJ. Morphology and immunohistochemistry of spontaneous chronic corneal epithelial defects (SCCED) in dogs. Invest Ophthalmol Vis Sci. 2001;42(10):2262－2269.

[3] Cutler TJ. Corneal epithelial disease. Vet Clin North Am Equine Pract. 2004 Aug;20(2):319－343, vi.

[4] Gosling AA, Labelle AL, Breaux CB. Management of spontaneous chronic corneal epithelial defects (SCCEDs) in dogs with diamond burr debridement and placement of a bandage contact lens. Vet Ophthalmol. 2013;16(2):83－88.

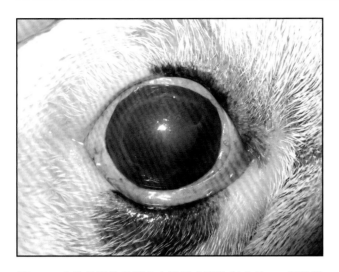

图70.1 自发性慢性角膜上皮缺损典型临床表现。一圈黏附力较差的上皮组织围绕病变周围（一）。

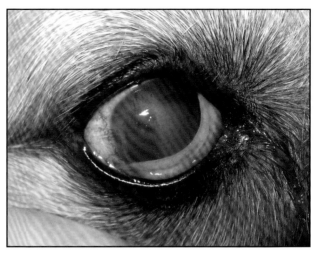

图70.2 自发性慢性角膜上皮缺损典型临床表现。一圈黏附力较差的上皮组织围绕病变周围（二）。

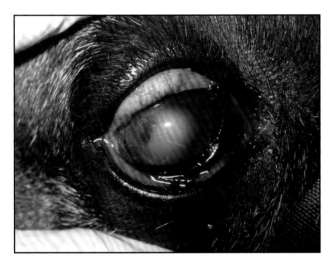

图70.3 自发性慢性角膜上皮缺损典型临床表现。一圈黏附力较差的上皮组织围绕病变周围（三）。

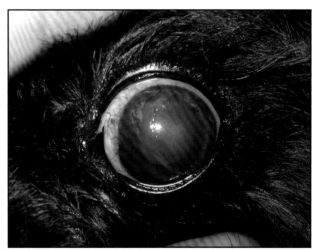

图70.4 自发性慢性角膜上皮缺损典型临床表现。一圈黏附力较差的上皮组织围绕病变周围（四）。

第71章 基质溃疡性角膜炎

疾病简介

角膜溃疡可继发于多种病因，包括构造异常、泪膜不足（蒸发或泪液分泌不足）、神经功能障碍、创伤和／或微生物感染。基质溃疡被认为是角膜的一种深层缺损，溃疡部位大小不同，荧光染料染色呈阳性，可能与角膜水肿以及不同程度的血管反应有关。不适感可能表现为眼睑痉挛和／或眼部出现黏性分泌物。易感品种包括西施犬、哈巴犬、拉萨犬和波士顿犬。

诊断和治疗

基质溃疡性角膜炎的诊断基于临床表现。细菌性角膜炎需要使用合适的抗菌药物治疗。理想情况下，治疗应该基于细胞学诊断，革兰氏染色，微生物培养以及药敏试验。出现深层基质溃疡的患病动物或已经存在角膜破裂和将要破裂的患病动物，可能需要用到外科构造角膜移植。人们已经提出了多种的合适的手术方法，包括结膜皮瓣移植，结膜岛状移植，以及通过手术显微镜下进行的进阶角巩膜转位。基质溃疡性角膜炎一般禁止使用皮质类固醇药物。患病动物在愈合过程中应佩戴伊丽莎白圈。

参考文献

[1] Kern TJ. Ulcerative keratitis. Vet Clin North Am Small Anim Pract. 1990;20(3):643–666.

[2] Ollivier FJ. Bacterial corneal diseases in dogs and cats. Clin Tech Small Anim Pract. 2003;18(3):193–198.

[3] Scagliotti RH. Tarsoconjunctival island graft for the treatment of deep corneal ulcers, desmetocoeles, and perforations in 35 dogs and 6 cats. Semin Vet Med Surg (Small Anim). 1988;3(1):69–76.

[4] Wilkie DA,Whittaker C. Surgery of the cornea. Vet Clin North Am Small Anim Pract. 1997;27(5):1067–1107.

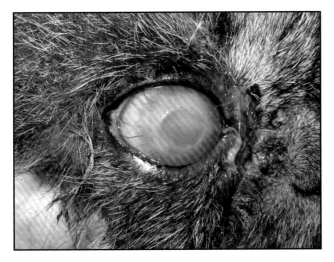

图71.1 基质溃疡性角膜炎（一）。

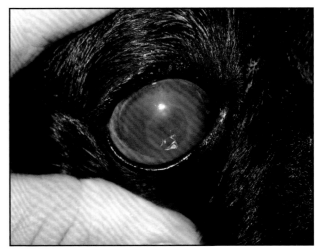

图71.2 基质溃疡性角膜炎（二）。

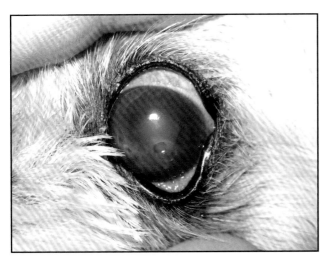

图71.3 基质溃疡性角膜炎（三）。

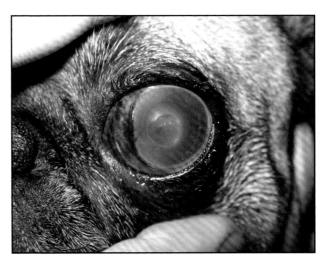

图71.4 基质溃疡性角膜炎（四）。

第72章　后弹力层突出

疾病简介

后弹力层突出描述了一种深层角膜溃疡，本应覆盖在后弹力层上的上皮和基质因溃疡而消失，只剩下角膜后弹力层这一结构组织防止眼球破裂。这一薄层组织在溃疡部位的中心位置向前隆起，该特征有时可以被识别。受后弹力层突出影响的患病动物通常表现有不适感、眼睑痉挛和／或眼部出现分泌物。

诊断和治疗

荧光染液试验后角膜溃疡中心没有染液残留，则可诊断为后弹力层突出。荧光染液试验后用大量的洗眼液冲洗有助于将深层基质溃疡和后弹力层突出区分开来。因为染液在附着上角膜基质后，若患病动物并没有并发后弹力层突出，则染液不会被冲洗下来。受影响的眼球在构造上格外脆弱，处理这样的患病动物需格外小心，尽可能减少眼球破裂的风险。用"第三眼睑皮瓣"覆盖后弹力层突出并不能为伤口提供良好的支持作用，并且通常被认为是禁忌。患病动物需要立刻进行外科手术修复。人们已提出多种合适的手术方法，包括结膜蒂状移植，结膜岛状移植，以及需要在外科显微镜下操作的进阶性角巩膜转位。术后患病动物需要进行抗菌治疗和／或镇痛管理。患病动物需要佩戴伊丽莎白圈以防止自体损伤。

参考文献

[1] Brightman AH, McLaughlin SA, Brogdon JD. Autogenous lamellar corneal grafting in dogs. J AmVet Med Assoc. 1989;195(4):469 - 475.

[2] Hansen PA, Guandalini A. A retrospective study of 30 cases of frozen lamellar corneal graft in dogs and cats. Vet Ophthalmol. 1999;2(4):233 - 241.

[3] Mandell DC. Ophthalmic emergencies. Clin Tech Small Anim Pract. 2000;15(2):94 - 100.

[4] Wilkie DA,Whittaker C. Surgery of the cornea. Vet Clin North Am Small Anim Pract. 1997;27(5):1067 - 1107.

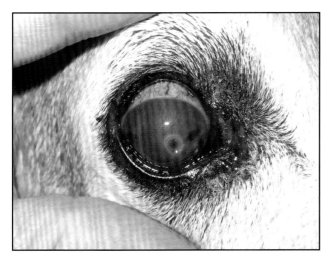

图72.1 角膜后弹力层突出的典型临床表现（一）。

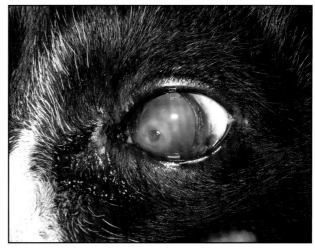

图72.2 角膜后弹力层突出的典型临床表现（二）。

图72.3 角膜后弹力层突出的典型临床表现（三）。

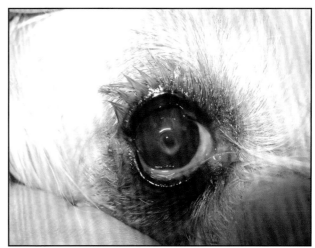

图72.4 角膜后弹力层突出的典型临床表现（四）。

第73章　角膜软化（溶解性溃疡）

疾病简介

角膜溃疡可继发于多种病因，包括构造异常、泪膜不足（蒸发或泪液分泌不足），神经功能障碍，创伤和/或微生物感染。酶促蛋白酶作用下的组织溶解以及愈合和重建过程是角膜正常代谢过程的一部分，然而，由于蛋白酶活性过强而导致的角膜组织不受控的裂解或"融化"有可能导致严重的病变（另见"大疱性角膜病变"）。过多的酶反应可能来自角膜或炎性细胞以及病理性微生物。受影响的组织变得水肿和柔软，表现为角膜增厚和灰色变性。受角膜软化影响的患病动物可能还存在相关的角膜血管反应。角膜软化通常会导致严重的继发性细菌感染。不适感可能表现为眼睑痉挛和/或眼部出现黏性分泌物。易患品种包括西施犬、哈巴犬、拉萨犬以及波士顿犬。

诊断和治疗

角膜软化的诊断基于临床表现。治疗主要是稳定介导这一过程的金属蛋白酶。合适的局部治疗药物包括血清（新鲜或冷冻），四环素，乙二胺四乙酸溶液和/或N-乙酰半胱氨酸。患病动物需经常涂抹抗胶原蛋白酶药剂。细菌性结膜炎需要使用合适的抗菌药治疗。最好根据细胞学诊断、革兰氏染色以及微生物样品的培养和药敏试验来选择合适的抗菌药。病情严重的患病动物或角膜已经或将要破裂的患病动物可能需要外科手术切除患病组织和/或构造角膜移植。该类患病动物禁忌使用皮质类固醇。患病动物在愈合过程中应佩戴伊丽莎白圈以防止自体损伤。

参考文献

[1] Ollivier FJ, Brooks DE, Kallberg ME, Komaromy AM, Lassaline ME, Andrew SE, Gelatt KN, Stevens GR, Blalock TD, van Setten GB, Schultz GS. Evaluation of various compounds to inhibit activity of matrix metalloproteinases in the tear film of horses with ulcerative keratitis. Am J Vet Res. 2003;64(9):1081－1087.

[2] Ollivier FJ, Gilger BC, Barrie KP, Kallberg ME, Plummer CE, O'Reilly S, Gelatt KN, Brooks DE. Proteinases of the cornea and preocular tear film. Vet Ophthalmol. 2007;10(4):199－206.

[3] Wang L, Pan Q, Xue Q, Cui J, Qi C. Evaluation of matrix metalloproteinase concentrations in precorneal tear film from dogs with Pseudomonas aeruginosa-associated keratitis. Am J Vet Res. 2008;69(10):1341－1345.

图73.1　与角膜软化相关的角膜溃疡的典型临床表现。

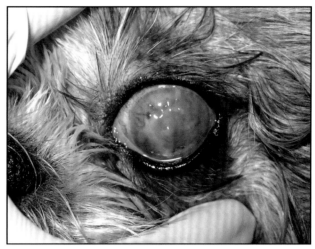

图73.2　与角膜软化相关的角膜溃疡的典型临床表现。

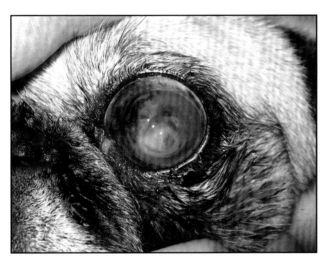

图73.3　与角膜软化相关的角膜溃疡的典型临床表现。

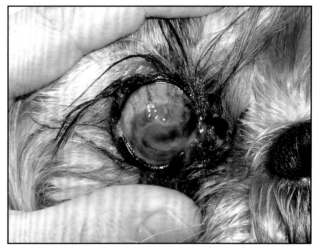

图73.4　与角膜软化相关的角膜溃疡的典型临床表现。

第74章 角膜穿孔

疾病简介

角膜穿孔是由创伤、严重进行性角膜溃疡或撕裂性后弹力层突出引起的，属于眼科急诊范畴。角膜穿孔典型特征包括极度不适，眼睑痉挛，眼部出现分泌物，出血，前房变浅或塌陷以及伤口部位有纤维蛋白／黏液积聚。

诊断和治疗

角膜穿孔的诊断基于临床表现。穿孔的眼球构造上很脆弱，处理患病动物时需格外小心以尽可能防止眼球内病变的进一步发展，包括虹膜脱垂和／或视网膜脱落。在进行手术修复前禁忌对组织进行机械性操作，包括尝试对积聚的纤维蛋白进行清创。用"第三眼睑皮瓣"覆盖穿孔的角膜不能为伤口提供良好的支持，并且通常被认为是禁忌。患病动物应立刻进行外科手术修复，目前已有多种技术被提出。术后患病动物需要抗菌药物和／或镇痛管理，通常也需要全身性（甾体或非甾体）抗炎治疗。患病动物在转诊和术后应佩戴伊丽莎白圈以防止自体损伤。

参考文献

[1] Mandell DC. Ophthalmic emergencies. Clin Tech Small Anim Pract. 2000;15(2):94–100. Review.

[2] Ollivier FJ. Bacterial corneal diseases in dogs and cats. Clin Tech Small Anim Pract. 2003;18(3):193–198.

[3] Scagliotti RH. Tarsoconjunctival island graft for the treatment of deep corneal ulcers, desmetocoeles, and perforations in 35 dogs and 6 cats. Semin Vet Med Surg (Small Anim). 1988;3(1):69–76.

[4] Wilkie DA,Whittaker C. Surgery of the cornea. Vet Clin North Am Small Anim Pract. 1997;27(5):1067–1107.

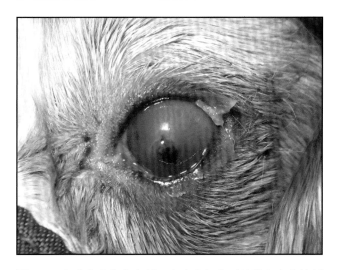

图74.1　角膜穿孔临床病例。在病变部位可见排布有序的纤维蛋白"栓"（一）。

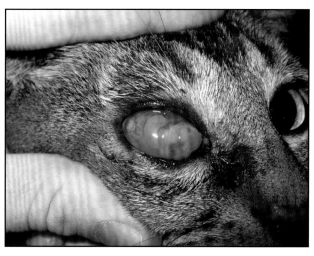

图74.2　角膜穿孔临床病例。在病变部位可见排布有序的纤维蛋白"栓"（二）。

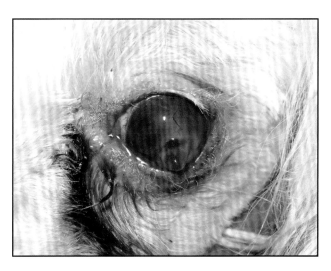

图74.3　角膜穿孔临床病例。在病变部位可见排布有序的纤维蛋白"栓"（三）。

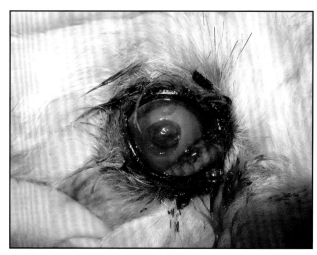

图74.4　角膜穿孔临床病例。在病变部位可见排布有序的纤维蛋白"栓"（四）。

第75章 上皮包涵囊肿

疾病简介

有些患病动物角膜愈合后，上皮细胞可能会陷入上皮表面之下形成小的囊肿，随着蛋白质碎片的积聚囊肿会逐渐增大。临床上，这些病变表现为一个或多个局部肿胀，界限相对分明，光滑，凸起，呈黄色至褐色。包涵囊肿通常会引起轻微的浅表血管增生。然而，这些病变不会给患病动物造成严重的不适感。

诊断和治疗

上皮包涵囊肿的诊断基于临床表现。如果囊肿快速发展或者造成有害影响，有必要通过外科角膜切除术移除病变，一种更简单的方法是通过CO_2激光切除囊肿。患病动物术后需要局部抗菌和抗炎治疗，并且应该佩戴伊丽莎白圈以防止自体损伤。

参考文献

[1] Choi US, Labelle P, Kim S, Kim J, Cha J, Lee KC, Lee HB, Kim NS, KimMS. Successful treatment of an unusually large corneal epithelial inclusion cyst using equine amniotic membrane in a dog. Vet Ophthalmol. 2010;13(2):122–125.

[2] Cullen CL, Grahn BH. Diagnostic ophthalmology. Epithelial inclusion cyst of the right cornea. Can Vet J. 2001;42(3):230–231.

[3] Simonazzi B, Castania M, Bosco V, Giudice C, Rondena M. A case ofmultiple unilateral corneal epithelial inclusion cysts in a dog. J Small Anim Pract. 2009;50(7):373–376.

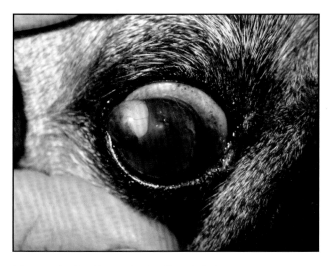

图75.1　角膜上皮包涵囊肿的典型临床表现（一）。

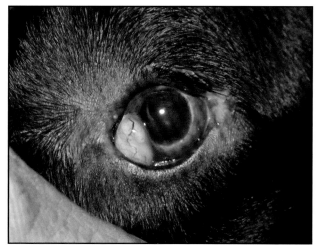

图75.2　角膜上皮包涵囊肿的典型临床表现（二）。

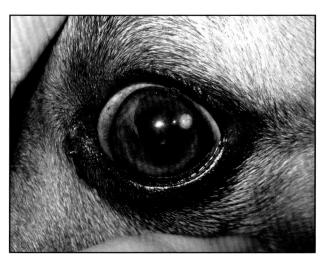

图75.3　角膜上皮包涵囊肿的典型临床表现（三）。

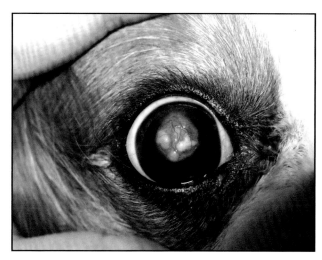

图75.4　角膜上皮包涵囊肿的典型临床表现（四）。

第76章　角膜异物

疾病简介

评估眼部疼痛时，应该考虑是否有异物存在。异物通常来源于植物。异物可能影响角巩膜表面（由于酶反应异物可能深深嵌入其中）或眼睑或第三眼睑下层的球表面穹隆。眼部异物通常导致眼睑痉挛、水肿和／或眼部出现分泌物。

诊断和治疗

角膜异物的诊断基于临床表现。使用局部麻醉药可能有助于识别异物，然而严重疼痛患病动物检查过程中可能需要镇定甚至麻醉。合适的治疗方法是将异物移除。应确保异物完全被移除以防止脱落的生物材料进入眼前房（这可能导致眼内炎），清除异物后还需用到药物治疗和／或构造修复角膜缺损部位。术后患病动物应佩戴伊丽莎白圈以防止自体损伤，直到角膜完全愈合。

参考文献

[1] Cullen CL, Grahn BH. Diagnostic ophthalmology. Right corneal foreign body, secondary ulcerative keratitis, and anterior uveitis. Can Vet J. 2005;46(11):1054‑1055.

[2] Gelatt KN. Organic corneal foreign bodies in the dog. Vet Med Small Anim Clin. 1974;69(11):1423‑1428.

[3] RebhunWC. Conjunctival and corneal foreign bodies. Vet Med Small Anim Clin. 1973;68(8):874‑877.

图76.1　来源于植物的角膜异物患病动物典型的临床表现（一）。

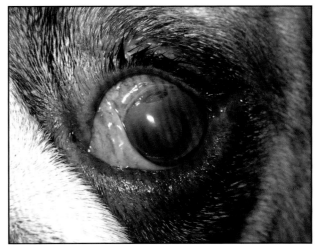

图76.2　来源于植物的角膜异物患病动物典型的临床表现（二）。

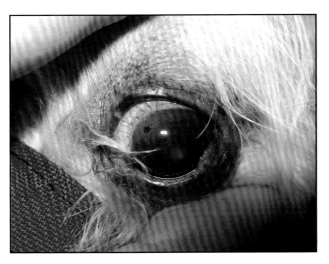

图76.3　来源于植物的角膜异物患病动物典型的临床表现（三）。

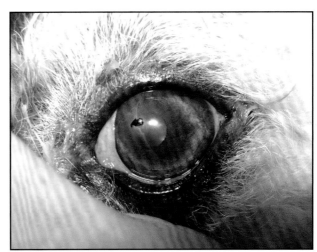

图76.4　来源于植物的角膜异物患病动物典型的临床表现（四）。

第77章 角膜缘黑色素细胞瘤

疾病简介

角膜缘（眼球外层）黑色素细胞瘤是角巩膜边缘黑素细胞一种相对常见的肿瘤性增生，犬或猫都可能受影响。在极少数情况下，这些病变可能表现出恶性特征，包括明显的退行发育和/或转移。病灶通常表现为边界清楚、隆起、色素沉着且表面光滑的肿块。肿瘤进行性增大通常会侵入角巩膜和/或眼内，最终可能导致青光眼和/或视网膜脱离。角膜缘黑色素细胞瘤应与恶性程度更高的葡萄膜黑素瘤的扩散区分开来。通常受影响的品种包括拉布拉多寻回犬、金毛犬和德国牧羊犬。

诊断和治疗

黑色素细胞瘤的诊断基于临床表现，对经切取或切除活检所采集的样本做组织病理学检查可支持诊断。这些病变多数情况下相对良性，通常仅局限于眼组织。然而，建议通过局部淋巴结抽吸、三视图X射线照相和全血球计数（CBC）/生化检查来评估全身健康和/或转移情况。在可能的情况下，治疗通常包括手术切除（使用或不使用利用生物或合成材料的辅助性构造移植手术）。富含色素的黑色素细胞瘤也相对适用于冷冻疗法。若及时手术，患病动物预后一般良好，但有复发的可能。

参考文献

[1] Cooley PL, Dice PF 2nd. Corneal dystrophy in the dog and cat. Vet Clin North Am Small Anim Pract. 1990;20(3):681–692.

[2] Donaldson D, Sansom J, Adams V. Review Canine limbal melanoma: 30 cases (1992–2004). Part 2. Treatment with lamellar resection and adjunctive strontium−90beta plesiotherapy—efficacy and morbidity. Vet Ophthalmol. 2006;9(3):179–185.

[3] Norman JC, Urbanz JL, Calvarese ST. Penetrating keratoscleroplasty and bimodal grafting for treatment of limbal melanocytoma in a dog. Vet Ophthalmol. 2008;11(5):340–345. doi: 10.1111/j.1463−5224.2008.00645.x.

[4] Spangler WL, Kass PH.Thehistologic and epidemiologic bases for prognostic considerations in caninemelanocytic neoplasia. Vet Pathol. 2006;43(2):136–149.

[5] Wilkie DA,Wolf ED. Treatment of epibulbar melanocytoma in a dog, using full−thickness eyewall resection and synthetic graft. J AmVet Med Assoc. 1991;198(6):1019–1022.

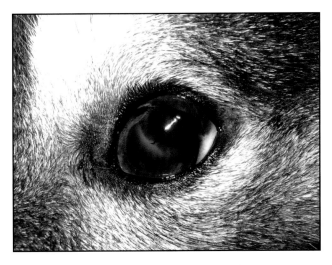

图77.1　与角膜缘黑色素细胞瘤相关的典型表现（一）。

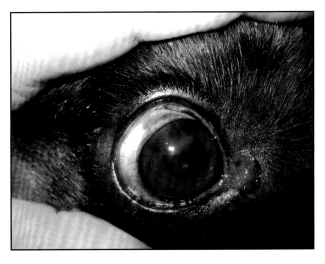

图77.2　与角膜缘黑色素细胞瘤相关的典型表现（二）。

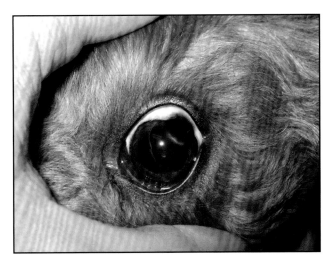

图77.3　与角膜缘黑色素细胞瘤相关的典型表现（三）。

图77.4　与角膜缘黑色素细胞瘤相关的典型表现（四）。

第78章　真菌性角膜炎

疾病简介

真菌性角膜炎在犬和猫中比较少见。环境污染、共生真菌过度生长、上皮损伤和/或免疫抑制（尤其是抗生素/皮质类固醇的结合使用）可促进真菌微生物进入机体，真菌微生物包括青霉、镰刀菌、枝孢菌、弯孢菌、曲霉和假丝酵母菌。病变可能是溃疡性或非溃疡性的，通常呈表面不规则的、凸起的、灰色至棕褐色角膜斑块。不适通常表现为眼睑痉挛和/或泪溢。进行性角膜炎、角膜软化症和/或继发性细菌污染可能最终导致角膜穿孔。

诊断和治疗

真菌性角膜炎的诊断基于临床表现和代表样本的细胞学或组织学判断以及辅助诊断，包括微生物培养和药敏试验、血清学和/或聚合酶链反应（PCR）。药物治疗包括局部和/或全身抗真菌药物用药，包括纳他霉素、氟康唑、咪康唑和/或伏立康唑。有时也可能需要抗生素和/或抗炎药的辅助。在某些情况下，可能需要手术切除受影响的组织并通过结膜移植引入血管供应。

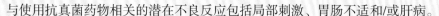

药物潜在不良反应

与使用抗真菌药物相关的潜在不良反应包括局部刺激、胃肠不适和/或肝病。

参考文献

[1] Ben-Shlomo G, Plummer C, Barrie K, Brooks D. Curvularia keratomycosis in a dog. Vet Ophthalmol. 2010;13(2):126 – 130.

[2] Grundon RA, O'Reilly A,Muhlnickel C, Hardman C, Stanley RG. Keratomycosis in a dog treated with topical 1% voriconazole solution. Vet Ophthalmol. 2010;13(5):331 – 335.

[3] Pucket JD, Allbaugh RA, Rankin AJ. Treatment of dematiaceous fungal keratitis in a dog. J AmVet Med Assoc. 2012;240(9):1104 – 1108.

[4] Scott EM, Carter RT. Canine keratomycosis in 11 dogs: a case series (2000 – 2011). J Am Anim Hosp Assoc. 2014;50(2):112 – 8. doi: 10.5326/JAAHA-MS-6012. Epub 2014 Jan 20.

图78.1　与真菌性角膜炎有关的典型表现（一）。

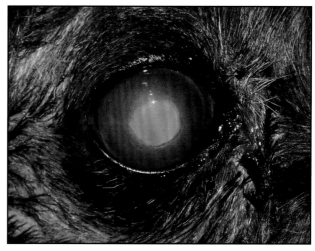

图78.2　与真菌性角膜炎有关的典型表现（二）。

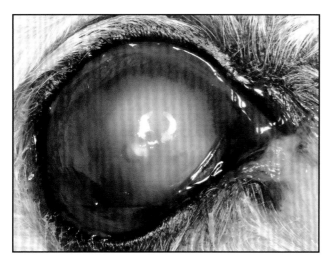

图78.3　与真菌性角膜炎有关的典型表现（三）。

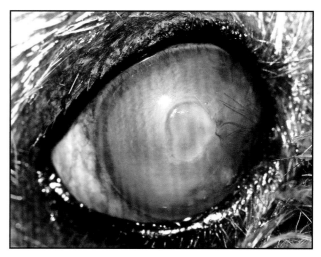

图78.4　与真菌性角膜炎有关的典型表现（四）。

第79章　角巩膜血管瘤/血管肉瘤

疾病简介

　　血管内皮源性肿瘤可影响角巩膜组织和/或上覆结膜组织（另见"结膜血管瘤/血管肉瘤"）。这些病变典型的表现为在角巩膜缘或附近出现亮红色、光滑、隆起、不规则到结节状肿块。肿瘤局部扩大，可能侵入周围组织。紫外线照射被认为是眼部附属结构血管瘤/血管肉瘤发展的一个因素。易患犬种包括澳大利亚牧羊犬和柯利犬。

诊断和治疗

　　血管瘤/血管肉瘤可根据这些病变的特征性临床表现作初步诊断；然而，对恶性肿瘤的确认和定性需要进行切取或切除活检和组织病理学检查。尽管病变通常仅局限于眼部附属组织，应通过局部淋巴结抽吸、三视图X射线照相和全血球细胞计数/生化检查评估患病动物全身健康状况和/或肿瘤转移情况。在可能的情况下，治疗通常包括手术切除和/或应用冷冻疗法辅助治疗。冷冻治疗只能在适当的N$_2$O冷却装置进行。局部肿胀在冷冻治疗后很常见，但炎症迅速消退。术后护理包括适当的局部和/或全身抗炎和/或抗菌治疗，以及给动物佩戴伊丽莎白圈防止自体损伤。

参考文献

[1] Chandler HL, Newkirk KM, Kusewitt DF, Dubielzig RR, Colitz CM. Immunohistochemical analysis of ocular hemangiomas and hemangiosarcomas in dogs. Vet Ophthalmol. 2009;12(2):83 - 90. doi: 10.1111/j.1463–5224.2008.00684.x.

[2] Hargis AM, Ihrke PJ, Spangler WL, Stannard AA. A retrospective clinicopathologic study of 212 dogs with cutaneous hemangiomas and hemangiosarcomas. Vet Pathol. 1992;29(4):316 - 328.

[3] Pirie CG, Knollinger AM,Thomas CB, Dubielzig RR. Canine conjunctival hemangioma and hemangiosarcoma: a retrospective evaluation of 108 cases (1989 - 2004). Vet Ophthalmol. 2006;9(4):215 - 226.

图79.1 与角巩膜血管瘤/血管肉瘤相关的典型表现（一）。

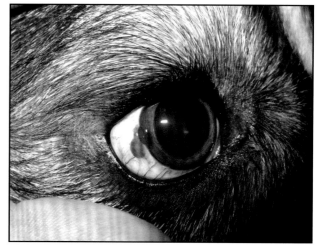

图79.2 与角巩膜血管瘤/血管肉瘤相关的典型表现（二）。

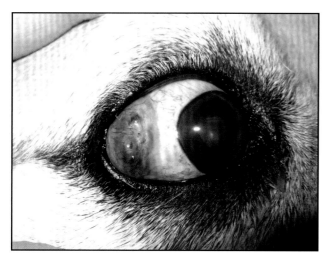

图79.3 与角巩膜血管瘤/血管肉瘤相关的典型表现（三）。

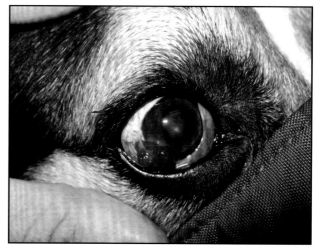

图79.4 与角巩膜血管瘤/血管肉瘤相关的典型表现（四）。

第80章　角巩膜淋巴瘤

疾病简介

角巩膜组织受淋巴瘤的影响的情况并不罕见。在某些病例中，眼部和/或其附属结构症状可能是该疾病的最初表现，也可能只局限于附属结构区域。临床表现可能包括一系列病变，从角巩膜边缘周围的轻度外周浸润到局部结节性和/或弥漫性米色组织浸润。肿瘤可能扩散到其他眼部组织和/或其他更广泛的组织。

任何品种或杂交品种犬和猫都可能受到影响（另见"皮肤上皮样淋巴瘤"、"结膜淋巴瘤"、"葡萄膜淋巴瘤"、"脉络膜视网膜淋巴瘤"和"眼球后肿瘤"）

诊断和治疗

结膜淋巴瘤诊断基于代表组织活检以及组织病理学判读。任何淋巴瘤疑似病例在治疗前都应进行样本采集，后续有助于制定准确的治疗方案。治疗包括局部抗炎疗法（通常用皮脂类固醇）和全身化疗。相关眼科病变，如眼内压升高需要进行适当的治疗，全身化疗开始前建议通过局部淋巴结（和／或器官／骨髓）抽吸，三视图X射线照相，全血球细胞计数（CBC）／生化检查评估患病动物的全身健康状态和肿瘤转移情况。对于患猫，还建议对感染性病毒，特别是猫白血病病毒和猫免疫陷病毒进行诊断测试。患病动物个体化疗方案最好是由肿瘤专科兽医医师设计，化疗药物通常包括泼尼松、长春新碱、环磷酰胺和／或阿霉素，不同病例需要不同的药物搭配。

参考文献

[1] Dreyfus J, Schobert CS, Dubielzig RR. Superficial corneal squamous cell carcinoma occurring in dogs with chronic keratitis. Vet Ophthalmol. 2011;14(3):161－168. doi: 10.1111/j.1463-5224.2010.00858.x.

[2] Montiani-Ferreira F, Kiupel M, Muzolon P, Truppel J. Corneal squamous cell carcinoma in a dog: a case report. Vet Ophthalmol. 2008;11(4):269－272. doi: 10.1111/j.1463-5224.2008.00622.x.

[3] Takiyama N, Terasaki E, Uechi M. Corneal squamous cell carcinoma in two dogs. Vet Ophthalmol. 2010;13(4):266－269. doi: 10.1111/j.1463-5224.2010.00792.x.

图80.1　与角巩膜淋巴瘤相关的典型表现（一）。

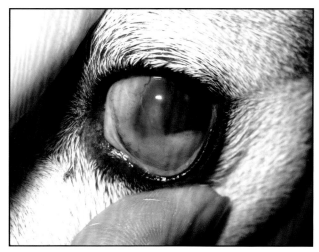

图80.2　与角巩膜淋巴瘤相关的典型表现（二）。

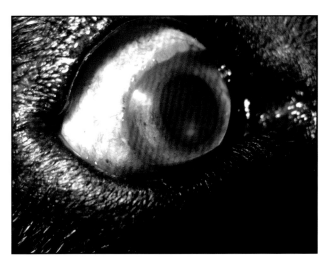

图80.3　与角巩膜淋巴瘤相关的典型表现（三）。

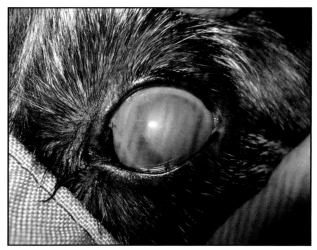

图80.4　与角巩膜淋巴瘤相关的典型表现（四）。

第81章　角膜鳞状细胞癌

疾病简介

遗传因素、紫外线照射和/或慢性炎症可能有助于这些病变的发展，受影响的细胞经历不同程度的异细胞增生、异角质形成和/或角化不良，然后发展为低级别或"原位癌"（尚未侵入角膜基质），再到完全性鳞状细胞癌。临床上，鳞状细胞癌表现为光滑、隆起、灰色至粉红色的增生组织，通常与血管供应有关，以不同的形式延伸到角膜表面，从局灶性/结节性到弥漫性/板层性不等。通常受影响的品种包括哈巴犬和英国斗牛犬。

诊断和治疗

鳞状细胞癌的诊断基于切取或切除活检后的组织病理学检查，鳞状细胞癌在临床外观上通常与（甚至包括）慢性角膜炎症/肉芽组织类似。应通过局部淋巴结抽吸、三视图X射线照相和全血球细胞计数（CBC）/生化检查评估患病动物全身健康状态和肿瘤转移情况。治疗包括切除肿瘤组织，可能需要冷冻疗法和/或 β –辐射辅助治疗。冷冻治疗只能在适当的N_2O冷却装置中进行。术后常见局部肿胀，但炎症迅速消退。术后护理包括适当的局部或全身抗炎和/或抗菌治疗，以及给动物佩戴伊丽莎白圈防止自体损伤。

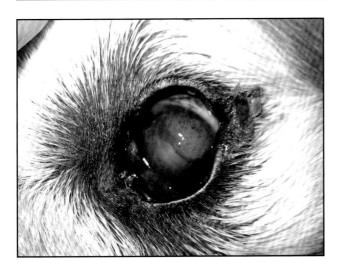

图81.1　角膜鳞状细胞癌的典型表现（一）。

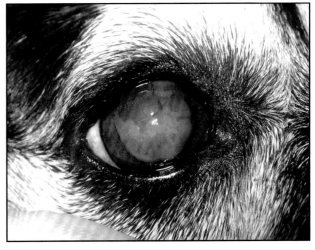

图81.2　角膜鳞状细胞癌的典型表现（二）。

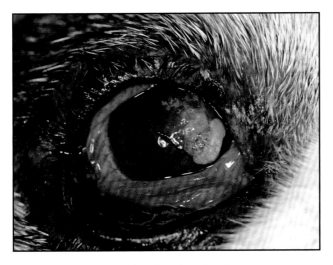

图81.3　角膜鳞状细胞癌的典型表现（三）。

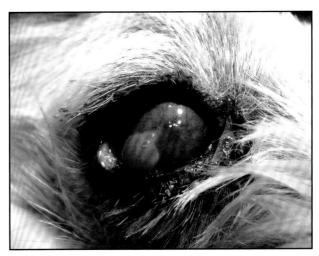

图81.4　角膜鳞状细胞癌的典型表现（四）。

第5部分

葡萄膜疾病

第82章 永久性瞳孔残膜

疾病简介

永久性瞳孔残膜继发于胚胎期晶状体血管吸收不完全，晶状体血管吸收通常在动物出生后几周完成，但该过程在某些品种的犬中可能持续数月。在某些患病动物中，此种残留物可能呈细小、点状、棕褐色斑点集合，位于晶状体囊前轴。永久性瞳孔残膜可以从虹膜延伸到虹膜，从虹膜延伸到晶状体，从虹膜延伸到角膜内皮，和／或延伸到眼前房形成自由悬浮物。残膜可能只影响一只眼睛，但通常呈现双侧残膜。大型或多个瞳孔残膜可能导致角膜混浊（由于内皮损伤，牵引和纤维化）和／或继发性白内障形成。易患犬种包括巴仙吉犬、彭布罗克威尔士柯基犬、獒犬和松狮犬。

诊断和治疗

永久性瞳孔残膜的诊断基于临床表现特征。永久性瞳孔残膜有时很难与炎症后虹膜粘连区分开来，后者可能与先前存在的眼部炎症或创伤引起的临床症状有关，如相邻的角膜纤维化、虹膜联合、色素沉积和／或白内障。瞳孔残膜通常不需要治疗，某些罕见病例可能需要手术或激光介导切除残膜，并治疗相关的炎症。同样，如果患病动物存在严重的白内障，可以通过手术移除。

参考文献

[1] Collins BK, Collier LL, Johnson GS, Shibuya H, Moore CP, da Silva Curiel JM. Familial cataracts and concurrent ocular anomalies in chow chows. J AmVet Med Assoc. 1992;200(10):1485‑1491.

[2] James RW. Persistent pupillary membrane in basenji dogs. Vet Rec. 1991;128(12):287‑288.

[3] Glaze MB. Congenital and hereditary ocular abnormalities in cats. Clin Tech Small Anim Pract. 2005;20(2):74‑82.

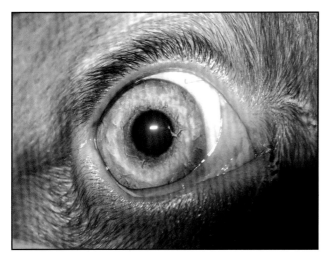

图82.1　永久性瞳孔残膜典型临床表现。虹膜黏附于晶状体。

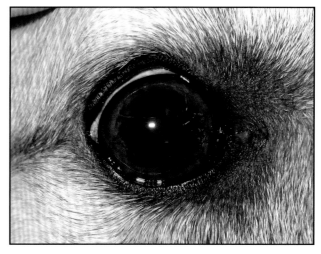

图82.2　永久性瞳孔残膜典型临床表现。虹膜黏附于角膜（一）。

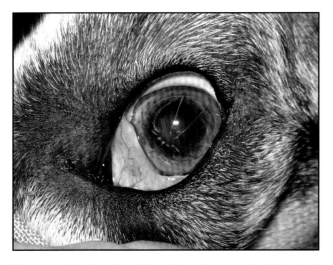

图82.3　永久性瞳孔残膜典型临床表现。虹膜黏附于角膜（二）。

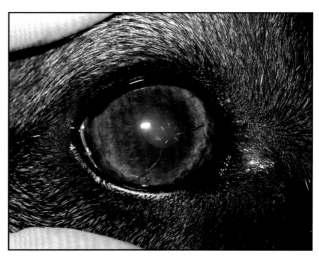

图82.4　永久性瞳孔残膜典型临床表现。虹膜黏附于角膜（三）。

第83章　虹膜缺损

疾病简介

　　虹膜缺损是由于胚胎异常分化导致的任意一层／全层虹膜组织在发育过程中出现缺损。若缺损位于虹膜体内，可能会导致多个瞳孔开口的假象或"假多瞳症"。很少见到虹膜组织完全缺失（"无虹膜"）的情况。临床上，大多数虹膜缺损表现为虹膜内"凹口"缺损。易患犬种包括澳大利亚牧羊犬和柯利系列犬种。

诊断和治疗

　　虹膜缺损的诊断基于临床表现特征，通常无需治疗。

参考文献

[1] Barnett KC, Knight GC. Persistent pupillary membrane and associated defects in the Basenji. Vet Rec. 1969;85(9):242－248.

[2] Cook CS. Embryogenesis of congenital eye malformations. Vet Comp Ophthalmol. 1995;5:109－123.

[3] Startup FG. Congenital abnormalities of the iris of the dog. J Small Anim Pract. 1966;7(1):99－100.

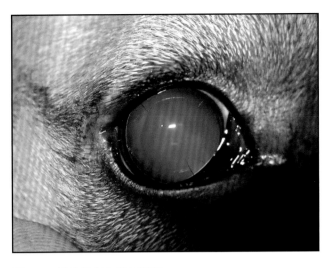

图83.1 罕见的完全无虹膜症。

图83.2 虹膜"凹口"缺损（一）。

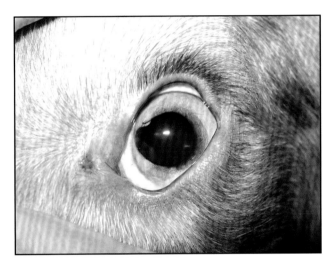

图83.3 虹膜"凹口"缺损（二）。

图83.4 虹膜"凹口"缺损（三）。

第84章　老年性虹膜萎缩

疾病简介

老年性虹膜萎缩是由进行性虹膜组织减少造成的，可能随着年龄的增长而发生。临床表现包括虹膜组织变薄／半透明（特别是在瞳孔边缘），由此引起的瞳孔不规则开口，瞳孔完全变形，瞳孔呈散瞳的错觉（缩瞳反应不明显）和／或虹膜全层缺损导致多个明显的瞳孔开口或"假多瞳症"。老年性虹膜萎缩通常同时影响两只眼睛，但是病变通常不对称。该病常见于小型犬。

诊断和治疗

老年性瞳孔萎缩的诊断基于临床表现，该病通常很难与先天性瞳孔异常（特别是虹膜缺损）和／或神经性疾病（特别是导致散瞳的疾病）（另见"虹膜缺损"）区分开来。局部使用匹罗卡品于瞳孔可以区分机械性散瞳和神经性散瞳。该病通常不需要特别的治疗，然而严重的瞳孔萎缩以及其所导致的瞳孔扩大可能会增加易感品种的动物发生退化玻璃体疝和／或晶状体（半）脱位，因此这类患病动物可能需要长期使用缩瞳药。

参考文献

[1] Grahn BH, Cullen CL. Diagnostic ophthalmology. Iris atrophy. Can Vet J 2004;45(1):77‑78.

[2] Petrick SW. The incidence of eye disease in dogs in a veterinary academic hospital: 1772 cases. J S Afr Vet Assoc 1996;67(3):108‑110.

[3] Whiting RE, Yao G,Narfström K, Pearce JW, Coates JR,Dodam JR, Castaner LJ, KatzML.Quantitative assessment of the canine pupillary light reflex. Invest Ophthalmol Vis Sci 2013;54(8):5432‑5440. DOI: 10.1167/iovs.13‑12012.

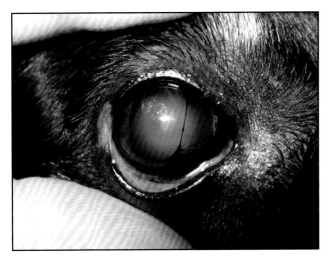

图84.1 老年性虹膜萎缩典型表现（一）。

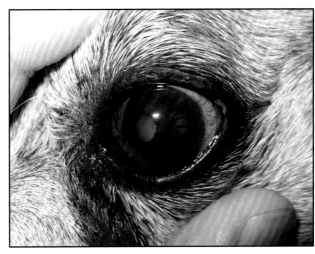

图84.2 老年性虹膜萎缩典型表现（二）。

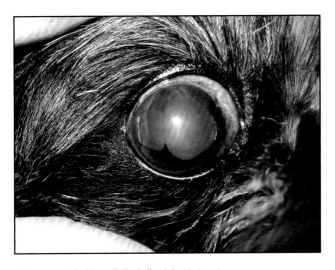

图84.3 老年性虹膜萎缩典型表现（三）。

图84.4 老年性虹膜萎缩典型表现（四）。

第85章　葡萄膜囊肿

疾病简介

　　葡萄膜囊肿（有时也被称为虹膜囊肿）可能起因于虹膜后表皮或睫状体表皮。遗传因素，囊性增生和／或慢性炎症导致葡萄膜囊肿的生成。临床上，葡萄膜囊肿呈椭圆至圆形、薄壁、半透明至深棕色结构，可能依附于睫状体结构，悬浮于眼前房或后房（偶尔位于退化的玻璃体内），和／或破裂并与前房表面黏着，前房表面包括晶状体囊和／或角膜内皮。葡萄膜可能只发生于一只眼，也可能同时发生于双侧眼球，双侧病变的大小和数量可能存在明显差异。易患犬品种包括拉布拉多寻回犬、金毛犬、波士顿㹴犬、大丹犬和美国斗牛犬。

诊断和治疗

　　葡萄膜囊肿的诊断基于临床表现，如有必要可使用B超帮助诊断。某些前房内肿瘤（特别是黑色素细胞瘤／黑素瘤）可能会对鉴别诊断造成困难（另见"葡萄膜黑素瘤"）。大多数葡萄膜囊肿为良性并且不需要治疗。若金毛犬出现葡萄膜囊肿，则需注意是否有其他眼部异常，因为这些病变可能表示患病动物正处于严重品种相关性色素性和囊性葡萄膜炎／青光眼的发展阶段（另见"金毛犬相关性葡萄膜炎和青光眼"）。另外，葡萄膜囊肿可能与某些品种的犬的其他眼部病变和眼内压升高有关，这些品种包括美国斗牛犬和大丹犬。受慢性炎房内炎症影响的患病动物可能需要使用局部抗炎药物（类固醇或非类固醇药物）。若囊肿增生导致视力障碍和／或眼房水回流受阻，这类患病动物可能需要手术治疗。通过手术治疗移除囊肿的方法包括手术摘除、手术吸除和／或二极管激光切除。

药物潜在不良反应
局部皮质类固醇的使用可能造成伤口愈合不良和角膜退化。

参考文献

[1] Delgado E, Pissarra H, Sales-Luís J, Peleteiro MC. Amelanotic uveal cyst in a Yorkshire terrier dog. Vet Ophthalmol 2010;13(5):343 - 347. DOI: 10.1111/j.1463-5224.2010.00825.x.

[2] Gemensky-Metzler AJ, Wilkie DA, Cook CS.The use of semiconductor diode laser for deflation and coagulation of anterior uveal cysts in dogs, cats and horses: a report of 20 cases. Vet Ophthalmol 2004;7(5):360 - 368.

[3] Townsend WM, Gornik KR. Prevalence of uveal cysts and pigmentary uveitis in Golden Retrievers in three Midwestern states. J AmVet Med Assoc 2013;243(9):1298 - 1301. DOI: 10.2460/javma.243.9.1298.

图85.1　单个有色素沉着的葡萄膜囊肿，色素沉着较深。

图85.2　多个葡萄膜囊肿。

图85.3　单个半透明的葡萄膜囊肿。

图85.4　单个有色素沉着的葡萄膜囊肿。

第86章　梅尔眼发育不全

疾病简介

梅尔眼发育不全是一种先天性遗传疾病，梅尔色毛发的动物可能会受影响。梅尔眼发育不全是由胚胎组织异常分化导致的，可能导致眼部异常，包括小眼、小角膜、巩膜葡萄肿、永久性瞳孔残膜、异色虹膜、虹膜发育不全/缺损（导致瞳孔变形／异位）、假多瞳孔症、虹膜角膜角发育异常，晶状体缺损／白内障／半脱位、脉络膜发育不良、视神经缺损、视网膜发育异常和／或视网膜脱落（可能有眼前房出血），这些病变可能单个或多个同时出现。病变影响双侧眼球但是通常不具有对称性。患病动物（特别是纯合子"白"梅尔色）可能先天性失聪。易患品种包括澳大利亚牧羊犬，（梅尔色）柯利系列犬种，喜乐蒂牧羊犬，哈利青大丹犬和（梅尔色）长毛腊肠犬。

诊断和治疗

梅尔眼发育不全的诊断需结合患病动物特征和临床表现。该病无法针对原发性病因进行治疗，然而，继发性并发症如眼前房出血或白内障可进行对症治疗。某些患病动物若需要治疗巩膜、晶状体和或视网膜病变，可使用手术治疗。选择育种可减少该病的发病率和严重程度。

参考文献

[1] Gelatt KN, McGill LD. Clinical characteristics of microphthalmia with colobomas of the Australian Shepherd Dog. J AmVetMed Assoc 1973;162(5):393–396.

[2] Gelatt KN, Powell NG, Huston K. Inheritance of microphthalmia with coloboma in the Australian shepherd dog. Am J Vet Res 1981;42(10):1686–1690.

[3] Strain GM, Clark LA,Wahl JM, Turner AE,Murphy KE. Prevalence of deafness in dogs heterozygous or homozygous for the merle allele. J Vet InternMed 2009;23(2):282–286. DOI: 10.1111/j.1939–1676.2008.0257.x. Epub 2009 Feb 3.

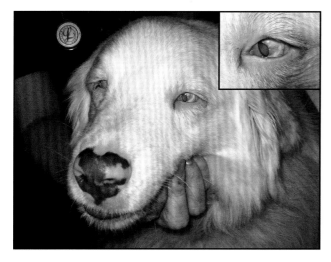

图86.1　梅尔眼发育不良典型临床表现。插图表示患病动物同时患有白内障（一）。

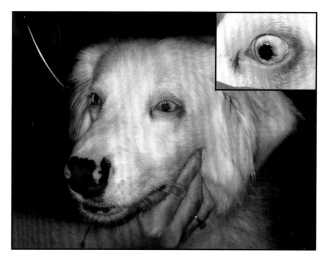

图86.2　梅尔眼发育不良典型临床表现。插图表示患病动物同时患有白内障（二）。

图86.3　梅尔眼发育不良典型临床表现（一）。

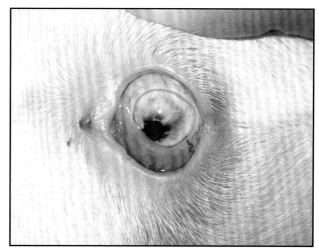

图86.4　梅尔眼发育不良典型临床表现（二）。

第87章　猫前葡萄膜炎

疾病简介

葡萄膜包括前葡萄膜（虹膜和睫状体）和后葡萄膜（脉络膜）组织。这些组织包含"血—眼屏障"组成部分，血—眼屏障可以调节蛋白质进入眼房水的通道。葡萄膜炎描述了任何葡萄膜组织结构的炎症，通常与血—眼屏障不同程度的破损有关。前葡萄膜组织炎症可能会伴有或不伴有后葡萄膜组织明显的临床病变。猫前葡萄膜炎潜在临床症状包括血管性角膜炎、角膜水肿和/或蛋白质角膜后沉着物积聚、房水闪辉、虹膜增厚/充血/出血性浸润（弥散或局部）、虹膜粘连（前或后）、虹膜完全隆起、继发性白内障、玻璃体炎，不同程度的脉络膜视网膜炎（有或无视网膜脱落）。葡萄膜炎患病动物患病初期眼内压降低，然而继发性青光眼可能会在后期出现［另见"继发性（炎症后）青光眼"］。一只或两只眼睛可能会受影响。双侧葡萄膜炎需要考虑全身性疾病的存在。

诊断和治疗

前葡萄膜炎的诊断基于临床表现。潜在病因包括遗传因素、晶状体诱发性炎症（另见"晶状体溶解性葡萄膜炎"和"晶状体裂伤性葡萄膜炎"）、外伤、全身性疾病、传染性微生物感染和/或肿瘤（局部或全身）。可引起猫前葡萄膜炎传染性病因包括病毒（特别是猫白血病病毒、猫免疫缺陷病毒、猫传染性腹膜炎病毒、猫疱疹病毒）、原虫动物（特别是刚地弓形虫）、细菌（特别是巴尔通体属）、真菌（特别是隐球菌、球孢子菌、曲霉菌、芽生菌和组织胞浆菌）。令人沮丧的是，大多数患病动物无法找到确切病因。另外，葡萄膜炎临床上可能表现为慢性和/或具有复发性。治疗包括解决潜在全身性、传染性或肿瘤疾病。另外，通常需要采用局部和/或全身性抗炎治疗（非类固醇或类固醇）。为了最大程度降低继发性青光眼的风险，患病动物可能需要长期治疗。谨慎使用散瞳药（阿托品/托品酰胺），通常只在特殊情况下使用（例如，存在疼痛性睫状体痉挛和/或严重的血—房水屏障破损）。当治疗猫科患病动物时，克林霉素是初始经验性抗菌药的合适选择。

药物潜在不良反应
克林霉素潜在不良反应为胃肠不适。

参考文献

[1] Colitz CM. Feline uveitis: diagnosis and treatment. Clin Tech Small Anim Pract 2005;20(2):117–120.

[2] TownsendWM.Canine and feline uveitis.VetClinNorthAmSmall AnimPract 2008;38(2):323–346, vii.DOI: 10.1016/j.cvsm.2007.12.004. van der Woerdt A. Management of intraocular inflammatory disease. Clin Tech Small Anim Pract 2001;16(1):58–61.

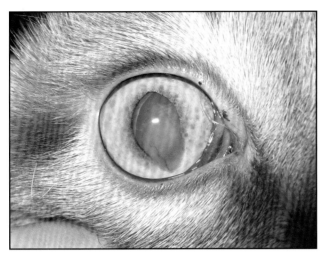

图87.1 猫前葡萄膜炎相关病变包括结节性虹膜增生、虹膜炎及前房内纤维蛋白聚积。

图87.2 猫前葡萄膜炎相关病变包括结节性虹膜增生、虹膜炎及内皮角膜后沉着物形成。

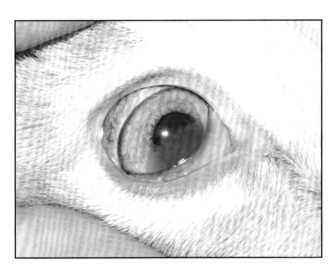

图87.3 猫前葡萄膜炎相关病变包括结节性虹膜炎及前房内纤维蛋白聚积。

图87.4 猫前葡萄膜炎相关病变包括结节性虹膜增生及虹膜炎。

第88章 犬前葡萄膜炎

疾病简介

葡萄膜包括前葡萄膜（虹膜和睫状体）和后葡萄膜（脉络膜）组织。这些组织包含"血－眼屏障"组成部分，血－眼屏障可以调节蛋白质进入眼房水的通道。葡萄膜炎描述了任何葡萄膜组织结构的炎症，通常与血－眼屏障不同程度的破损有关。前葡萄膜组织炎症可能会伴有或不伴有后葡萄膜组织明显的临床病变。犬前葡萄膜炎潜在临床症状包括血管性角膜炎、角膜水肿和／或蛋白质角膜后沉着物积聚、房水闪辉、虹膜增厚／充血／出血性浸润（弥散或局部）、虹膜粘连（前或后）、虹膜完全隆起、继发性白内障、玻璃体炎、不同程度的脉络膜视网膜炎（有或无视网膜脱落）。葡萄膜炎患病动物患病初期眼内压降低，然而继发性青光眼可能会在后期出现［另见"继发性（炎症后）青光眼"］。一只或两只眼睛可能会受影响。双侧葡萄膜炎需要考虑全身性疾病的存在。

诊断和治疗

前葡萄膜炎的诊断基于临床表现。潜在病因包括遗传因素、晶状体诱发性炎症（另见"晶状体溶解性葡萄膜炎"和"晶状体裂伤性葡萄膜炎"）、外伤、全身性疾病、传染性微生物感染和／或肿瘤（局部或全身）。可引起犬前葡萄膜炎传染性病因包括病毒（特别是犬腺病毒1型和犬细小病毒）、原虫动物（特别是刚地弓形虫）、细菌（特别是犬埃利克体、立克次氏体、钩端螺旋体和包柔氏螺旋体）、真菌（特别是球孢子菌、曲霉菌、芽生菌和组织胞浆菌）。令人沮丧的是大多数患病动物无法找到确切病因。另外，葡萄膜炎临床上可能表现为慢性和／或具有复发性。治疗包括解决潜在全身性、传染性或肿瘤疾病。另外，通常需要采用局部和／或全身性抗炎治疗（非类固醇或类固醇）。为了最大程度降低继发性青光眼的风险，患病动物可能需要长期治疗。谨慎使用散瞳药（阿托品／托品酰胺），通常只在特殊情况下使用散瞳药（例如存在疼痛性睫状体痉挛和／或严重的血－房水屏障破损）。当治疗患犬时，强力霉素是初始经验性抗菌药的合适选择。

药物潜在不良反应

强力霉素潜在不良反应为胃肠不适。

参考文献

[1] Massa KL, Gilger BC, Miller TL, Davidson MG. Causes of uveitis in dogs: 102 cases (1989－2000). Vet Ophthalmol 2002;5(2):93－98.

[2] Townsend WM. Canine and feline uveitis. Vet Clin North Am Small Anim Pract 2008;38(2):323－346, vii.DOI: 10.1016/j.cvsm.2007.12.004. Wasik B, Adkins E. Canine anterior uveitis. Compend Contin Educ Vet 2010;32(11):E1.

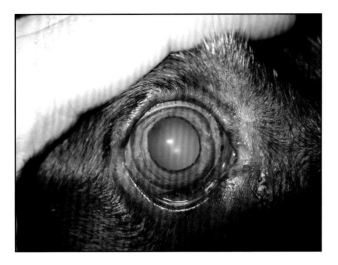

图88.1　犬前葡萄膜炎相关病变。

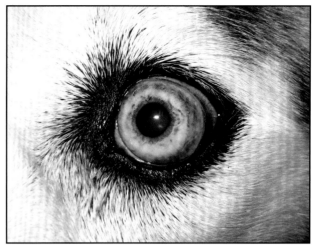

图88.2　犬前葡萄膜炎相关病变，包括虹膜炎。

图88.3　犬前葡萄膜炎相关病变，包括虹膜炎和出血。

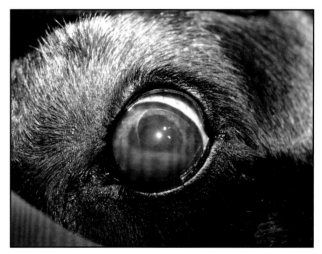

图88.4　犬前葡萄膜炎相关病变，包括虹膜炎和眼前房积浓。

第89章　金毛犬相关性葡萄膜炎和青光眼

疾病简介

人们发现越来越多的金毛犬存在一种眼部综合征，患该综合征的金毛犬出现缓慢进行性眼内病变，并且患病动物最终通常会继发青光眼。这类综合征也被称为"色素性葡萄膜炎"，"金毛犬葡萄膜炎"和"金毛犬色素性和囊性青光眼"。临床表现可能包括结膜和／或巩膜外层充血、角膜代偿失调、眼前房或后房薄壁葡萄膜囊肿、眼前房蛋白渗出、前和／或后虹膜粘连、色素散布于眼前房和／或附着于晶状体囊、白内障、眼前房积血和／或继发性青光眼。葡萄膜囊肿可能脱落并移动到眼前房，当葡萄膜位于眼前房时可能发生破裂并且依附于角膜内皮和／或虹膜表面，或者在虹膜角膜角处发生萎缩和破裂。该综合征典型特点是前晶状体囊有色素沉着，通常呈辐射状分布。初始症状通常始于中等年龄的犬，病变通常影响两只眼睛，尽管并不总是具有对称性。该综合征的病因尚未明确，然而基于品种偏向以及缺乏明显的传染性或肿瘤因素，有人提出该病可能是由遗传因素导致的。

诊断和治疗

金毛相关性葡萄膜炎的诊断基于患病动物特征以及临床表现。该病通常采用经验性治疗，通常包括局部和／或全身性抗炎（类固醇或非类固醇），免疫介导（咪唑硫嘌呤或环孢霉素）以及抗青光眼药剂；然而患病动物最终通常会出现继发性青光眼。

药物潜在不良反应

全身性皮质类固醇的使用可能会造成多食、多饮、多尿，毛皮改变，体重增加，胰腺炎，肠炎，肌肉损伤，肝脏损伤和糖尿病。咪唑硫嘌呤可能会造成胃肠不适，胰腺炎和肝中毒以及骨髓抑制。环孢霉素可能会造成过敏反应和胃肠不适。

若该病发展到后期，根据并发症的严重程度和频率，该类患病动物很有可能需要进行白内障或青光眼手术。最终，这类患病动物可能需要安慰手术（眼球摘除、冷冻手术、巩膜内假体放置或化学睫状体消融）以解决眼盲和／或疼痛的眼睛。

参考文献

[1] Deehr AJ, Dubielzig RR. A histopathological study of iridociliary cysts and glaucoma in Golden Retrievers. Vet Ophthalmol 1998;1(2-3):153-158.

[2] Esson D, ArmourM,Mundy P, Schobert CS, Dubielzig RR. The histopathological and immunohistochemical characteristics of pigmentary and cystic glaucoma in the Golden Retriever. Vet Ophthalmol 2009;12(6):361-368.

[3] Sapienza JS, Simó FJ, Prades-Sapienza A. Golden Retriever uveitis: 75 cases (1994-1999). Vet Ophthalmol 2000;3(4):241-246.

[4] Townsend WM, Gornik KR. Prevalence of uveal cysts and pigmentary uveitis in Golden Retrievers in three Midwestern states. J AmVet Med Assoc 2013;243(9):1298-1301. DOI: 10.2460/javma.243.9.1298.

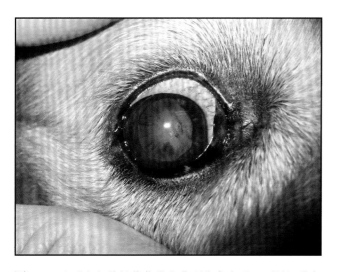

图89.1　金毛犬相关性葡萄膜炎典型临床表现。可见虹膜色素增加和前晶状体囊有辐射状色素沉着。

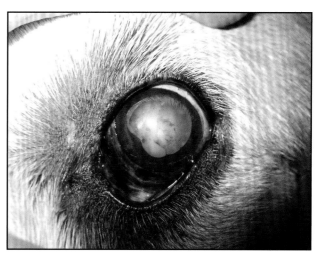

图89.2　金毛犬相关性葡萄膜炎典型临床表现。可见虹膜色素增加、后虹膜粘连和继发性白内障。

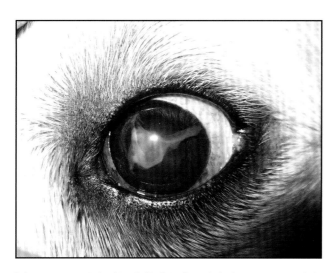

图89.3　金毛犬相关性葡萄膜炎典型临床表现。可见虹膜色素增加和眼前房蛋白渗出。

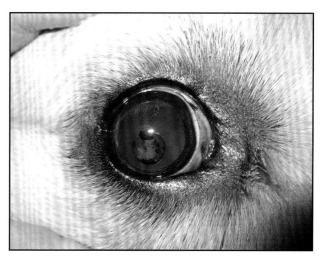

图89.4　金毛犬相关性葡萄膜炎典型临床表现。可见虹膜色素增加和薄壁葡萄膜囊肿。

第90章 疫苗相关性葡萄膜炎

疾病简介

犬腺病毒1型感染和／或犬腺病毒1型弱毒活疫苗可能与前葡萄膜炎和／或内皮炎有关（另见"内皮炎"）。眼部症状包括房水闪辉、缩瞳和／或由内皮功能紊乱导致的继发性角膜水肿。潜在眼部后遗症包括大疱性角膜病、溃疡性角膜炎和继发性青光眼。已发现越来越多的阿富汗猎犬患该病。

诊断和治疗

疫苗相关性葡萄膜炎的诊断基于病史（包括近期疫苗接种史），临床检查，全血球细胞计数（CBC）／生化和／或传染性微生物的检测。除非存在某些禁忌，治疗通常包括局部和全身（类固醇）抗炎治疗。许多患病动物通过合适的及时治疗，症状通常会消失。若患病动物存在继发性疾病，如角膜溃疡和／或青光眼，则需要适当的治疗。

药物潜在不良反应

皮质类固醇可能造成伤口愈合不良和角膜变性。全身性皮质类固醇可能造成多食、多饮、多尿，毛皮改变，体重增加，胰腺炎，胃肠不适，肌肉损伤，肝损伤和糖尿病。

参考文献

[1] Aguirre G, Carmichael L, Bistner S. Corneal endothelium in viral induced anterior uveitis. Ultrastructural changes following canine adenovirus type 1 infection. Arch Ophthalmol 1975;93(3):219‑224.

[2] Curtis R, Barnett KC. Canine adenovirus‑induced ocular lesions in the Afghan hound. Cornell Vet 1981;71(1):85‑95.

[3] Curtis R, Barnett KC. The 'blue eye' phenomenon. Vet Rec 1983;112(15):347‑353.

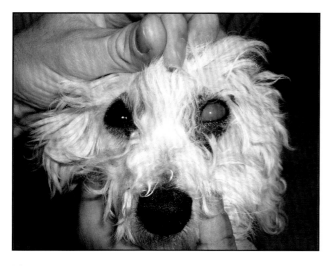

图90.1 由免疫相关性葡萄膜炎导致的病变。可见角膜水肿（一）。

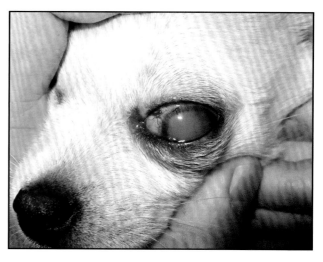

图90.2 由免疫相关性葡萄膜炎导致的病变。可见角膜水肿（二）。

图90.3 由免疫相关性葡萄膜炎导致的病变。继发性青光眼导致牛眼症（一）。

图90.4 由免疫相关性葡萄膜炎导致的病变。继发性青光眼导致牛眼症（二）。

第91章 葡萄膜皮肤综合征相关性葡萄膜炎

疾病简介

犬葡萄膜皮肤综合征相关性葡萄膜炎是一种免疫介导的疾病，影响黑色素细胞组织，可能是由遗传因素导致的，临床症状与人类小柳原田病相似。葡萄膜皮肤综合征眼部症状包括白内障、视网膜脱落、眼前房积血和／或青光眼。通常两只眼睛都会受到不同程度的影响。其他症状可能包括眼周、口腔皮肤黏膜连接处和／或鼻部白癜风（失去色素）、白发病（毛发变白）和／或溃疡性皮炎。症状通常具有双侧对称型外观（另见"自体免疫性睑炎"和"葡萄膜皮肤综合征相关性脉络膜视网膜炎"）。易患犬种包括秋田犬、哈士奇、萨摩耶、松狮犬、德国牧羊犬和喜乐蒂牧羊犬。

诊断和治疗

葡萄膜皮肤综合征的诊断基于病畜特征和临床表现。如果存在附属结构或皮肤病变，通过小的皮肤切取活检样本做组织病理学检查有助于诊断。治疗通常包括激进长期抗炎和／或免疫介导治疗。通常用到局部皮质类固醇和全身性皮质类固醇，某些患病动物可能还需要使用其他药物辅助治疗，如环孢霉素和／或咪唑硫嘌呤。

药物潜在不良反应

局部皮脂类固醇可能造成伤口愈合不良和角膜变性。全身皮质类固醇可能造成多食、多饮、多尿，毛皮改变，体重增加，胰腺炎，肠炎，肌肉损伤，肝损伤和糖尿病。咪唑硫嘌呤可能造成胃肠不适，胰腺炎，肝损伤和骨髓抑制。环孢霉素可能造成过敏反应和胃肠不适。

参考文献

[1] Angles JM, Famula TR, Pedersen NC. Uveodermatologic (VKH-like) syndrome in American Akita dogs is associated with an increased frequency of DQA1*00201. Tissue Antigens 2005;66(6):656 - 665.

[2] Carter WJ, Crispin SM, Gould DJ, Day MJ. An immunohistochemical study of uveodermatologic syndrome in two Japanese Akita dogs. Vet Ophthalmol 2005;8(1):17 - 24.

[3] Horikawa T, Vaughan RK, Sargent SJ, Toops EE, Locke EP. Pathology in practice. Uveodermatologic syndrome. J Am Vet Med Assoc 2013;242(6):759 - 761. DOI: 10.2460/javma.242.6.759.

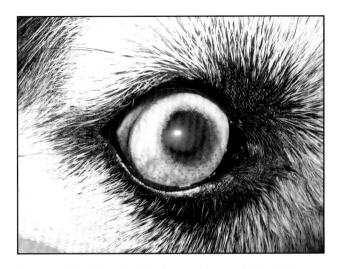

图91.1　葡萄膜皮肤综合征病变。可见内皮角膜后沉着。

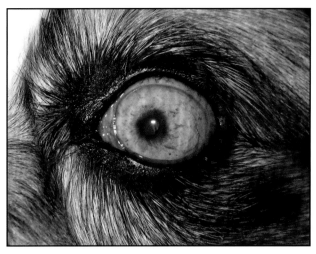

图91.2　葡萄膜皮肤综合征病变。可见虹膜炎（一）。

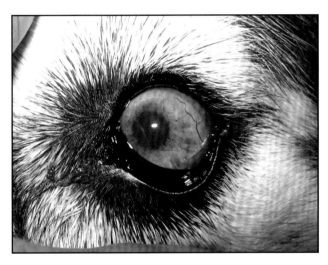

图91.3　葡萄膜皮肤综合征病变。可见虹膜炎（二）。

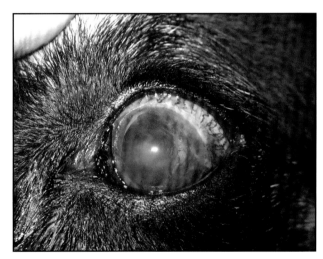

图91.4　葡萄膜皮肤综合征病变。可见虹膜炎和眼前房积血。

第92章　眼前房积血

疾病简介

眼前房积血描述了眼前房存在自由悬浮的血液。临床上，受影响的眼睛外观可见眼前房呈不同程度的棕褐色至红色变色（长时间出血的病例中呈紫色或黑色变色，有时被称为"8号球"出血）。眼前房积血的诊断非常具有挑战性，潜在的病因包括：

- 先天性异常(包括柯利眼异常、视网膜发育异常、梅尔眼发育不全以及玻璃样血管残留)
- 外商
- 凝血病（包括遗传因素、免疫介导和中毒）
- 血管疾病
- 重度葡萄膜炎
- 全身性疾病（包括传染性疾病和／或高血压）
- 肿瘤（特别是淋巴瘤）
- 视网膜脱落

诊断和治疗

眼前房积血的诊断基于临床表现。在做进一步眼科诊断之前需优先解决潜在的危及生命的损伤／疾病。在重度眼前房积血的情况下，B超可以帮助评估眼内结构和巩膜完整性。寻找眼前房积血的病因通常需要用到全血球细胞计数（CBC）/生化检查，传染性滴定测试，凝血时间以及血压测量。X射线照相可以判断是否存在金属性异物穿透，如气枪子弹和／或眼窝骨折。双侧眼前房积血需考虑全身性疾病／中毒和／或肿瘤。药物治疗通常包括局部和／或全身性抗炎治疗（通常类固醇类药物，除非存在用药禁忌）以及解决潜在疾病。散瞳药的使用在治疗重度眼前房积血病例中存在争议，短效药如托品酰胺可能会比长效药如阿托品更为安全。某些病例可能需要在眼前房内注射纤维蛋白溶解药（组织纤维酶原激活物），通常需要在纤维蛋白成型72h之内注射。虽然轻度至中度眼前房积血通常对药物治疗反应良好，但是严重的眼前房积血患病动物可能永久存在出现继发性青光眼的风险。即使不能挽回视力，针对出血进行合适的治疗将会最大程度地降低继发性青光眼和丧失眼球的风险［另见继发性（炎症后）青光眼］。

参考文献

[1] Bayón A, Tovar MC, Fernández del Palacio MJ, Agut A. Ocular complications of persistent hyperplastic primary vitreous in three dogs. Vet Ophthalmol 2001;4(1):35‐40.

[2] Mandell DC. Ophthalmic emergencies. Clin Tech Small Anim Pract 2000;15(2):94‐100.

[3] Nelms SR, Nasisse MP, Davidson MG, Kirschner SE. Hyphema associated with retinal disease in dogs: 17 cases (1986‐1991). J Am Vet Med Assoc 1993;202(8):1289‐1292.

图92.1　灭鼠药中毒导致了眼前房积血。插图提示了多个点状黏膜出血。

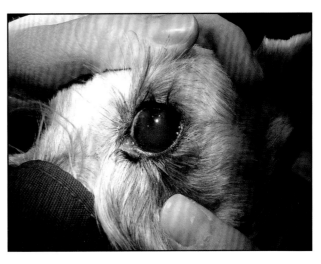

图92.2　糖尿病患者，由慢性晶状体诱导性葡萄膜炎引起的眼前房积血。

图92.3　异物穿透造成眼前房积血（空气枪子弹）。

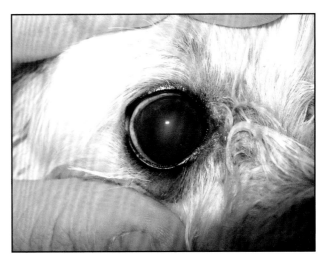

图92.4　全身性高血压相关性眼前房积血。

第93章　房水脂沉积症

疾病简介

房水脂沉积症是由于脂蛋白水平升高，脂蛋白穿过功能不完整的和／或超载的血—眼屏障，进入眼前房。病变可能是自发产生的，可能造成的因素包括饮食不当导致的原发性血脂蛋白过高、相关性潜在代谢疾病和／或前葡萄膜炎。病变可能是单侧也可能是双侧，通常发展急速。易患犬种个包括比格犬、迷你雪纳瑞和喜乐蒂牧羊犬。

诊断和治疗

房水脂沉积症的诊断基于临床表现，受影响的眼前房通常具有浑浊／白色外观。眼前房通过局部光照检测可能会显示清澈的眼房液"细流"。某些患病动物可在角膜组织中见到脂沉积和／或视网膜血管中见到脂血。全血球细胞计数（CBC）／生化检查是常见的支持性临床诊断，检测结果通常为血清胆固醇水平升高和／或甘油三酯水平升高。更加明确的"脂面板"以及肝脏、肾脏、胰腺和／或甲状腺功能的进一步检测可能会提供更多的诊断信息。解决潜在的代谢疾病和／或饮食失衡以及共同存在的葡萄膜炎通常会使症状快速得到缓解。某些病例可能需要使用贝特类药物（如二甲苯氧庚酸）和／或他汀类药物（如阿托伐他汀），然而这些产品在犬科患者中的使用尚未得到证实。典型的治疗包括局部使用抗炎药物（类固醇或非类固醇）以及合理地使用短效散瞳药剂，如托品酰胺以稳定血—房水屏障以及最大程度减小继发性青光眼的风险。

药物潜在不良反应

局部皮质类固醇药物可能造成伤口愈合不良和角膜变性。

参考文献

[1] Bauer JE. Lipoprotein-mediated transport of dietary and synthesized lipids and lipid abnormalities of dogs and cats. J AmVetMed Assoc 2004;224(5):668 – 675.

[2] Crispin S. Ocular lipid deposition and hyperlipoproteinaemia. Prog Retin Eye Res 2002;21(2):169 – 224.

[3] Mori N, Lee P, Muranaka S, Sagara F, Takemitsu H, Nishiyama Y, Yamamoto I, Yagishita M, Arai T. Predisposition for primary hyperlipidemia in Miniature Schnauzers and Shetland sheepdogs as compared to other canine breeds. Res Vet Sci 2010;88(3):394 – 399. DOI: 10.1016/j.rvsc.2009.12.003. Epub 2010 Jan 12.

[4] Xenoulis PG, Steiner JM. Lipid metabolism and hyperlipidemia in dogs. Vet J 2010;183(1):12 – 21. DOI: 10.1016/j.tvjl.2008.10.011. Epub 2009 Jan 23.

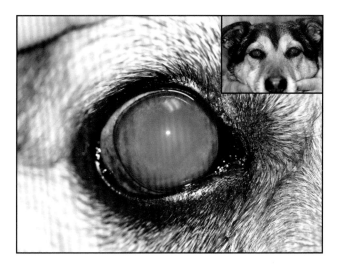

图93.1　前房水脂沉积症典型临床表现（一）。插图显示普遍的病变双侧性。

图93.2　前房水脂沉积症典型临床表现（二）。

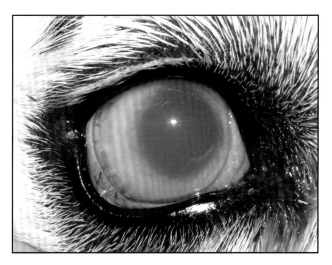

图93.3　前房水脂沉积症典型临床表现（三）。

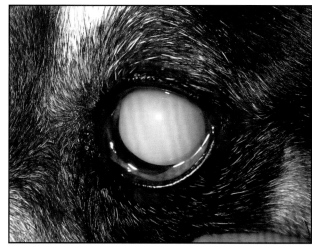

图93.4　前房水脂沉积症典型临床表现（四）。

第94章　虹膜膨隆

疾病简介

　　虹膜膨隆本质上不是一个特定的疾病，而是炎症后病变的一种表现。临床表现即在瞳孔开口处，后虹膜与前晶状体囊之间360°粘连。房水流动因此受阻，导致虹膜组织向前膨胀。相关性临床发现包括不同程度的葡萄膜炎、眼前房积脓、纤维蛋白、眼前房积血、色素沉积、白内障和／或青光眼。任何品种的犬和猫都可能出现虹膜膨隆。

诊断和治疗

　　虹膜膨隆的诊断基于临床表现。若患病动物存在活动性葡萄膜炎，则需针对葡萄膜炎进行治疗（另见"猫前葡萄膜炎"和"犬前葡萄膜炎"），同样，若存在眼内压升高也需要治疗［另见继发性（炎症后）青光眼］。某些病例可能会用到手术切除虹膜粘连、极光虹膜切开术和／或晶状体移除；然而，虹膜粘连和／或术后继发性青光眼复发的可能性很大。虹膜膨隆的存在反映动物先前就存在慢性眼内炎症，因此受影响的眼睛预后慎重。

参考文献

[1] Deehr AJ, Dubielzig RR. A histopathological study of iridociliary cysts and glaucoma in Golden Retrievers. Vet Ophthalmol 1998;1(2-3):153-158.

[2] Sigle KJ,McLellan GJ, Haynes JS,Myers RK, Betts DM. Unilateral uveitis in a dog with uveodermatologic syndrome. J AmVetMed Assoc 2006;228(4):543-548.

[3] Strubbe T. Uveitis and pupillary block glaucoma in an aphakic dog. Vet Ophthalmol 2002;5(1):3-7.

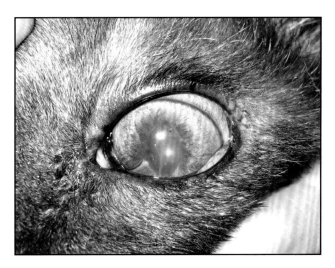

图94.1 虹膜膨隆典型临床表现（一）。

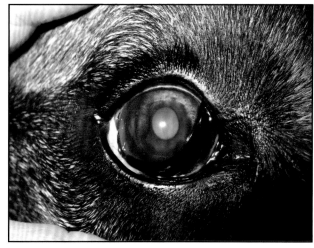

图94.2 虹膜膨隆典型临床表现（二）。

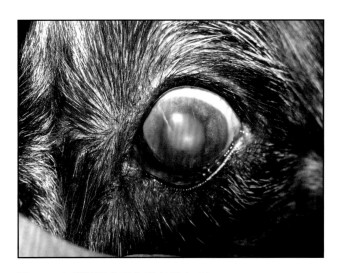

图94.3 虹膜膨隆典型临床表现（三）。

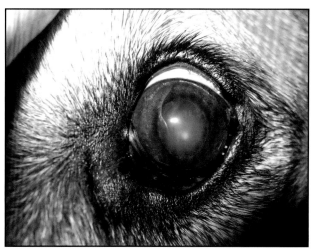

图94.4 虹膜膨隆典型临床表现（四）。

第95章　猫虹膜黑色素沉着

疾病简介

临床上，猫虹膜黑色素沉着表现为一个或多个棕褐色局灶至合并的虹膜色素痣（虹膜色素沉着区域）。这些病变大多数情况生长较为缓慢（通常需要几个月到几年）。单侧或双侧眼睛都可能会受影响。临床上患病动物出现相关的葡萄膜炎的情况并不常见。组织学上，这一过程即着色的黑色素细胞聚集在前虹膜组织中。随着时间的推移，有些病例黑色素细胞会侵袭进入更深层的虹膜，组织学上可能发展为恶性肿瘤，成为真正的猫（弥散）虹膜黑素瘤，癌细胞可能会扩散到身体其他部位。另外，黑素瘤可能会进行性地影响到正常虹膜组织和／或侵入虹膜角膜引流结构和／或相邻的葡萄膜组织，可能造成严重的继发性疾病，其中青光眼最为常见。

诊断和治疗

猫虹膜黑色素沉着的治疗对于执业医师是一个挑战。治疗思路包括：

- 良性忽视／临床监测（特别是那些只表现很小程度的且没有凸起于虹膜表面水平的进行性局灶色素痣的病例）
- 经角膜二极管激光切除受影响的组织（特别是那些病灶发展相对迅速或者开始侵入虹膜角膜角结构的病例）
- 眼球摘除（特别是那些预示着全葡萄膜肿瘤进行性和／或出现继发性青光眼的病例）。预示着肿瘤增生的临床改变可能包括"天鹅绒"外观至局灶病变和／或病变明显凸起于虹膜表面以及其所导致的瞳孔变形

若怀疑肿瘤增生，在进行摘除手术前应对患病动物的系统性健康状态做一个评估，所需要的检测可能包括淋巴结抽吸、三视图X射线照相、全血球细胞计数（CBC）／生化检查。

参考文献

[1] Grahn BH, Peiffer RL,Cullen CL,HainesDM.Classification of feline intraocular neoplasms based onmorphology, histochemical staining, and immunohistochemical labeling. Vet Ophthalmol 2006;9(6):395 - 403.

[2] Kalishman JB, Chappell R, Flood LA, Dubielzig RR. Amatched observational study of survival in cats with enucleation due to diffuse iris melanoma. Vet Ophthalmol 1998;1(1):25 - 29.

[3] Planellas M, Pastor J, Torres MD, Peña T, Leiva M. Unusual presentation of a metastatic uveal melanoma in a cat. Vet Ophthalmol 2010;13(6):391 - 4. DOI: 10.1111/j.1463-5224.2010.00839.x.

图95.1　局部虹膜黑色素沉着（"虹膜色素痣"）。

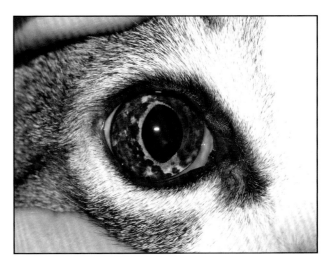

图95.2　弥散性虹膜黑色素沉着。

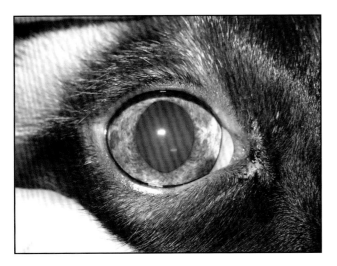

图95.3　弥散性虹膜黑色素沉着，具有"天鹅绒"外观。

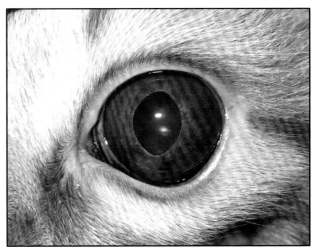

图95.4　弥散性虹膜黑色素沉着表现为虹膜增厚。

第96章 葡萄膜黑素瘤

疾病简介

葡萄膜黑素细胞肿瘤包括相对良性的黑色素细胞瘤和恶性黑素瘤（另见"猫虹膜黑色素沉着"）。黑色素细胞瘤通常影响前葡萄膜组织，肿瘤延伸到眼球或扩散到其他组织的情况非常罕见。恶性黑素瘤发病频率较少，可能会扩散到眼球或其他组织。这些肿瘤又可能起源于脉络膜组织，但这种情况更少见。临床上，葡萄膜黑色素细胞肿瘤表现为局灶或多灶区域的进行性虹膜增厚和着色增加。少数患病动物可能出现无黑色素的黑素细胞瘤／黑素瘤，颜色可能呈棕褐色至粉色。继发性病变可能包括瞳孔变形，眼前房积血，角膜炎和／或继发性青光眼。猫和犬的眼部都可能受到黑素细胞瘤／黑素瘤的影响。易患犬种包括拉布拉多寻回犬和金毛犬。

诊断和治疗

葡萄膜黑素瘤的临时诊断可能基于临床表现。软组织影像学检测包括超声学检查、计算机断层扫描（CT）和／或磁共振成像（MRI）也可能有助于临床诊断；然而最终诊断的生物学行为的评估需要代表组织的组织病理学评估，通常是在眼球摘除手术或眼球内容物摘除手术之后进行的。可选的治疗方法包括二极管激光切除肿瘤组织，手术切除肿瘤组织或眼球摘除。手术治疗前需对患病动物全身性健康状况和潜在的癌扩散做一个评估，建议需要做的检测包括全血球细胞计数（CBC）／生化检查、局部淋巴结抽吸和／或三视图X射线照相。疫苗介导的免疫疗法的潜在价值在治疗葡萄膜黑素瘤的应用中尚未得到全面的评估。

参考文献

[1] Galán A, Martín-Suárez EM, Molleda JM, Raya A, Gómez-Laguna J, Martín De Las Mulas J. Presumed primary uveal melanoma with brain extension in a dog. J Small Anim Pract 2009;50(6):306–310.

[2] Grahn BH, Sandmeyer LS, Bauer B. Diagnostic ophthalmology. Extrascleral extension of an uveal melanoma. Can Vet J 2008; 49(7):723–724.

[3] Yi NY, Park SA, Park SW, JeongMB, Kang MS, Jung JH, Choi MC, KimDY,NamTC, Seo KM. Malignant ocular melanoma in a dog. J Vet Sci 2006;7(1):89–90.

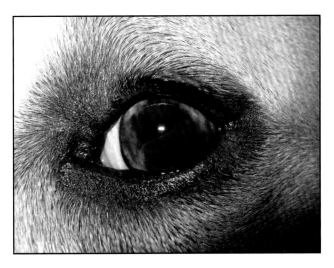

图96.1　葡萄膜黑色素细胞瘤／黑素瘤典型临床表现（一）。

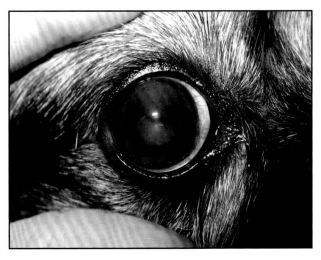

图96.2　葡萄膜黑色素细胞瘤／黑素瘤典型临床表现（二）。

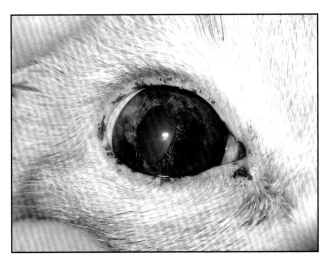

图96.3　葡萄膜黑色素细胞瘤／黑素瘤典型临床表现（三）。

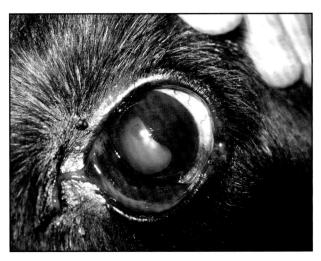

图96.4　葡萄膜黑色素细胞瘤／黑素瘤典型临床表现（四）。

第97章 葡萄膜腺瘤／腺癌

疾病简介

葡萄膜上皮细胞肿瘤虽然没有葡萄膜黑素瘤普遍，但也是眼内相对普遍的肿瘤。这些肿瘤来源于睫状体上皮细胞，通常表现为缓慢增大的界限明显的粉红至棕褐色肿块，通常出现在瞳孔后方和／或使虹膜组织变形。眼内继发并发症可能包括葡萄膜炎，视网膜脱落，眼前房积血和／或青光眼。这些肿瘤的生物学行为包括相对良性的腺瘤（虽然通常不会扩散到其他组织，但是继发性并发症通常会导致眼球丧失正常功能）和更加恶性的并且可能会扩散到远处组织的腺癌。猫和犬都可能受影响。易患犬种包括拉布拉多寻回犬和金毛犬。

诊断和治疗

临时诊断基于临床表现。最终诊断和生物学行为评估需要代表组织的组织病理学评估，通常在眼球摘除手术或眼球内容物摘除手术之后进行。可选的治疗方法包括二极管激光切除肿瘤组织，手术切除肿瘤组织或眼球摘除。手术治疗前需对患病动物全身性健康状况做一个系统评估，建议需要做的检测包括全血球细胞计数（CBC）／生化检查，局部淋巴结抽吸和三视图X射线照相。

参考文献

[1] Dubielzig RR, Steinberg H, Garvin H, Deehr AJ, Fischer B. Iridociliary epithelial tumors in 100 dogs and 17 cats: a morphological study. Vet Ophthalmol 1998;1(4):223–231.

[2] Duke FD, Strong TD, Bentley E, Dubielzig RR. Canine ocular tumors following ciliary body ablation with intravitreal gentamicin. Vet Ophthalmol. 2013;16(2):159–162. DOI: 10.1111/j.1463–5224.2012.01050.x. Epub 2012 Jul 19.

[3] Zarfoss MK, Dubielzig RR. Metastatic iridociliary adenocarcinoma in a labrador retriever. Vet Pathol 2007;44(5):672–676.

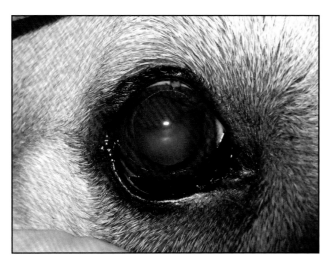

图97.1　葡萄膜腺瘤／腺癌典型临床表现（一）。

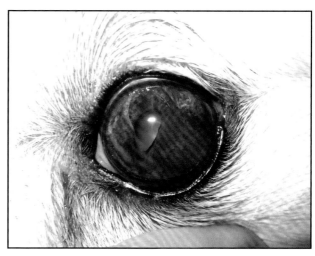

图97.2　葡萄膜腺瘤／腺癌典型临床表现（二）。

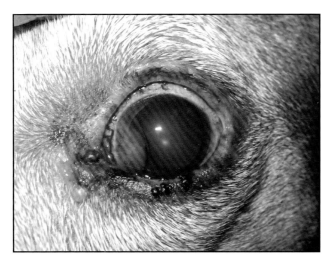

图97.3　葡萄膜腺瘤／腺癌典型临床表现（三）。

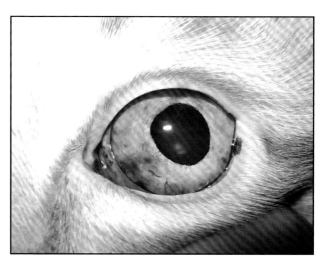

图97.4　葡萄膜腺瘤／腺癌典型临床表现（四）。

第98章　葡萄膜淋巴瘤

疾病简介

葡萄膜淋巴瘤相对普遍，患病动物通常伴有全身性疾病，但眼部病变的出现可能早于全身性症状。一只眼睛或两只眼睛都可能受到影响，但两只眼睛受影响的情况更为常见。相关的眼部异常表现可能包括角膜水肿、前葡萄膜炎、脉络膜视网膜炎或全葡萄膜炎、眼前房积脓、眼前房积血、弥散或结节性虹膜增厚、视网膜出血和／或脱落和／或青光眼（另见"猫脉络膜视网膜炎""犬脉络膜视网膜炎"及"眼球后肿瘤"）。全身性症状可能包括体重减少、昏睡、食欲不振、胃肠不适、发热、淋巴结肿大、器官肿大、高钙血症和／或贫血。任何品种的猫和犬都可能会受到影响。

诊断和治疗

淋巴瘤的诊断需要结合临床表现、影像学辅助诊断、细胞学／组织学评估、通过房水穿刺或从淋巴结获取的样品进行聚合酶链反应试验和／或对受影响的器官抽吸／活检。治疗包括局部抗炎治疗（通常使用皮质类固醇药物）以及全身性化学疗法。相关的眼科病变如眼内压升高也需要合适的治疗。开始全身性化疗之前需对肿瘤进行分期评估，所需的检测包括局部淋巴结（和／或器官／骨髓）抽吸，三视图X射线照相和全血球细胞计数（CBC）／生化检查。建议为患猫做传染性病毒（如猫免疫缺陷病毒、猫白血病病毒、猫传染性腹膜炎病毒）的诊断测试。个体化疗方案最好是由兽医肿瘤专科医师制定，典型的化疗方案一般包括泼尼松、长春新碱、环磷酰胺和／或阿霉素。

药物潜在不良反应

全身性皮质类固醇药物可能造成多食、多饮、多尿，毛皮改变，体重增加，胰腺炎，胃肠不适，肌肉损伤，肝损伤，糖尿病。长春新碱可能造成口腔炎、胃肠不适、神经疾病、肝病以及骨髓抑制。环磷酰胺可能造成胃肠不适、胰腺炎、肝中毒和骨髓抑制。阿霉素可能造成过敏反应、胃肠不适、心脏功能紊乱和骨髓抑制。

预后取决于治疗开始前肿瘤的严重程度。

参考文献

[1] Massa KL, Gilger BC, Miller TL, Davidson MG. Causes of uveitis in dogs: 102 cases (1989 - 2000). Vet Ophthalmol 2002;5(2):93 - 98.

[2] Nerschbach V, Eule JC, Eberle N, Höinghaus R, Betz D. Ocular manifestation of lymphoma in newly diagnosed cats. Vet Comp Oncol 2013. DOI: 10.1111/vco.12061.

[3] Ota-Kuroki J, Ragsdale JM, Bawa B, Wakamatsu N, Kuroki K. Intraocular and periocular lymphoma in dogs and cats: a retrospective review of 21 cases (2001 - 2012). Vet Ophthalmol 2013. DOI: 10.1111/vop.12106.

[4] Rutley M, MacDonald V. Managing the canine lymphosarcoma patient in general practice. Can Vet J 2007;48(9):977 - 979.

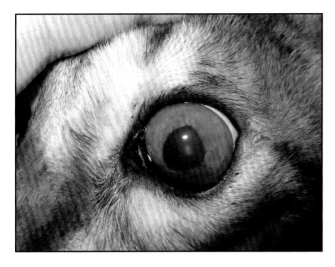

图98.1 葡萄膜淋巴瘤典型临床表现。眼部虹膜呈弥散性增厚。

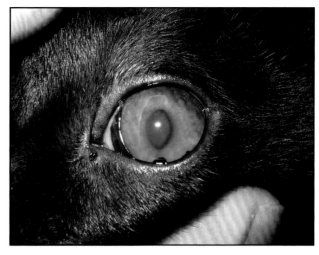

图98.2 葡萄膜淋巴瘤典型临床表现。眼部虹膜呈结节性增厚（一）。

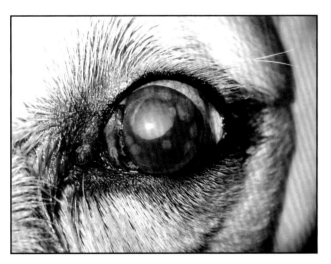

图98.3 葡萄膜淋巴瘤典型临床表现。眼部虹膜呈结节性增厚（二）。

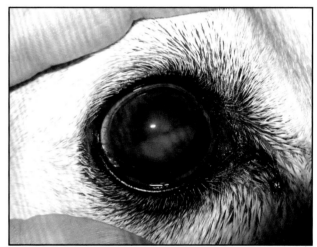

图98.4 葡萄膜淋巴瘤典型临床表现。眼部虹膜呈弥散性增厚并且存在眼前房积脓。

第6部分

晶状体疾病

第99章 小晶状体／球形晶状体

疾病简介

先天性小晶状体即晶状体小于正常体积。这种疾病是由胚胎异常分化导致的，通常与球形晶状体症（晶状体呈球形）共同发生。潜在异常表现包括球形晶状体，圆锥形晶状体，晶状体半脱位和／或白内障。患病动物可能会继发青光眼。易患犬种包括比格犬，杜宾犬，迷你雪纳瑞。缅甸猫易感。

治疗

小晶状体的诊断（和／或球形晶状体）基于临床表现，如有必要可通过B超进行辅助诊断。治疗包括良性忽视，长期使用缩瞳药以最大程度减小晶状体全脱位的风险，和／或手术移除／更换晶状体。合适的长期缩瞳药剂包括地美溴铵和前列腺素类似物（如拉坦前列素）。

药物潜在不良反应
使用地美溴铵可能造成的潜在并发症为眼部不适和胃肠不适。

参考文献

[1] Arnbjerg J, Jensen O. Spontaneous microphthalmia in two Doberman puppies with anterior chamber cleavage syndrome. J Am Anim Hosp Assoc 1982;18:481 - 484.

[2] Binder DR, Herring IP, Gerhard T. Outcomes of nonsurgical management and efficacy of demecarium bromide treatment for primary lens instability in dogs: 34 cases (1990 - 2004). J AmVet Med Assoc 2007;231(1):89 - 93.

[3] Curtis R. Lens luxation in the dog and cat. Vet Clin North Am Small Anim Pract 1990;20(3):755 - 773.

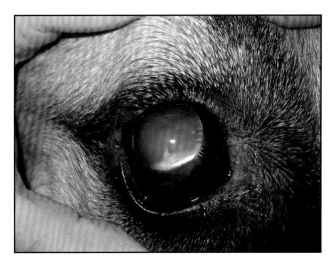

图99.1　小晶状体／球形晶状体典型临床表现，可见睫状突明显伸张（一）。

图99.2　小晶状体／球形晶状体典型临床表现，可见睫状突明显伸张（二）。

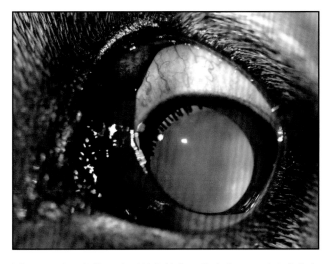

图99.3　小晶状体／球形晶状体典型临床表现，可见睫状突明显伸张（三）。

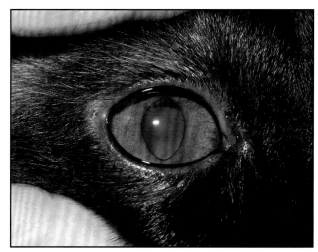

图99.4　小晶状体／球形晶状体典型临床表现，可见睫状突明显伸张（四）。

第100章 永存玻璃体血管

疾病简介

在胚胎形成过程中，为发育中的晶状体供血的血管会逐渐退化。若血管未能退化则会导致可见的（有些案例血管仍保有正常功能）血管残留，这些血管与晶状体和／或晶状体囊相连，通常会导致白内障和视力障碍。与该病相关的临床表现为永久性血管膜增生或永久性玻璃体血管系统增生。易患犬种包括杜宾犬、灵缇犬、斯坦福郡斗牛㹴。

治疗

永存玻璃体血管的诊断基于临床表现（如有必要可通过B超确诊）。晶状体和浑浊的晶状体囊以及相关的血管组织可通过手术移除，剩余的血管若仍保有功能，可通过烧灼破坏其供血能力；然而出现手术相关的术中和术后并发症的风险很高。

参考文献

[1] Bayón A, Tovar MC, Fernández del Palacio MJ, Agut A. Ocular complications of persistent hyperplastic primary vitreous in three dogs. Vet Ophthalmol 2001;4(1):35‑40.

[2] Boevé MH, van der Linde‑Sipman JS, Stades FC. Early morphogenesis of the canine lens capsule, tunica vasculosa lentis posterior, and anterior vitreous body. A transmission electron microscopic study. Graefes Arch Clin Exp Ophthalmol 1989;227(6):589‑594.

[3] Cullen CL, Grahn BH. Diagnostic ophthalmology. Persistent hyperplastic tunica vasculosa lentis and primary vitreous. Can Vet J 2004;45(5):433‑434. No abstract available.

[4] Gemensky‑Metzler AJ, Wilkie DA. Surgical management and histologic and immunohistochemical features of a cataract and retrolental plaque secondary to persistent hyperplastic tunica vasculosa lentis/persistent hyperplastic primary vitreous (PHTVL/PHPV) in a Bloodhound puppy. Vet Ophthalmol 2004;7(5):369‑375.

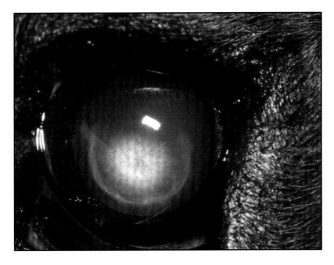

图100.1 永存玻璃体血管典型临床表现，可见明显的细小血管辐射分布于后晶状体囊（一）。

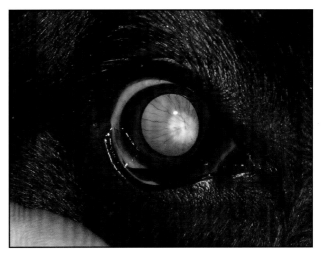

图100.2 永存玻璃体血管典型临床表现，可见明显的细小血管辐射分布于后晶状体囊（二）。

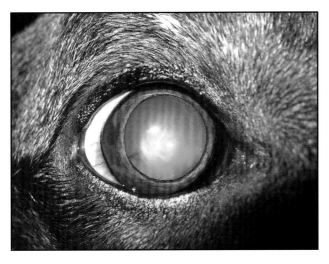

图100.3 永存玻璃体血管典型临床表现，可见单个血管延伸至后晶状体囊。

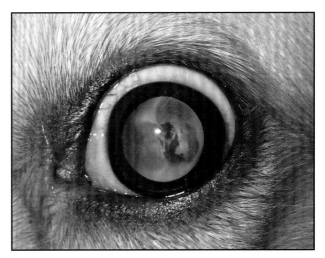

图100.4 永存玻璃体血管典型临床表现。可见白内障晶体内有自由出血。

第101章　核硬化

疾病简介

核硬化（或"晶状体硬化"）即猫和犬晶状体进行性增厚，晶状体纤维持续（年龄相关）沉积导致晶状体核不断被挤压。临床上，这一过程使晶状体核呈灰蓝色外观，核硬化通常在7–8岁之后变得明显。

诊断和治疗

核硬化的诊断基于临床表现。主要的鉴别诊断是晶状体白内障；然而（不像白内障）核硬化不会阻碍反光组织层的光反射，因此在评估反光区域时可以观察到不间断的光反射。虽然随着年龄的增长光折射会由于核硬化出现一定程度的误差，但临床上核硬化造成严重视力障碍的情况并不多见，因此大多数情况下核硬化不需要药物或手术治疗。

参考文献

[1] Fischer CA. Geriatric ophthalmology. Vet Clin North Am Small Anim Pract 1989;19(1):103 – 123.

[2] Murphy CJ, Zadnik K, Mannis MJ. Myopia and refractive error in dogs. Invest Ophthalmol Vis Sci 1992;33(8):2459 – 2463.

[3] Poulos P Jr. Selenium–tocopherol treatment of senile lenticular sclerosis in dogs (four case reports). Vet Med Small Anim Clin 1966;61(10):986 – 988.

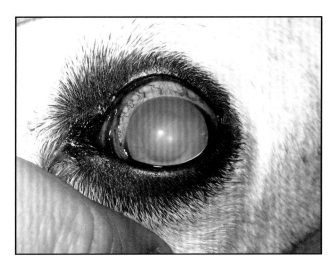

图101.1 年龄相关性核硬化临床表现（一）。

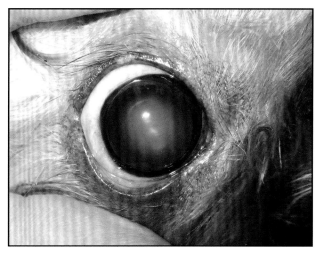

图101.2 年龄相关性核硬化临床表现（二）。

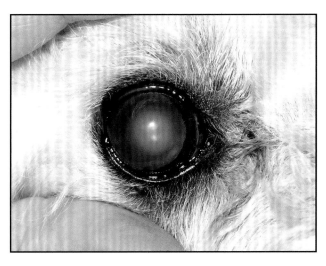

图101.3 年龄相关性核硬化临床表现（三）。

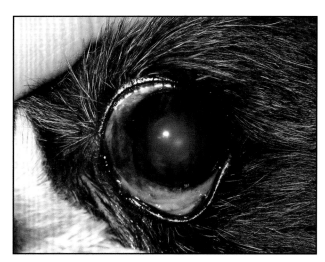

图101.4 年龄相关性核硬化临床表现（四）。

第102章　未成熟白内障

疾病简介

白内障即正常透明无血管的晶状体变浑浊。引起白内障发生的最普遍病因是遗传因素；然而白内障也可能由其他因素引起，如全身性疾病（特别是糖尿病）、晶状体外伤、膳食性缺乏（特别是使用代乳品）、药物（特别是酮康唑）、视网膜萎缩后遗症，辐射疗法也可能引发白内障。白内障可影响一只或两只眼睛，具有或不具有对称性，动物不同年龄段都可能发生白内障。初期白内障即浊化程度小于晶状体体积的10%。未成熟白内障的浊化程度不尽相同，但仍然可见反光层反射光源，因此仍保留不同程度的视觉功能。初期／未成熟白内障患病动物同时存在明显的葡萄膜炎的情况并不常见。许多品种（包括杂交品种）的动物可能会患有遗传性白内障，人们已提出多种品种相关性特点包括发病年龄和进展速度。易患犬种包括波士顿犬、比熊犬、可卡犬、拉布拉多寻回犬、迷你雪纳瑞、迷你型贵宾犬、哈士奇。

诊断和治疗

白内障的诊断基于临床表现。未成熟白内障通常不需要治疗。如果患病动物存在晶状体相关性葡萄膜炎，则需使用局部抗炎药物最大程度降低继发性青光眼的风险（另见"晶状体溶解性葡萄膜炎"）。治疗糖尿病患病动物通常应避免使用类固醇类药物。如果患病动物存在严重的视觉障碍，可能需采取白内障手术（取决于术前诊断实验的结果，包括视网膜电图视功能测试）。

参考文献

[1] Basher AW, Roberts SM. Ocular manifestations of diabetes mellitus: diabetic cataracts in dogs. Vet Clin North Am Small Anim Pract 1995;25(3):661–676. Review.

[2] Gelatt KN, Mackay EO. Prevalence of primary breed-related cataracts in the dog in North America. Vet Ophthalmol 2005;8(2):101–111.

[3] Lim CC, Bakker SC, Waldner CL, Sandmeyer LS, Grahn BH. Cataracts in 44 dogs (77 eyes): a comparison of outcomes for no treatment, topical medical management, or phacoemulsification with intraocular lens implantation. Can Vet J 2011;52(3):283–288.

图102.1　初期／未成熟白内障临床表现，眼部仍可见光反射（一）。

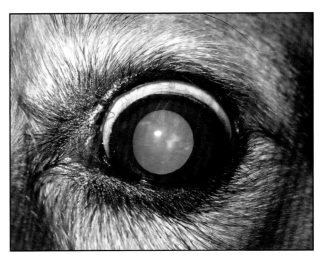

图102.2　初期／未成熟白内障临床表现，眼部仍可见光反射（二）。

图102.3　初期／未成熟白内障临床表现，眼部仍可见光反射（三）。

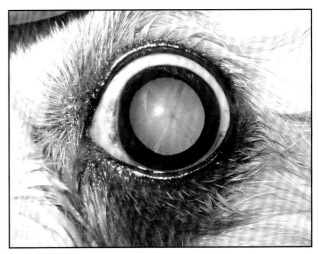

图102.4　初期／未成熟白内障临床表现，眼部仍可见光反射（四）。

第103章　成熟白内障

疾病简介

白内障即正常透明无血管的晶状体变浑浊。引起白内障发生的最普遍病因是遗传因素；然而白内障也可能由其他因素引起，如全身性疾病（特别是糖尿病）、晶状体外伤、膳食性缺乏（特别是使用代乳品）、药物（特别是酮康唑）、视网膜萎缩后遗症，辐射疗法也可能引发白内障。白内障可影响一只或两只眼睛，具有或不具有对称性，动物不同年龄段都可能发生白内障。成熟白内障即晶状体完全浊化，因此不可见反光层反射光源，视觉功能完全丧失。晶状体蛋白渗漏导致不同程度的晶状体相关性葡萄膜炎。渗透压作用会导致越来越多的液体聚集在晶状体内部，使晶状体整体的体积增大（被称为肿胀期白内障）。急速发展的肿胀期白内障，如由不可控的糖尿病引发的白内障，可能导致晶状体囊赤道部破裂，从而引发严重的急性炎症（另见"晶状体裂伤性葡萄膜炎"）。许多品种（包括杂交品种）的动物可能会患有遗传性白内障，人们已提出多种品种相关性特点包括发病年龄和进展速度。易患犬种包括波士顿犬、比熊犬、可卡犬、拉布拉多寻回犬、迷你雪纳瑞、迷你型贵宾犬、哈士奇。

诊断和治疗

白内障的诊断基于临床表现。如果患病动物存在晶状体相关性葡萄膜炎，则需使用局部抗炎药物最大程度降低继发性青光眼的风险（另见"晶状体溶解性葡萄膜炎"）。治疗糖尿病患病动物通常应避免使用类固醇类药物。慢性不可控的晶状体诱发性葡萄膜炎可能导致继发性并发症，包括视网膜脱落和／或青光眼。患病动物可能需要进行白内障手术（取决于术前诊断实验的结果，包括视网膜电图视功能测试）。

参考文献

[1] Gelatt KN, Mackay EO. Prevalence of primary breed-related cataracts in the dog in North America. Vet Ophthalmol 2005;8(2):101－111.

[2] Lim CC, Bakker SC,Waldner CL, Sandmeyer LS, Grahn BH. Cataracts in 44 dogs (77 eyes): a comparison of outcomes for no treatment, topical medical management, or phacoemulsification with intraocular lens implantation. Can Vet J 2011;52(3):283－288.

[3] Wilcock BP, Peiffer RL Jr.The pathology of lens-induced uveitis in dogs. Vet Pathol 1987;24(6):549－553.

[4] Wilkie DA, Colitz CM. Update on veterinary cataract surgery. Curr Opin Ophthalmol 2009;20(1):61－68. DOI: 10.1097/ICU.0b013e32831a98aa.

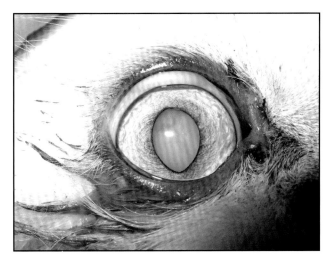

图103.1　成熟白内障临床表现，不可见光反射（一）。

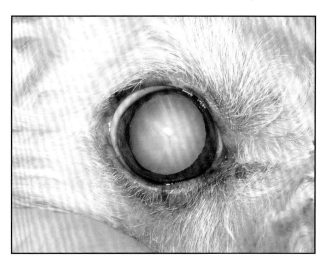

图103.2　成熟白内障临床表现，不可见光反射（二）。

图103.3　成熟白内障临床表现，不可见光反射（三）。

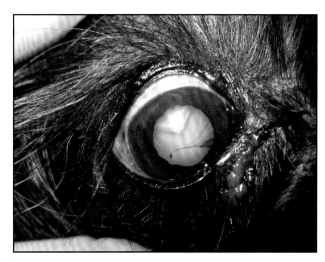

图103.4　成熟白内障临床表现，不可见光反射，可见明显的"裂隙"，与晶状体肿胀有关。

第104章　过熟期白内障

疾病简介

白内障即正常透明无血管的晶状体变浑浊。引起白内障发生的最普遍病因是遗传因素；然而白内障也可能由其他因素引起，如全身性疾病（特别是糖尿病）、晶状体外伤、膳食性缺乏（特别是使用代乳品），药物（特别是酮康唑）、视网膜萎缩后遗症，辐射疗法也可能引发白内障。白内障可影响一只或两只眼睛，具有或不具有对称性。过熟期白内障的晶状体皮质开始液化和吸收。晶状体核可能下沉，晶状体囊萎缩和纤维化。过熟期白内障通常具有晶体外观，普遍会诱发慢性葡萄膜炎，出现相关症状。患病动物可能仍然存在不同程度的反光层光反射和/或视觉障碍。许多品种（包括杂交品种）的动物可能会患有遗传性白内障，人们已提出多种品种相关性特点包括发病年龄和进展速度。易患犬种包括波士顿犬、比熊犬、可卡犬、拉布拉多寻回犬、迷你雪纳瑞、迷你型贵宾犬、哈士奇。

诊断和治疗

白内障的诊断基于临床表现。晶状体相关性葡萄膜炎需使用局部抗炎药物治疗（另见"晶状体溶解性葡萄膜炎"）。治疗糖尿病患病动物通常应避免使用类固醇类药物。患病动物可能需要进行白内障手术（取决于术前诊断实验的结果，包括视网膜电图视功能测试）。过熟期白内障的移除后很可能会造成一些严重的并发症。

参考文献

[1] Gelatt KN, Mackay EO. Prevalence of primary breed-related cataracts in the dog in North America. Vet Ophthalmol 2005;8(2):101 - 111.

[2] Gonzalez-Alonso-Alegre E, Rodriguez-Alvaro A. Spontaneous resorption of a diabetic cataract in a geriatric dog. J Small Anim Pract 2005;46(8):406 - 408.

[3] Lim CC, Bakker SC, Waldner CL, Sandmeyer LS, Grahn BH. Cataracts in 44 dogs (77 eyes): A comparison of outcomes for no treatment, topical medical management, or phacoemulsification with intraocular lens implantation. Can Vet J 2011;52(3):283 - 288.

[4] Wilcock BP, Peiffer RL Jr.The pathology of lens-induced uveitis in dogs. Vet Pathol 1987;24(6):549 - 553.

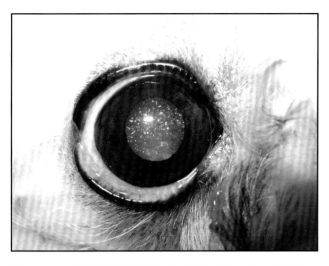

图104.1 过熟期白内障典型表现。晶状体内可见晶体物质。

图104.2 过熟期白内障典型表现。晶状体皮质液化后使晶状体核变得可见。

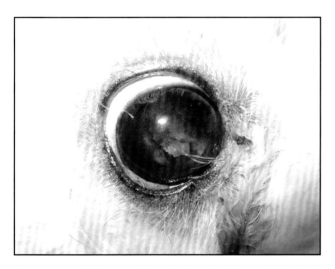

图104.3 过熟期白内障典型表现。晶状体内可见晶体物质。可见晶状体相关性炎症继发多区域虹膜粘连。

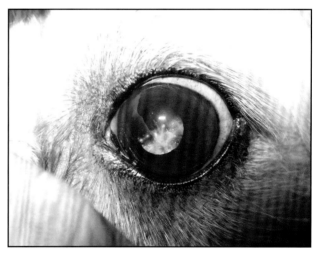

图104.4 过熟期白内障典型表现，可见晶状体囊收缩。

第105章 晶状体溶解性葡萄膜炎

疾病简介

晶状体溶解性（或晶状体诱发性）葡萄膜炎是由晶状体相关的蛋白质从完好的晶状体囊渗漏到外部而导致的葡萄膜炎症（特别是迅速发展的白内障，如由糖尿病引起的白内障）。临床上，晶状体溶解性白内障的症状包括结膜／巩膜外层充血、角膜水肿、内皮性角膜后沉着物、房水闪辉、虹膜炎、虹膜粘连、缩瞳、葡萄膜形成囊肿、葡萄膜外翻和／或眼内压降低。任何品种的动物都可能受到影响。

诊断和治疗

白内障以及其他临床表现有助于诊断晶状体溶解性葡萄膜炎。晶状体溶解性葡萄膜炎应得到相应的治疗以最大程度地减少慢性眼内炎症相关的继发性并发症的风险（特别是视网膜脱落和／或青光眼）。治疗包括局部（如有必要则使用全身性）（类固醇或非类固醇）抗炎药物。若情况允许，治疗糖尿病患病动物应避免长期使用类固醇类药物。

药物潜在不良反应

局部皮质类固醇药物的使用可能造成伤口愈合不良和角膜变性。全身性皮质类固醇药物可能造成多食、多饮、多尿，毛皮改变，体重增加，胰腺炎，胃肠不适，肌肉损伤，肝损伤和糖尿病。

参考文献

[1] Massa KL, Gilger BC, Miller TL, Davidson MG. Causes of uveitis in dogs: 102 cases (1989－2000). Vet Ophthalmol 2002;5(2):93－98.
van der Woerdt A, Nasisse MP, Davidson MG. Lens-induced uveitis in dogs: 151 cases (1985－1990). J Am Vet Med Assoc 1992; 201(6):921－926.

[2] Wilcock BP, Peiffer RL Jr.The pathology of lens-induced uveitis in dogs. Vet Pathol 1987;24(6):549－553.

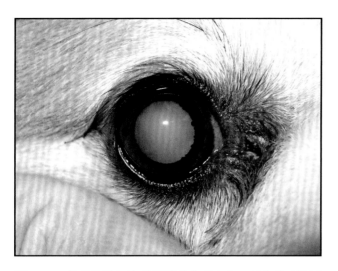

图105.1 晶状体溶解性葡萄膜炎典型病变。锯齿状瞳孔开口证明有葡萄膜外翻。

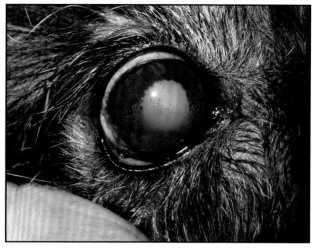

图105.2 晶状体溶解性葡萄膜炎典型病变，存在内皮性角膜后沉着物（一）。

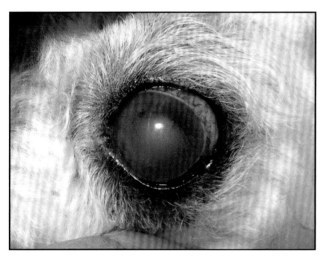

图105.3 晶状体溶解性葡萄膜炎典型病变，存在内皮性角膜后沉着物（二）。

图105.4 晶状体溶解性葡萄膜炎典型病变，存在葡萄膜外翻和虹膜炎。

第106章　晶状体裂伤性葡萄膜炎

疾病简介

晶状体裂伤性葡萄膜炎是由于晶状体囊撕裂或破裂后晶状体相关的蛋白质突然暴露于晶状体外部而导致的严重急性眼内炎症。迅速形成的肿胀期白内障特别容易导致晶状体囊赤道部发生破裂。临床上，晶状体裂伤性葡萄膜炎的症状包括结膜／巩膜外层充血、角膜水肿、内皮性角膜后沉着物、房水闪辉、眼前房积脓、眼前房积血、虹膜炎、虹膜粘连、缩瞳、瞳孔变形、葡萄膜外翻和眼内压减小。任何品种的动物都会受到影响。

治疗

晶状体裂伤性葡萄膜炎的诊断基于病史，临床表现，严重眼内炎症的存在。患病动物疼痛，角膜混浊（特别是由角膜水肿引起的混浊），前房内出血、积脓、纤维蛋白和／或缩瞳，这些因素使评估晶状体的完整性变得具有挑战性。B超的使用有助于该病的诊断。治疗通常包括局部和全身（通常是类固醇类）抗炎药物激进用药。通常需要通过超声乳化法将晶状体取出以控制重度葡萄膜炎。猫科动物在晶状体受到创伤后可能会有独特的临床表现，即晶状体创伤发生后可能会继发肉瘤（另见"猫创伤后眼部肉瘤"）。

药物潜在不良反应

局部皮质类固醇药物的使用可能造成伤口愈合不良和角膜变性。全身性皮质类固醇药物可能造成多食、多饮、多尿，毛皮改变，体重增加，胰腺炎，胃肠不适，肌肉损伤，肝损伤和糖尿病。

参考文献

[1] Bell CM, Pot SA, Dubielzig RR. Septic implantation syndrome in dogs and cats: a distinct pattern of endophthalmitis with lenticular abscess. Vet Ophthalmol 2013;16(3):180 - 185. DOI: 10.1111/j.1463-5224.2012.01046.x. Epub 2012 Jul 19.

[2] PaulsenME, Kass PH. Traumatic corneal laceration with associated lens capsule disruption: a retrospective study of 77 clinical cases from 1999 to 2009. Vet Ophthalmol 2012;15(6):355 - 368. DOI: 10.1111/j.1463-5224.2011.00990.x. Epub 2012 Feb 20.

[3] Wilkie DA, Gemensky-Metzler AJ, Colitz CM, Bras ID, Kuonen VJ, Norris KN, Basham CR. Canine cataracts, diabetes mellitus and spontaneous lens capsule rupture: a retrospective study of 18 dogs. Vet Ophthalmol 2006;9(5):328 - 334.

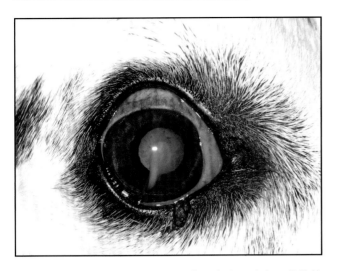

图106.1 晶状体裂伤性葡萄膜炎典型病变，继发于晶状体囊破裂（一）。

图106.2 晶状体裂伤性葡萄膜炎典型病变，继发于晶状体囊破裂（二）。

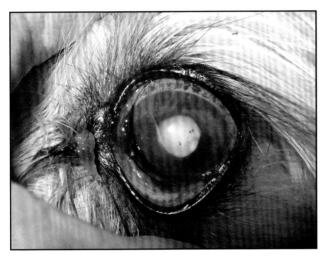

图106.3 晶状体裂伤性葡萄膜炎典型病变，继发于晶状体囊破裂（三）。

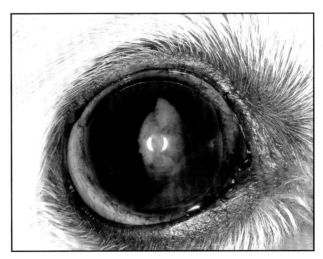

图106.4 晶状体裂伤性葡萄膜炎典型病变，继发于晶状体囊破裂（四）。

第107章　前晶状体脱位

疾病简介

犬和猫晶状体正常情况下位于玻璃体窝与虹膜之间，晶状体有时可能从正常位置脱离。脱位的可能因素包括遗传因素（主要是因为晶状体悬韧带和／或玻璃体出现异常）、慢性眼内炎症、玻璃体凝缩、青光眼和／或创伤。前晶状体脱位可能是部分或完全脱位以致于晶状体移位到眼前房。相关病变可能包括角膜水肿，葡萄膜炎，不同程度的白内障，退化的玻璃体物质存在于瞳孔开口处和／或眼前房，眼内压升高或降低。病变可能是慢性或急性。易患品种包括多种梗犬（锡利哈姆梗，杰克罗素梗犬，刚毛猎狐梗，迷你型斗牛梗）和澳大利亚牧牛犬，德国牧羊犬和沙皮犬。

治疗

前晶状体（半）脱位的诊断基于临床检查。角膜水肿和／或患病动物明显不适可能会使临床诊断变得具有挑战性，特别是非白内障动物。如果需要，镇静、麻醉（局部或全身）和／或B超有助于诊断。半脱位晶状体可以通过药物（抗炎药物）或手术移除治疗，手术移除更为普遍。对侧眼睛可能需要长期使用缩瞳药以防止类似的疾病发生。适合长期使用的缩瞳药包括地美溴铵和前列素类似物（如拉坦前列素）。已经发生晶状体前（半）脱位的患病动物禁忌使用缩瞳药。完全前晶状体脱位最合适的治疗方法为囊内晶状体摘除手术和限制性自动化玻璃体切除。术后通常需要长期抗炎治疗。晶状体（半）脱位相关的潜在并发症包括慢性葡萄膜炎、视网膜脱落和／或青光眼。

药物潜在不良反应

地美溴铵可能造成眼部不适和胃肠不适。

参考文献

[1] Binder DR, Herring IP, Gerhard T. Outcomes of nonsurgical management and efficacy of demecarium bromide treatment for primary lens instability in dogs: 34 cases (1990‑2004). J AmVet Med Assoc 2007;231(1):89‑93.

[2] Curtis R. Lens luxation in the dog and cat. Vet Clin North Am Small Anim Pract 1990;20(3):755‑773. Review.

[3] Glover TL, Davidson MG, Nasisse MP, Olivero DK. The intracapsular extraction of displaced lenses in dogs: a retrospective study of 57 cases (1984‑1990). J AmAnimHosp Assoc 1995;31(1):77‑81.

[4] Nasisse MP, Glover TL. Surgery for lens instability. Vet Clin North Am Small Anim Pract 1997;27(5):1175‑1192. Review.

[5] Oberbauer AM,Hollingsworth SR, Belanger JM, Regan KR, Famula TR. Inheritance of cataracts and primary lens luxation in Jack Russell Terriers. Am J Vet Res 2008;69(2):222‑227. DOI: 10.2460/ajvr.69.2.222.

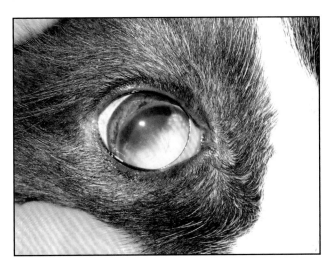

图107.1　前晶状体脱位临床表现（一）。

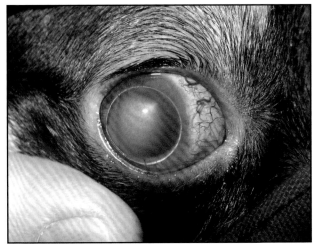

图107.2　前晶状体脱位临床表现（二）。

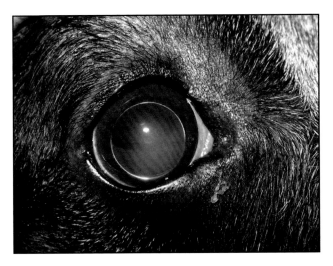

图107.3　前晶状体脱位临床表现（三）。

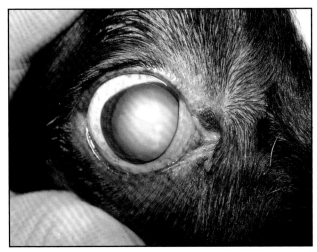

图107.4　前晶状体脱位临床表现，已经继发明显的白内障。

第108章　后晶状体脱位

疾病简介

犬和猫晶状体正常情况下位于玻璃体窝与虹膜之间，晶状体有时可能从正常位置脱离。脱位的可能因素包括遗传因素（主要是因为晶状体悬韧带和／或玻璃体出现异常），慢性眼内炎症，玻璃体凝缩，青光眼和／或创伤。后晶状体脱位可能是部分或完全脱位。相关病变可能包括葡萄膜炎，不同程度的白内障，退化的玻璃体物质存在于瞳孔开口处和／或眼前房，眼内压升高或降低。病变可能是慢性或急性。易患品种包括多种㹴犬（锡利哈姆㹴，杰克罗素㹴，刚毛猎狐㹴，迷你型斗牛㹴）和澳大利亚牧牛犬，吉娃娃，迷你型杜宾犬和史宾格犬。

治疗

后晶状体（半）脱位的诊断基于临床检查。晶状体病理性移位使晶状体离开中央视力轴，导致可视化半圆区域的反光层光反射增加（称为无晶状体新月）。如有必要可使用B超进一步鉴定晶状体的位置。半脱位晶状体可以通过药物（结合缩瞳药和／或抗氧药）治疗，如有需要也可通过手术移除。适合长期使用的缩瞳药包括地美溴铵和前列素类似物（如拉坦前列素）。术后通常需要长期抗炎治疗。晶状体（半）脱位相关的潜在并发症包括慢性葡萄膜炎、视网膜脱落和／或青光眼。

药物潜在不良反应

地美溴铵可能造成眼部不适和胃肠不适。

参考文献

[1] Binder DR, Herring IP, Gerhard T. Outcomes of nonsurgical management and efficacy of demecarium bromide treatment for primary lens instability in dogs: 34 cases (1990 - 2004). J AmVet Med Assoc 2007;231(1):89 - 93.

[2] Curtis R. Lens luxation in the dog and cat. Vet Clin North Am Small Anim Pract 1990;20(3):755 - 773. Review.

[3] Glover TL, Davidson MG, Nasisse MP, Olivero DK. The intracapsular extraction of displaced lenses in dogs: a retrospective study of 57 cases (1984 - 1990). J AmAnimHosp Assoc 1995;31(1):77 - 81.

[4] Nasisse MP, Glover TL. Surgery for lens instability. Vet Clin North Am Small Anim Pract 1997;27(5):1175 - 1192. Review.

图108.1　后晶状体脱位临床表现，可见无晶状体新月特征（一）。

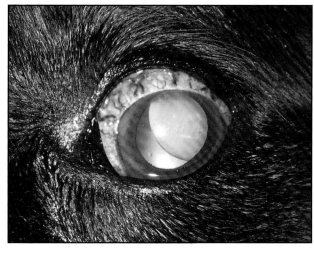

图108.2　后晶状体脱位临床表现，可见无晶状体新月特征（二）。

图108.3　后晶状体脱位临床表现，可见无晶状体新月特征（三）。

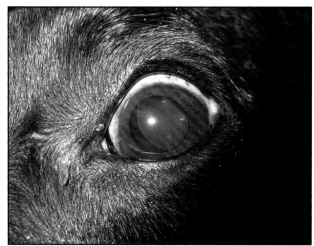

图108.4　后晶状体脱位临床表现，可见无晶状体新月特征（四）。

第109章　猫创伤后眼部肉瘤

疾病简介

猫创伤后眼部肉瘤是一种恶性眼内肿瘤，可能在重度炎症和／或眼部组织出现创伤性损伤之后发生。肿瘤形成通常需要数年。猫创伤后眼部肉瘤包含几种不同的形态差异，这些差异都与肿瘤眼外蔓延和／或远处转移的高可能性有关。临床上，病变可能出现于一只或两只眼睛，可能包括角膜水肿、角膜炎、角膜溃疡、葡萄膜炎、虹膜增厚和／或瞳孔变性，眼内有肿块存在，眼前房积血，视网膜脱落，青光眼和／或眼球突出。

诊断和治疗

猫创伤后眼部肉瘤的诊断需结合临床表现和病史。软组织影像学诊断（包括B超，计算机断层扫描和／或磁共振成像）可能在临床上有助于诊断，眼球摘除／眶内容物摘除后进行组织学诊断可以帮助确诊。眼球摘除手术（如果肿瘤蔓延到眼外部需要进行眶内容物摘除）可治疗该病。在手术前，需对患病动物的全身性健康状态和／或肿瘤转移的潜在情况做一个系统性评估，可能用到的检测包括全血球细胞计数（CBC）／生化检查，淋巴结抽吸和／或三视图X射线照相。通常情况下，不鼓励通过化学性睫状体消融的方法治疗患猫青光眼，因为术后猫创伤后眼部肉瘤发生的概率很大。

参考文献

[1] Dubielzig RR, Everitt J, Shadduck JA, Albert DM. Clinical andmorphologic features of post-traumatic ocular sarcomas in cats. Vet Pathol 1990;27(1):62‐65.

[2] Duke FD, Strong TD, Bentley E, Dubielzig RR. Feline ocular tumors following ciliary body ablation with intravitreal gentamicin. Vet Ophthalmol. 2013;16(Suppl 1):188‐190. DOI: 10.1111/vop.12066. Epub 2013.

[3] Zeiss CJ, Johnson EM, Dubielzig RR. Feline intraocular tumors may arise from transformation of lens epithelium. Vet Pathol 2003;40(4):355‐362.

图109.1　猫创伤后眼部肉瘤临床表现（一）。

图109.2　猫创伤后眼部肉瘤临床表现（二）。

图109.3　猫创伤后眼部肉瘤临床表现（三）。

图109.4　猫创伤后眼部肉瘤临床表现（四）。

第7部分

玻璃体视网膜疾病

第110章　视网膜发育不良

疾病简介

视网膜发育不良是一组遗传性（双侧）视网膜疾病，与异常分化和视网膜一层或多层组织增生有关（可能涉及或不涉及其他眼部组织）。大多数临床病例是遗传因素导致的，然而外部因素如病毒感染（包括犬腺病毒、犬疱疹病毒、猫泛白细胞减少症）和辐射暴露以及中毒可能诱发类似的病变。视网膜发育不良可能涉及以下方面：

- 视网膜组织出现多灶性线性皱褶（特别是拉布拉多寻回犬、美国可卡犬、比格犬、罗特韦尔犬、约克夏犬）

- 组织出现大型不规则或"地图样"区域（特别是拉布拉多寻回犬、金毛犬、英国史宾格犬、骑士查尔王猎犬）

- 完全发育不良，有或无视网膜脱落（特别是拉布拉多寻回犬、澳大利亚牧羊犬、萨摩耶、杜宾犬、秋田犬和松狮犬）

诊断和治疗

视网膜发育不良的诊断基于眼底检查，6-8周龄的动物通常可进行该检查。有些病例在6个月到1年后的随访检查中，这些小的病变和皱褶通常会消失。多品种相关视网膜发育不良可以进行遗传检测。药物治疗似乎没有益处。某些病例存在视网膜脱落，可能需要手术治疗。

参考文献

[1] MacMillan A. Retinal dysplasia in the dog and cat. Vet Clin North Am Small Anim Pract 1980;10(2):411‐415.

[2] Petersen-Jones S. Advances in the molecular understanding of canine retinal diseases. J Small Anim Pract 2005;46(8):371‐380.

[3] Whiteley HE. Dysplastic canine retinal morphogenesis. Invest Ophthalmol Vis Sci 1991;32(5):1492‐1498.

图110.1　图中眼底病变符合视网膜发育不良的特征，可见多个线状至蠕虫状区域（一）。

图110.2　图中眼底病变符合视网膜发育不良的特征，可见多个线状至蠕虫状区域（二）。

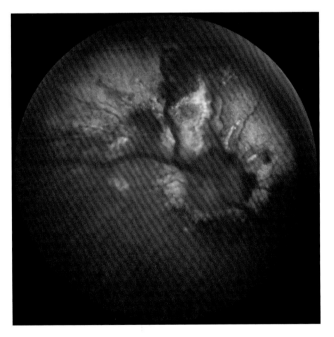

图110.3　图中眼底病变符合视网膜发育不良的特征，可见大型不规则或地图样发育不良病变（一）。

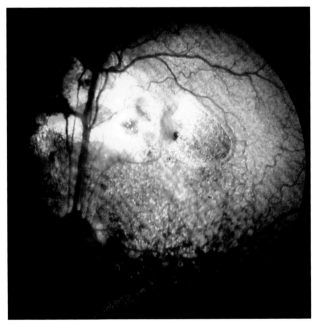

图110.4　图中眼底病变符合视网膜发育不良的特征，可见大型不规则或地图样发育不良病变（二）。

第111章　眼骨骼发育异常

疾病简介

眼骨骼发育异常是一种遗传综合征，包括骨软骨发育不良和／或眼部疾病，表现形式为其中一种或多种结合。骨骼病变通常包括短肢（特别是前肢），以肘部关节外翻畸形和腕部关节内翻畸形，骨骺发育不良，肘突／喙状突离裂和／或髋关节发育不良的特征。眼部疾病表现为以下任意病变的结合：白内障，视网膜皱褶／发育不良，视网膜脱落（完全或部分），玻璃样残留，眼前房积血和／或青光眼。易患犬种包括拉布拉多寻回犬和萨摩耶。

诊断和治疗

眼骨骼发育异常的诊断基于临床表现。如有必要，眼部超声诊断和骨骼X射线照相诊断可能对诊断有帮助。患病动物可以进行遗传检测。该病没有特定的治疗方法，然而继发性眼部并发症，包括白内障，眼前房积血，青光眼和／或视网膜脱落，可能需要进行合适的针对性治疗。

参考文献

[1] Carrig CB, Sponenberg DP, Schmidt GM, Tvedten HW. Inheritance of associated ocular and skeletal dysplasia in Labrador retrievers. J Am Vet Med Assoc 1998;193(10):1269–1272.

[2] Cook JL, Jordan RC. What is your diagnosis? Retinal dysplasia with concurrent developmental skeletal abnormalities in a Labrador retriever. J AmVet Med Assoc 1997;210(3):329–330. No abstract available.

[3] Goldstein O,Guyon R,Kukekova A,Kuznetsova TN, Pearce-Kelling SE, Johnson J,Aguirre GD,Acland GM.COL9A2 andCOL9A3mutations in canine autosomal recessive oculoskeletal dysplasia. MammGenome 2010;21(7–8):398–408. DOI: 10.1007/s00335-010-9276-4. Epub 2010 Aug 5.

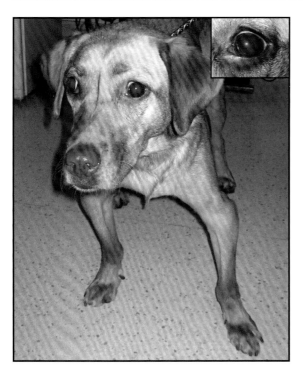

图111.1　眼骨骼发育异常临床表现，包括前肢外翻畸形。插图显示眼前房积血，继发于视网膜脱落。

图111.2　眼骨骼发育异常临床表现，包括前肢外翻畸形。

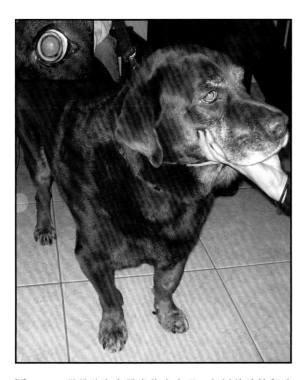

图111.3　眼骨骼发育异常临床表现，包括前肢外翻畸形。插图显示白内障病变（一）。

图111.4　眼骨骼发育异常临床表现，包括前肢外翻畸形。插图显示白内障病变（二）。

第112章　柯利犬眼异常

疾病简介

　　柯利犬眼异常是一种先天性遗传疾病，是由胚胎期眼部组织异常分化导致的。病变可能包括脉络膜血管发育不全，视网膜色素上皮和／或反光层缺损，视网膜血管系统异常，巩膜缺损（特别是视神经头周围的巩膜），视网膜发育不良和／或视网膜脱落（部分或全部），病变可能以其中一种或几种形式出现。病变是双侧的，但通常不具有对称性。绝大多数患病动物不表现临床症状，只有通过眼底检查才能发现异常；然而患病动物会表现视网膜脱落相关的症状和／或眼前房积血所导致的症状。易患品种包括柯利犬、澳大利亚牧羊犬、喜乐蒂牧羊犬。

诊断和治疗

　　柯利犬眼异常的诊断需结合临床表现和患病动物特征。多品种相关柯利犬眼异常也可进行遗传检测。该病不存在有效的初级治疗；然而继发性并发症，如眼前房积血，需要对症治疗。某些病例需要手术治疗以解决巩膜或视网膜疾病。选择育种可降低疾病的严重程度和发病率。

参考文献

[1] Lowe JK, Kukekova AV, Kirkness EF, Langlois MC, Aguirre GD, Acland GM, Ostrander EA. Linkage mapping of the primary disease locus for collie eye anomaly. Genomics 2003;82(1):86‐95.

[2] Munyard KA, Sherry CR, Sherry L. A retrospective evaluation of congenital ocular defects in Australian Shepherd dogs in Australia. Vet Ophthalmol 2007;10(1):19‐22.

[3] Parker HG, Kukekova AV, Akey DT, Goldstein O, Kirkness EF, Baysac KC, Mosher DS, Aguirre GD, Acland GM, Ostrander EA. Breed relationships facilitate fine-mapping studies: a 7.8-kb deletion cosegregateswithCollie eye anomaly acrossmultiple dog breeds. Genome Res 2007;17(11):1562‐1571. Epub 2007 Oct 4.

[4] Wallin-Håkanson B, Wallin-Håkanson N, Hedhammar A. Influence of selective breeding on the prevalence of chorioretinal dysplasia and coloboma in the rough collie in Sweden. J Small Anim Pract 2000;41(2):56‐59.

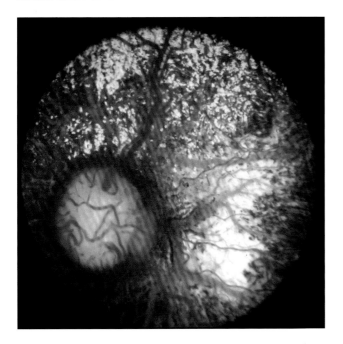

图112.1 柯利犬眼异常病变包括巩膜膨胀，脉络膜发育不全，血管系统异常，眼后段缺损（一）。

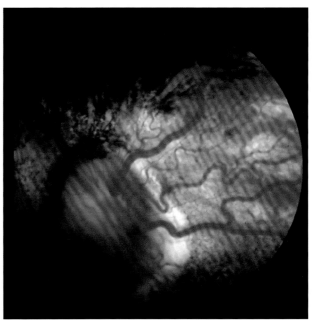

图112.2 柯利犬眼异常病变包括巩膜膨胀，脉络膜发育不全，血管系统异常，眼后段缺损（二）。

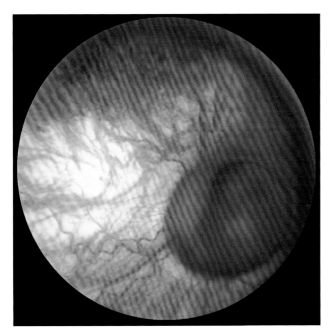

图112.3 柯利犬眼异常病变包括巩膜膨胀，脉络膜发育不全，血管系统异常，眼后段缺损（三）。

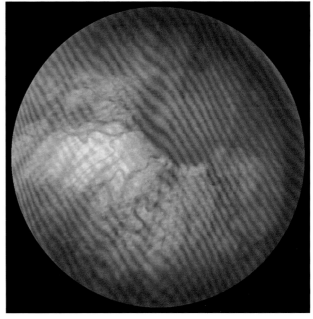

图112.4 柯利犬眼异常病变包括巩膜膨胀，脉络膜发育不全，血管系统异常，眼后段缺损（四）。

第113章　视网膜萎缩

疾病简介

视网膜萎缩是一组遗传性（双侧）视网膜疾病，该病导致光感受器功能紊乱和坏死，从而造成视觉障碍，最终导致失明。该病在多个品种（越来越多）大型犬以及一些品种的猫有不同的表现形式。视网膜萎缩的分类较为复杂，简单分为早发型和晚发型进行性视网膜萎缩，先天性静止性夜盲，视锥变性。患病的常见品种为爱尔兰长毛犬、迷你雪纳瑞、挪威猎鹿犬、腊肠犬、卡迪根威尔士柯基犬和柯利犬。

早发型（发育异常）犬视网膜萎缩包括：

- 伴X染色体进行性视网膜萎缩，常见于萨摩耶和哈士奇
- 早发型视网膜萎缩常见于挪威猎鹿犬

晚发型（退化性）犬视网膜萎缩包括：

- 进行性视杆视锥变性，常见于拉布拉多寻回犬、乞沙比克猎犬、新斯科舍诱鸭寻回犬、美国可卡犬、美国爱斯基摩犬、澳大利亚牧牛犬、中国冠毛犬、迷你型贵宾犬、玩具贵宾犬、秋田犬、芬兰拉普猎犬
- 显性进行性视网膜萎缩常见于古英犬和牛头獒犬
- 视网膜色素上皮营养不良常见于拉布拉多寻回犬、金毛犬、切萨皮克海湾寻回犬、柯利犬

这些疾病最初通常表现为相对性瞳孔扩大和夜视丧失（夜盲）。症状发作时间存在差异，然而，早发型视网膜萎缩通常在6周至6个月龄发作（通常在1-5岁时发展为失明），晚发型视网膜萎缩通常在3-5岁发作（通常在6-8岁时发展为完全失明）。先天性静止性夜盲症是指患犬先天性夜盲，在几年的时间内可能会出现白天视力下降。据报道，布里牧羊犬是受该病影响最常见的品种。视锥变性（也称为昼盲症），是指受影响的犬表现出早期和快速进行性的视锥功能丧失，从而在日光条件下丧失视觉功能。阿拉斯加犬和德国短毛指示犬最容易受影响。对猫视网膜萎缩的描述较少；然而，它们基本上遵循相同的自然过程，1-2岁出现早期疾病，3-6岁出现晚期疾病。已知受到各种形式的视网膜萎缩影响的猫的品种包括阿比西尼亚猫、索马里猫、孟加拉猫和波斯猫。

视网膜萎缩的诊断可依据多种标准，包括临床表现、眼底可视化（不同程度的反光层高反射率、血管衰减和视神经乳头变性）和/或视网膜电图测试，也可进行多品种相关视网膜萎缩的遗传测试。精确的基因检测有助于优化育种计划，帮助降低品种内疾病发生率。许多患病动物随着时间的推移会发展成继发性白内障，人们提倡使用含抗氧化剂的产品来减缓这一疾病的发展；但是，这一方法并不能防止失明。

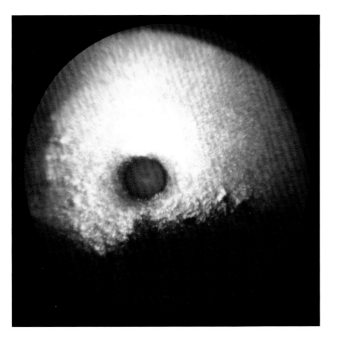

图113.1　与视网膜萎缩相关的眼底发现，包括反光层高反射率和明显的血管衰减（一）。

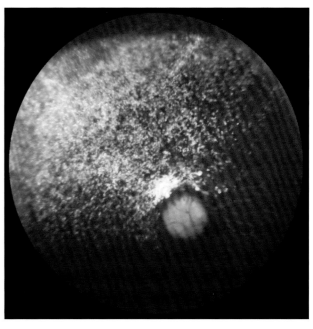

图113.2　与视网膜萎缩相关的眼底发现，包括反光层高反射率和明显的血管衰减（二）。

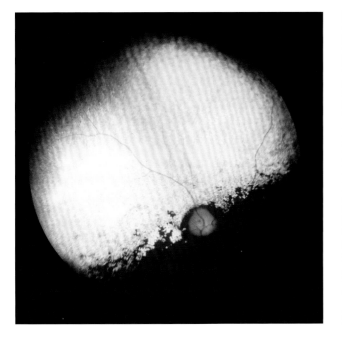

图113.3　与视网膜萎缩相关的眼底发现，包括反光层高反射率和明显的血管衰减（三）。

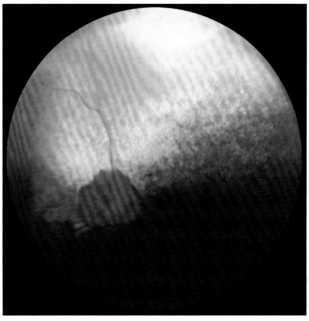

图113.4　与视网膜萎缩相关的眼底发现，包括反光层高反射率和明显的血管衰减（四）。

第114章　玻璃体变性/疝

疾病简介

　　玻璃体是由透明水凝胶组成，水凝胶包含胶原蛋白和玻璃酸，大约占眼球体积的75%。玻璃体支撑晶状体和神经视网膜。遗传因素以及年龄相关性变性可能导致病理变化，包括玻璃体缩水收缩，星状玻璃样变性（钙／磷脂），囊肿形成，出血，视网膜撕裂，晶状体不稳定，玻璃体成疝于前眼房和／或青光眼。临床上，变性的玻璃体可能通过瞳孔进入眼前房形成玻璃体疝，通常包含细小的富含黑色素颗粒和／或细胞（常见于意大利灵缇犬，波士顿㹴犬，杰克罗素㹴）和／或包含多个细小的重力依赖性晶体样透明质体——有时被称为闪辉性玻璃体液化（常见于西施犬，迷你型贵宾犬和比熊犬）。

诊断和治疗

　　玻璃体变性的诊断基于临床表现，如有必要可使用B超支持诊断。是否需要治疗取决于病变严重程度，治疗包括局部（类固醇或非类固醇）抗炎，缩瞳药以稳定半脱位的晶状体，全脱位晶状体移除，视网膜粘结术／视网膜重附和／或晶状体手术切除。

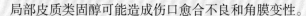

药物潜在不良反应

局部皮质类固醇可能造成伤口愈合不良和角膜变性。

参考文献

[1] Labruyère JJ,Hartley C, Rogers K,Wetherill G,McConnell JF, Dennis R. Ultrasonographic evaluation of vitreous degeneration in normal dogs. Vet Radiol Ultrasound 2008;49(2):165 - 171.

[2] Papaioannou NG, Dubielzig RR. Histopathological and immunohistochemical features of vitreoretinopathy in Shih Tzu dogs. J Comp Pathol 2013;148(2 - 3):230 - 235. DOI: 10.1016/j.jcpa.2012.05.014. Epub 2012 Jul 20.

[3] van derWoerdt A,Wilkie DA,Myer CW. Ultrasonographic abnormalities in the eyes of dogs with cataracts: 147 cases (1986 - 1992). J Am Vet Med Assoc 1993;203(6):838 - 841.

[4] Wang M, Kador PF,Wyman M. Structure of asteroid bodies in the vitreous of galactose-fed dogs. Mol Vis 2006;12:283 - 289.

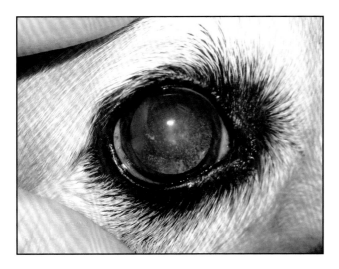

图114.1　玻璃体变性，可见星状玻璃样变性（一）。

图114.2　玻璃体变性，可见星状玻璃样变性（二）。

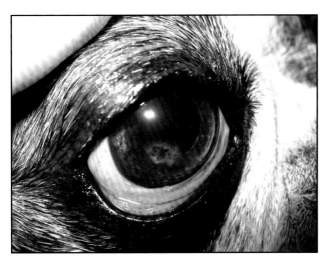

图114.3　玻璃体变性。眼前房可见玻璃体突出（一）。

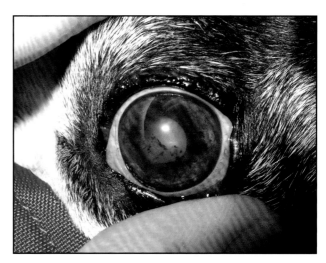

图114.4　玻璃体变性。眼前房可见玻璃体突出（二）。

第115章 视网膜中毒

疾病简介

敏感的神经视网膜组织暴露于潜在有害的药物可能会受到损伤，造成猫视网膜中毒的常见药物为恩诺沙星，犬为伊维菌素。猫中与恩诺沙星相关的毒性可能导致不同程度的视觉损伤／失明。这一反应似乎具有特应性；然而药物明显过量和／或快速静脉注射更容易导致视网膜中毒。当前所建议的最大用量为每24h不超过5mg/kg。眼底外观起初无明显变化，随后可见的反光层高度反光，血管衰减和视神经乳头变性会在接触药物的数天到数周后发生。与伊维菌素想相关的中毒可能造成不同程度的视觉损伤／失明以及神经缺损，精神状态改变和／或热调节异常。这一反应通常与药物明显过量（常常发生在误食马驱虫药之后）和／或长期用药有关（常见于治疗慢性皮肤寄生虫感染的患病动物）。柯利系列品种，包括澳大利亚牧羊犬和喜乐蒂牧羊犬，更容易受伊维菌素影响，因为这些品种存在MDR1基因相关的遗传缺陷，无法在血脑屏障水平有效调控分子转运。在易感品种中，低至100μg/kg的剂量可能会导致中毒。患犬眼底可能表现视神经乳头水肿和／或不规则至蠕虫状视网膜水肿。

诊断和治疗

视网膜中毒的诊断基于临床发现和病史。可能会用到视网膜电图评估光感受器功能，实验室检查可以评估特定药物的浓度（如伊维菌素）。治疗包括停止用药和支持疗法。与恩诺沙星中毒相关的病变通常不可逆，然而伊维菌素中毒造成的病变通常是可逆的。

参考文献

[1] Epstein SE, Hollingsworth SR. Ivermectin-induced blindness treated with intravenous lipid therapy in a dog. J Vet Emerg Crit Care (San Antonio) 2013;23(1):58 - 62. DOI: 10.1111/vec.12016. Epub 2013 Jan 14.

[2] Gelatt KN, van derWoerdt A, Ketring KL, Andrew SE, Brooks DE, Biros DJ, Denis HM, Cutler TJ. Enrofloxacin-associated retinal degeneration in cats. Vet Ophthalmol 2001;4(2):99 - 106.

[3] Kenny PJ, Vernau KM, Puschner B, Maggs DJ. Retinopathy associated with ivermectin toxicosis in two dogs. J Am Vet Med Assoc 2008;233(2):279 - 284. DOI: 10.2460/javma.233.2.279.

[4] Wiebe V, Hamilton P. Fluoroquinolone-induced retinal degeneration in cats. J AmVet Med Assoc 2002;221(11):1568 - 1571.

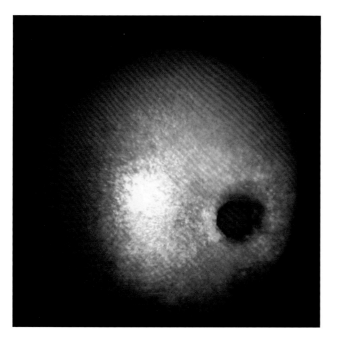

图115.1 恩诺沙星中毒导致的眼底病变。病变包括反光层高度反光和血管衰减（一）。

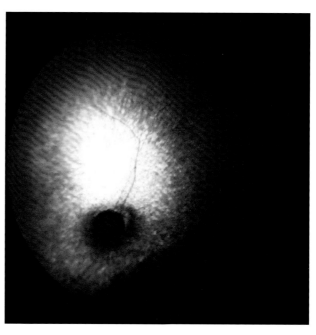

图115.2 恩诺沙星中毒导致的眼底病变。病变包括反光层高度反光和血管衰减（二）。

图115.3 伊维菌素中毒导致的眼底病变。病变包括线性至蠕虫状视网膜水肿（一）。

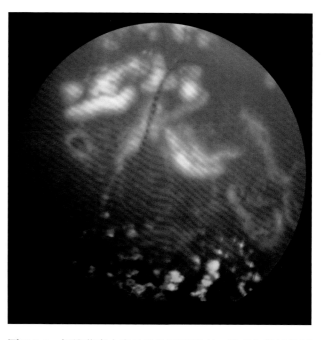

图115.4 伊维菌素中毒导致的眼底病变。病变包括线性至蠕虫状视网膜水肿（二）。

第116章 突发性获得性视网膜变性／免疫介导视网膜炎

疾病简介

突发性获得性视网膜变性／免疫介导视网膜炎是导致急性失明的一系列视网膜疾病，通常是不可逆的。在突发性获得性视网膜变性／免疫介导视网膜炎中，光感受器坏死似乎是免疫介导致的。症状的发展通常需要几天，患病动物表现为视力障碍和视觉定向障碍。临床上，患病动物虽然已丧失视觉功能，但病情初期通常仍保留不完整的迟缓的瞳孔对光反射。病情初期眼科检查（包括眼底检查）无明显异常（然而广泛性神经视网膜变性的症状包括反光层高度反光和血管衰减，在随后的几个月中会变得越来越明显）。患病动物普遍为中年、雌性、小型犬，患病动物还可能超重和／或有多食、多饮、多尿的症状。副肿瘤综合征、肾上腺皮质功能亢进和／或性激素失衡可能与该病有相关性。易患犬种包括腊肠犬和迷你雪纳瑞。

诊断和治疗

突发性获得性视网膜变性／免疫介导视网膜炎的诊断基于疾病简介和临床发现，视网膜电图有助于支持诊断，并且可以排出中枢神经引起的失明。全血球细胞计数（CBC）／生化检查可能表现应激性白细胞血象和／或胆固醇水平升高和／或碱性磷酸酶活性升高。由于光感受器功能完全丧失，因此尝试治疗该病毫无意义。在少数超急性免疫介导视网膜炎（仍有一定程度的视觉残留和／或视网膜电功能）的病例中，实验性疗法（包括全身性强力霉素、皮质类固醇和／或免疫球蛋白治疗）已被提出。

药物潜在不良反应

强力霉素可能造成胃肠不适，光敏感，肝损伤。全身性皮质类固醇可能造成多食、多饮、多尿，毛皮改变，体重增加，肠炎肌肉损伤，肝损伤和糖尿病。免疫球蛋白的使用可能造成严重过敏反应和／或死亡。

参考文献

[1] Grozdanic SD,HarperMM,Kecova H. Antibody-mediated retinopathies in canine patients:mechanism, diagnosis, and treatmentmodalities. Vet Clin North Am Small Anim Pract 2008;38(2):361－387, vii. DOI: 10.1016/j.cvsm.2007.12.003.

[2] Keller RL, Kania SA, Hendrix DV, Ward DA, Abrams K. Evaluation of canine serum for the presence of antiretinal autoantibodies in sudden acquired retinal degeneration syndrome. Vet Ophthalmol 2006;9(3):195－200.

[3] Miller PE,Galbreath EJ, Kehren JC, Steinberg H,Dubielzig RR. Photoreceptor cell death by apoptosis in dogs with sudden acquired retinal degeneration syndrome. Am J Vet Res 1998;59(2):149－152.

[4] Montgomery KW, van derWoerdt A, Cottrill NB. Acute blindness in dogs: sudden acquired retinal degeneration syndrome versus neurological disease (140 cases, 2000－2006). Vet Ophthalmol 2008;11(5):314－320. DOI: 10.1111/j.1463-5224.2008.00652.x.

[5] Stuckey JA, Pearce JW, Giuliano EA, Cohn LA, Bentley E, Rankin AJ, Gilmour MA, Lim CC, Allbaugh RA, Moore CP, Madsen RW. Long-term outcome of sudden acquired retinal degeneration syndrome in dogs. J Am Vet Med Assoc 2013;243(10):1425－1431. DOI: 10.2460/javma.243.10.1426.

图116.1 突发性获得性视网膜变性综合征／免疫介导视网膜炎临床表现，包括急性扩张性瞳孔（对光无缩瞳反应），功能性失明，无明显眼部异常（一）。

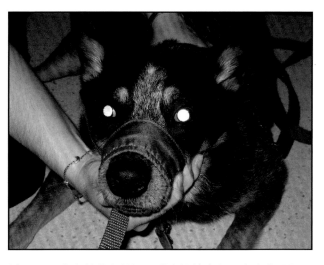

图116.2 突发性获得性视网膜变性综合征／免疫介导视网膜炎临床表现，包括急性扩张性瞳孔（对光无缩瞳反应），功能性失明，无明显眼部异常（二）。

图116.3 突发性获得性视网膜变性综合征／免疫介导视网膜炎临床表现，包括急性扩张性瞳孔（对光无缩瞳反应），功能性失明，无明显眼部异常（三）。

图116.4 突发性获得性视网膜变性综合征／免疫介导视网膜炎临床表现，包括急性扩张性瞳孔（对光无缩瞳反应），功能性失明，无明显眼部异常（四）。

第117章　高血压视网膜病

疾病简介

　　全身性高血压可能是原发性的，也可能继发于潜在的全身性疾病（包括肾脏或心血管功能紊乱），内分泌病（包括甲状腺功能亢进，肾上腺皮质功能亢进，糖尿病）或肿瘤（淋巴瘤，多发性骨髓瘤，嗜铬细胞瘤）。非高血压出血性视网膜病也可能与炎症、感染和／或肿瘤疾病有关。眼部病变通常是全身性高血压患病动物的主要症状。血—眼屏障破损导致以下一种或几种病变：视网膜下的液体渗漏，视网膜（前，内，下）出血和／或脱落，眼前出积血，视觉缺损／失明和／或继发性青光眼。患病动物还可能出现神经症状。眼部症状通常是双侧的，然而并非都具有对称性。没有一个特定不变的数值指示高血压，因为不同个体高血压数值会有差异，然而收缩压大于140mmHg的猫和收缩压大于160mmHg的犬通常需要治疗，特别是出现相关临床症状的患病动物。

诊断和治疗

　　高血压视网膜病的诊断基于临床发现和辅助诊断，特别是血压测量。若存在潜在疾病则需针对治疗。通常使用氨氯地平直接调控血压，和／或结合血管紧张素转换酶抑制剂（如有需要），建议定期监控血压。视网膜出血通常会消失，视网膜脱落可能会自发地重复（常见于患猫），取决于先前脱落的快慢和严重程度。有些病例在解决潜在疾病之后可能需要进行手术重复修复视网膜。

药物潜在不良反应

氨氯地平可能造成动物昏睡。血管紧张素转换酶抑制剂可能造成胃肠不适和肾功能紊乱。

参考文献

[1] Jepson RE. Feline systemic hypertension: classification and pathogenesis. J Feline Med Surg 2011;13(1):25–34. DOI: 10.1016/j.jfms.2010.11.007. Review.

[2] Leblanc NL, Stepien RL, Bentley E. Ocular lesions associated with systemic hypertension in dogs: 65 cases (2005–2007). J Am Vet Med Assoc 2011;238(7):915–921.

[3] Stepien RL. Feline systemic hypertension: diagnosis and management. J Feline Med Surg 2011;13(1):35–43. DOI: 10.1016/j.jfms.2010.11.008. Review.

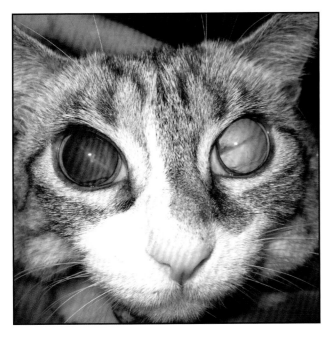

图117.1　猫高血压视网膜病典型临床表现。

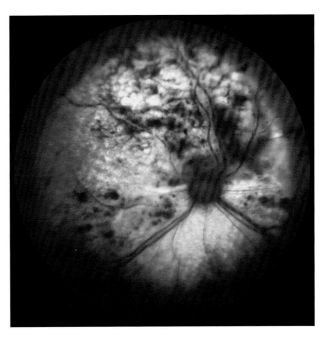

图117.2　猫高血压视网膜病眼底检查发现玻璃体视网膜出血（一）。

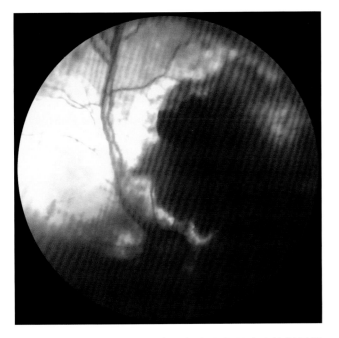

图117.3　猫高血压视网膜病眼底检查发现玻璃体视网膜出血（二）。

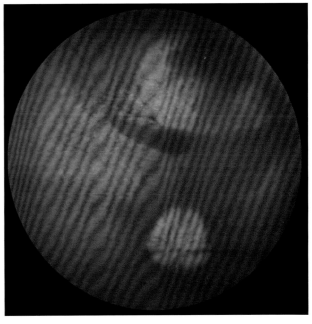

图117.4　猫高血压视网膜病眼底检查发现玻璃体视网膜出血（三）。

第118章 猫脉络膜视网膜炎

疾病简介

葡萄膜由前葡萄膜（虹膜和睫状体）和后葡萄膜（脉络膜）组织组成。这些组织包含"血-眼屏障"组成部分，血-眼屏障可以防止大量蛋白质进入眼房水。葡萄膜炎描述了任何葡萄膜组织结构的炎症，通常与血-眼屏障不同程度的破损有关。与猫脉络膜视网膜炎（后葡萄膜炎）相关的潜在症状可能包括不同程度的前葡萄膜炎（另见"猫前葡萄膜炎"），玻璃体炎，脉络膜视网膜炎症（特征为水肿、渗出、出血和／或视网膜脱落），视觉障碍和／或失明。初期，患葡萄膜炎的患病动物眼内压通常会降低，随着病情的发展，患病动物会在后期出现继发性青光眼并发症。一只或两只眼睛会受到影响。双侧葡萄膜炎需要考虑是否有全身性疾病的存在。

诊断和治疗

脉络膜视网膜炎的诊断基于临床发现。潜在病因包括创伤，全身性疾病，传染性微生物感染，肿瘤（局部或全身）和／或遗传因素。可引起猫脉络膜视网膜炎传染性病因包括病毒（特别是猫白血病病毒、猫免疫缺陷病毒、猫传染性腹膜炎病毒和猫疱疹病毒），原虫动物（特别是刚地弓形虫），细菌（特别是巴尔通体属），真菌（特别是隐球菌、球孢子菌、曲霉菌、芽生菌和组织胞浆菌）。令人沮丧的是大多数患病动物无法找到确切病因。另外，葡萄膜炎临床上可能表现为慢性和／或具有复发性。治疗包括解决潜在全身性、传染性或肿瘤疾病。另外，普遍需要局部和／或全身性抗炎治疗（非类固醇或类固醇）。为了最大程度降低继发性青光眼的风险，患病动物可能需要长期用药。初期选择克林霉素作为经验性抗菌药较为合适。

药物潜在不良反应

克林霉素潜在不良反应包括胃肠不适。

参考文献

[1] Colitz CM. Feline uveitis: diagnosis and treatment. Clin Tech Small Anim Pract 2005;20(2):117–120.

[2] van derWoerdt A. Management of intraocular inflammatory disease. Clin Tech Small Anim Pract 2001;16(1):58–61.

[3] TownsendWM.Canine and feline uveitis.VetClinNorthAmSmall AnimPract 2008;38(2):323–346, vii.DOI: 10.1016/j.cvsm.2007.12.004.

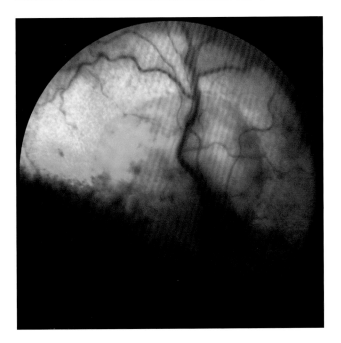

图118.1 弓形虫引发的活动性猫脉络膜视网膜炎患畜眼底病变。

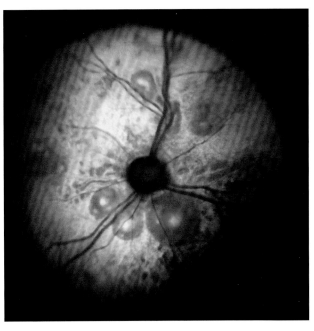

图118.2 隐球菌引发的猫活动性脉络膜视网膜炎患畜眼底病变。

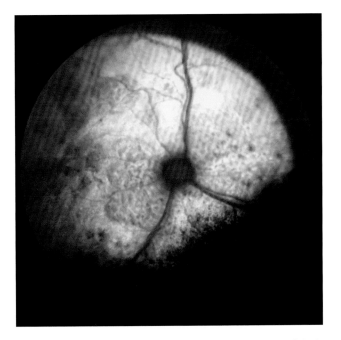

图118.3 猫白血病病毒相关的活动性猫脉络膜视网膜炎患病动物眼底病变。

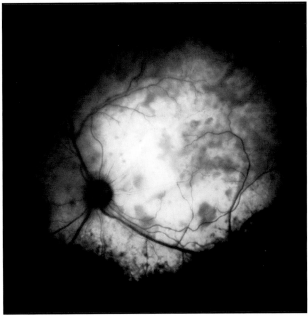

图118.4 巴尔通体属引发的猫活动性脉络膜视网膜炎患病动物眼底病变。

第119章 犬脉络膜视网膜炎

疾病简介

葡萄膜由前葡萄膜（虹膜和睫状体）和后葡萄膜（脉络膜）组织组成。这些组织包含"血–眼屏障"组成部分，血–眼屏障可以防止大量蛋白质进入眼房水。葡萄膜炎描述了任何葡萄膜组织结构的炎症，通常与血–眼屏障不同程度的破损有关。与犬脉络膜视网膜炎（后葡萄膜炎）相关的潜在症状可能包括不同程度的前葡萄膜炎（另见"犬前葡萄膜炎"），玻璃体炎，脉络膜视网膜炎症（特征为水肿、渗出、出血和／或视网膜脱落），视觉障碍和／或失明。初期，患葡萄膜炎的患病动物眼内压通常会降低，随着病情的发展，患病动物会在后期出现继发性青光眼并发症。一只或两只眼睛会受到影响。双侧葡萄膜炎需要考虑是否有全身性疾病的存在。

诊断和治疗

脉络膜视网膜炎的诊断基于临床发现。潜在病因包括创伤，全身性疾病，传染性微生物感染，肿瘤（局部或全身）和／或遗传因素。可引起犬脉络膜视网膜炎传染性病因包括病毒（特别是犬腺病毒和细小病毒），原虫动物（特别是刚地弓形虫），细菌（特别是犬埃立克体、立克次氏体、钩端螺旋体和包柔氏螺旋体），真菌（特别是球孢子菌、曲霉菌、芽生菌和组织胞浆菌）。令人沮丧的是大多数葡萄膜炎患病动物无法找到确切病因。另外，葡萄膜炎临床上可能表现为慢性和／或具有复发性。治疗包括解决潜在全身性、传染性或肿瘤疾病。另外，普遍需要局部和／或全身性抗炎治疗（非类固醇或类固醇）。为了最大程度降低继发性青光眼的风险，患病动物可能需要长期用药。如果患病动物需要使用缩瞳药（阿托品／脱品酰胺），应小心使用。初期选择强力霉素作为经验性抗菌药较为合适。

药物潜在不良反应
强力霉素可能造成胃肠不适。

参考文献

[1] Peiffer RL, Cook CS, Möller I. Therapeutic strategies involving antimicrobial treatment of ophthalmic disease in small animals. J AmVet Med Assoc 1984;185(10):1172–1175.

[2] Massa KL, Gilger BC, Miller TL, Davidson MG. Causes of uveitis in dogs: 102 cases (1989–2000). Vet Ophthalmol 2002;5(2):93–98.

[3] TownsendWM.Canine and feline uveitis.VetClinNorthAmSmall AnimPract 2008;38(2):323–346, vii.DOI: 10.1016/j.cvsm.2007.12.004.

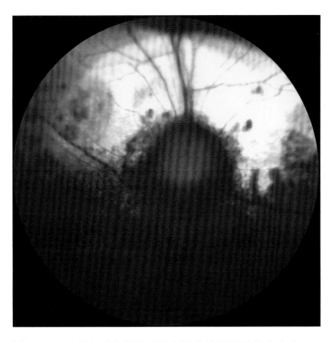

图119.1 弓形虫引发的活动性犬脉络膜视网膜眼底病变。

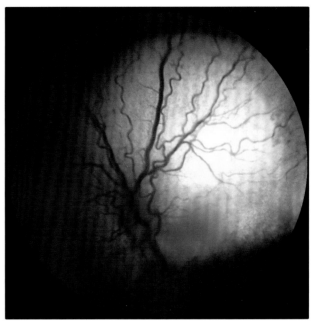

图119.2 球孢子菌引发的活动性犬脉络膜视网膜眼底病变。

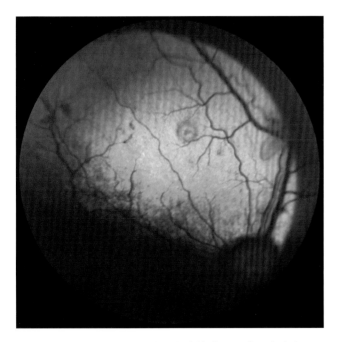

图119.3 芽生菌引发的活动性犬脉络膜视网膜眼底病变。

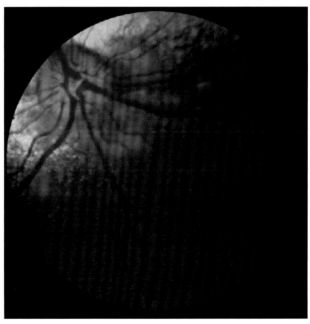

图119.4 埃立克体引发的活动性犬脉络膜视网膜眼底病变。

第120章 视网膜色素上皮营养不良

疾病简介

视网膜色素上皮营养不良描述了一种视网膜色素上皮疾病，特征为病理性脂褐质积聚，可能继发更加广泛的视网膜变性。这种疾病也被称为中枢性进行性视网膜萎缩。临床上，该病表现为视力减弱（可能发展为完全失明），轻度神经功能缺陷（特别是本体感应缺损）和／或继发性白内障。该病的眼底病变特征为（双侧）零散的棕褐色焦点，这些焦点可能随着时间的推移而聚合。患病动物后续通常会继发更加广泛的视网膜变性。人们已经注意到该病与维生素E缺乏和吸收／代谢异常表现相似的临床症状。易患犬种包括拉布拉多寻回犬，金毛犬，可卡犬，伯瑞犬和柯利系列犬种，特别是来自欧洲的犬种。

诊断和治疗

视网膜色素上皮营养不良的诊断基于临床发现和眼底检查。大剂量补充口服维生素E（600-900iu 每日2次）可能有助于限制疾病的进展。

参考文献

[1] Lightfoot RM, Cabral L, Gooch L, Bedford PG, Boulton ME. Retinal pigment epithelial dystrophy in Briard dogs. Res Vet Sci 1996;60(1):17 - 23.

[2] McLellan GJ, Bedford PG. Oral vitamin E absorption in English Cocker Spaniels with familial vitamin E deficiency and retinal pigment epithelial dystrophy. Vet Ophthalmol 2012;15(Suppl 2):48 - 56. DOI: 10.1111/j.1463-5224.2012.01049.x. Epub 2012 Jul 25.

[3] McLellan GJ, Cappello R, Mayhew IG, Elks R, Lybaert P,Watté C, Bedford PG. Clinical and pathological observations in English cocker spaniels with primary metabolic vitamin E deficiency and retinal pigment epithelial dystrophy. Vet Rec 2003;153(10):287 - 292.

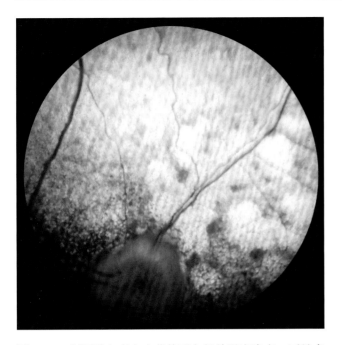

图120.1 视网膜色素上皮营养不良相关眼底病变。可见多个离散的脂褐质沉积区域（一）。

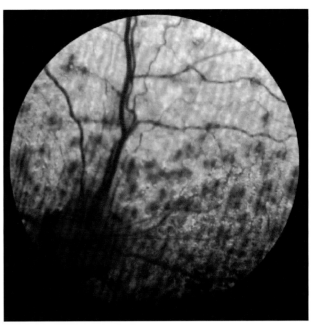

图120.2 视网膜色素上皮营养不良相关眼底病变。可见多个离散的脂褐质沉积区域（二）。

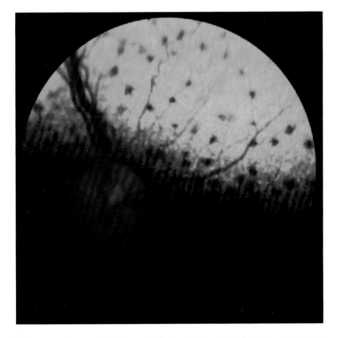

图120.3 视网膜色素上皮营养不良相关眼底病变。可见多个离散的脂褐质沉积区域（三）。

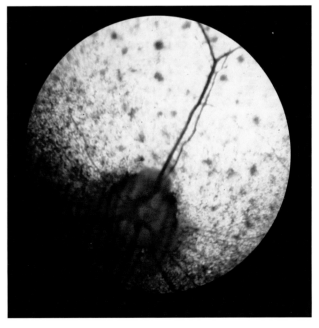

图120.4 视网膜色素上皮营养不良相关眼底病变。可见多个离散的脂褐质沉积区域（四）。

第121章　葡萄膜皮肤综合征相关性脉络膜视网膜炎

疾病简介

犬葡萄膜皮肤综合征是一种免疫介导疾病，主要影响黑色素细胞组织，可能是由遗传因素导致的，临床症状与人类小柳原田病相似，因此该病也被称为小柳原田样疾病。葡萄膜皮肤综合征相关眼部症状包括白内障，视网膜脱落，眼前房积血和／或青光眼，病变可能以其中任意组合形式出现。通常两只眼都会受不同程度的影响。其他症状可能包括眼周、口腔皮肤黏膜连接处和／或鼻部白癜风（失去色素）、白发病（毛发变白）和／或溃疡性皮炎。症状通常具有双侧对称型外观（另见"自体免疫性睑炎"）。易患犬种包括秋田犬、哈士奇、萨摩耶、松狮犬、德国牧羊犬和喜乐蒂牧羊犬。

诊断和治疗

葡萄膜皮肤综合征的诊断需结合患病动物特征和临床发现。如果存在眼部附属结构或皮肤病变，通过小的皮肤切取活检样本做组织病理学检查有助于诊断。治疗通常包括激进长期抗炎和／或免疫介导治疗。通常使用局部皮质类固醇和全身性皮质类固醇，某些患病动物可能还需要使用其他药物辅助治疗，如环孢霉素和／或咪唑硫嘌呤。

药物潜在不良反应

局部皮脂类固醇可能造成伤口愈合不良和角膜变性。全身皮质类固醇可能造成多食、多饮、多尿，毛皮改变，体重增加，胰腺炎，肠炎，肌肉损伤，肝损伤和糖尿病。咪唑硫嘌呤可能造成胃肠不适，胰腺炎，肝损伤和骨髓抑制。环孢霉素可能造成过敏反应和胃肠不适。

参考文献

[1] Angles JM, Famula TR, Pedersen NC. Uveodermatologic (VKH–like) syndrome in American Akita dogs is associated with an increased frequency of DQA1*00201. Tissue Antigens 2005;66(6):656–665.

[2] Carter WJ, Crispin SM, Gould DJ, Day MJ. An immunohistochemical study of uveodermatologic syndrome in two Japanese Akita dogs. Vet Ophthalmol 2005;8(1):17–24.

[3] Horikawa T, Vaughan RK, Sargent SJ, Toops EE, Locke EP. Pathology in practice. Uveodermatologic syndrome. J Am Vet Med Assoc 2013;242(6):759–761. DOI: 10.2460/javma.242.6.759.

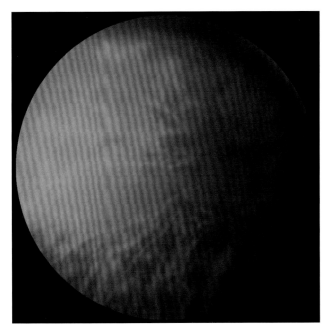

图121.1 犬葡萄膜皮肤综合征引起的眼底病变，脉络膜局部至合并病灶区域无色素沉着（一）。

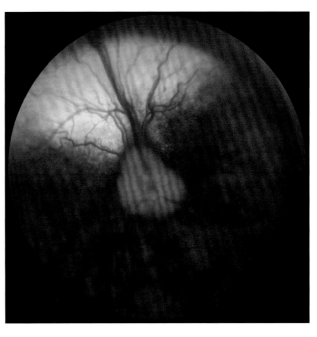

图121.2 犬葡萄膜皮肤综合征引起的眼底病变，脉络膜局部至合并病灶区域无色素沉着（二）。

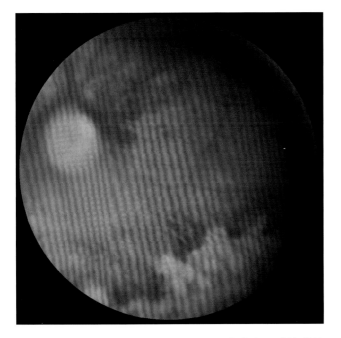

图121.3 犬葡萄膜皮肤综合征引起的眼底病变，脉络膜局部至合并病灶区域无色素沉着（三）。

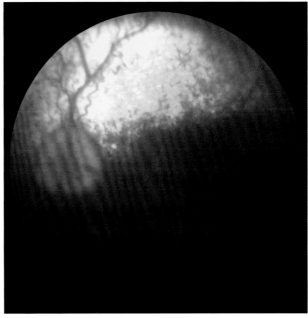

图121.4 犬葡萄膜皮肤综合征引起的眼底病变，脉络膜局部至合并病灶区域无色素沉着（四）。

第122章　原发性（大疱性）视网膜脱落

疾病简介

原发性（大疱性）视网膜脱落，即视网膜下有液体积聚导致视网膜神经感觉层与其下层的视网膜色素上皮细胞分离。该过程的病因疑似免疫介导。典型临床特征包括双侧瞳孔扩大（对光缩瞳反应不明显或无缩瞳反应），与急性失明有关。视网膜组织可能向前方翻卷到达瞳孔后方。眼底检查可见视网膜完全脱落或多区域大疱性脱落（无出血）。易患犬种包括德国牧羊犬、澳大利亚牧羊犬和拉布拉多寻回犬。

诊断和治疗

大疱性视网膜脱落的诊断基于临床发现（包括眼底检查），如有必要可使用B超作为支持诊断。大疱性脱落通常对药物治疗反应良好，药物治疗包括全身性皮质类固醇抗炎治疗，剂量需达到免疫抑制水平，该病也被称为固醇类反应性视网膜脱落。全血球细胞计数（CBC）／生化检查和传染性滴定测试，影像学和体循环血压测量有助于排除全身性疾病。如果治疗效果良好，一些患病动物需要长期治疗，因此皮质类固醇药物停用前应慎重考虑。

药物潜在不良反应

全身性皮脂类固醇药物可能造成多食、多饮、多尿，毛发变性，体重增加，胰腺炎，胃肠不适，肌肉损伤，肝损伤和糖尿病。

参考文献

[1] Andrew SE, Abrams KL, Brooks DE, Kublis PS. Clinical features of steroid responsive retinal detachments in twenty-two dogs. Vet Comp Ophthalmol 1997;7:82 - 87.

[2] Grahn BH,Wolfer J. Diagnostic ophthalmology. Bilateral multifocal serous retinal detachments. Can Vet J 1997;38(4):250 - 251.

[3] Wolfer J, Grahn B, Arrington K. Diagnostic ophthalmology. Bilateral, bullous retinal detachment. Can Vet J 1998;39(1):57 - 58.

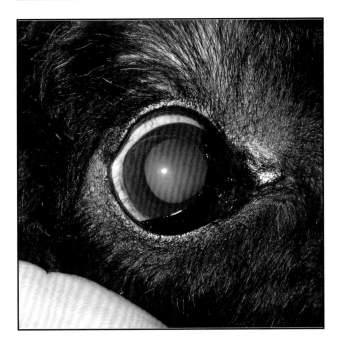

图122.1 原发性（大疱性）视网膜脱落相关眼部异常。如图所示，大疱性视网膜脱落通常可通过简单的外部检查进行诊断。

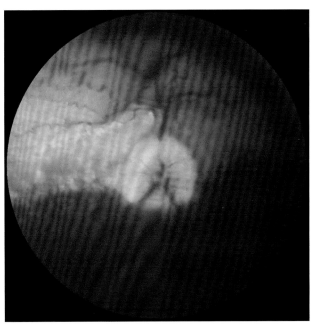

图122.2 原发性（大疱性）视网膜脱落相关眼底病变（一）。

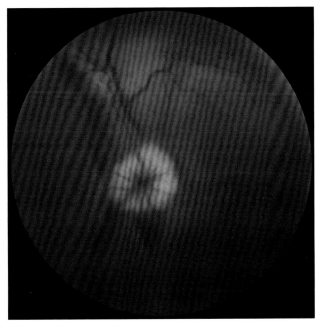

图122.3 原发性（大疱性）视网膜脱落相关眼底病变（二）。

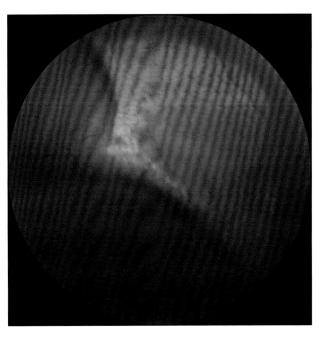

图122.4 原发性（大疱性）视网膜脱落相关眼底病变（三）。

第123章　孔源性视网膜脱落

疾病简介

孔源性视网膜脱落，即因视网膜组织破损导致视网膜神经感觉层与其下层的视网膜色素上皮细胞发生分离。孔源性视网膜脱落可能是：

- 原发性（自发）——脱落常见于视网膜睫状体缘，通常与玻璃体视网膜变性有关
- 继发性——由炎症和／或创伤导致的视网膜脱落

临床症状可能包括瞳孔扩大（对光缩瞳反应不明显），玻璃体变性，成疝和／或出血性视觉障碍和／或失明。眼底检查可能可以观察到视网膜撕裂和／或视网膜皱褶；然而通过眼底检查准确地观察到这些病变通常具有一定的挑战性。症状可能是单侧或者双侧。易患犬种包括西施犬、比熊犬、意大利犬、灵缇犬、约克夏狸犬、杰克罗素犬和拉布拉多寻回犬。

诊断和治疗

孔源性视网膜脱落的诊断基于临床发现（包括眼底检查），如有必要可使用B超进行支持诊断。药物治疗不大可能治愈孔源性视网膜脱落。如果患病动物在近期发病并且尚未出现明显的继发性并发症，则可考虑以下手术方法：

- 经瞳孔激光"屏障"视网膜手术——最适合有限病理的病例，如小型撕裂或小孔，或地图样视网膜发育不良相关性病变
- 视网膜完全复位，通常包括内窥镜视网膜固定，玻璃体摘除和硅油置换

参考文献

[1] Grahn BH, Barnes LD, Breaux CB, Sandmeyer LS. Chronic retinal detachment and giant retinal tears in 34 dogs: outcome comparison of no treatment, topical medical therapy, and retinal reattachment after vitrectomy. Can Vet J 2007;48(10):1031 – 1039.

[2] Papaioannou NG, Dubielzig RR. Histopathological and immunohistochemical features of vitreoretinopathy in Shih Tzu dogs. J Comp Pathol 2013;148(2 – 3):230 – 235. DOI: 10.1016/j.jcpa.2012.05.014. Epub 2012 Jul 20. Steele KA, Sisler S, Gerding PA. Outcome of retinal reattachment surgery in dogs: a retrospective study of 145 cases. Vet Ophthalmol 2012;15(Suppl 2):35 – 40. DOI: 10.1111/j.1463–5224.2012.01009.x. Epub 2012 Mar 29.

[3] Vainisi SJ, Wolfer JC. Canine retinal surgery. Vet Ophthalmol 2004;7(5):291 – 306. Complete retinal reattachment, typically encompassing endoscopic retinopexy, vitrectomy, and silicone oil exchange.

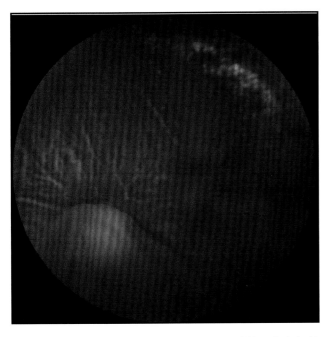

图123.1 完全外周孔源性脱离，视神经网膜被固定在视神经头周围（有时称为悬挂面纱脱离）（一）。

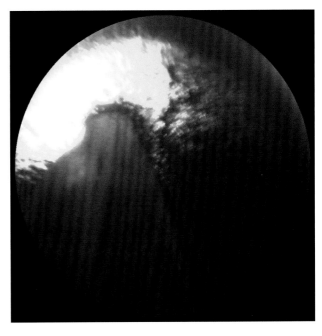

图123.2 完全外周孔源性脱离，视神经网膜被固定在视神经头周围（有时称为悬挂面纱脱离）（二）。

图123.3 视网膜脱离，可见视网膜存在一个很大的裂孔。

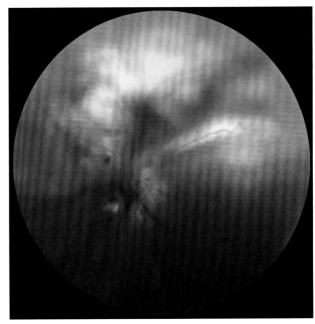

图123.4 视网膜脱离，可见视网膜存在一个较小的裂孔。

第124章 脉络膜视网膜淋巴瘤

疾病简介

一些影响葡萄膜后段的淋巴瘤的病例中，患病动物在产生全身性症状之前可能首先出现眼部病变，但眼部病变和全身性肿瘤同时出现的情况最为常见。患病动物可能一只或两只眼睛受淋巴瘤影响，两只眼睛受影响的情况更为常见。相关的眼部病变可能包括视力缺陷，前或全葡萄膜炎、视网膜出血和／或脱落和／或青光眼（另见"猫脉络膜视网膜炎"，"犬脉络膜视网膜炎"，"葡萄膜淋巴瘤"）。全身症状可能包括体重降低，昏睡，食欲不振，胃肠不适，发热，淋巴结肿大，器官肿大，高钙血症和／或贫血。任意品种的犬和猫都可能患该病。

诊断和治疗

淋巴瘤的诊断需要结合临床表现，影像学辅助诊断，细胞学／组织学评估，聚合酶链反应试验（样品可通过房水穿刺获取）以及淋巴结和／或器官抽吸／活检。治疗包括局部抗炎治疗（通常使用皮质类固醇药物）以及全身性化学疗法。相关的眼科病变，如眼内压升高，也需要合理的治疗。开始全身性化疗之前需对肿瘤进行分期评估，所需的检测包括局部淋巴结（和／或器官／骨髓）抽吸，三视图X射线照相和全血球细胞计数（CBC）／生化检查。建议为患猫做传染性病毒（如猫免疫缺陷病毒，猫白血病病毒，猫传染性腹膜炎病毒）的诊断测试。个体化疗方案最好是由兽医肿瘤专科医师制定，典型的化疗方案一般包括泼尼松，长春新碱，环磷酰胺和／或阿霉素。

药物潜在不良反应

全身性皮质类固醇药物可能造成多食、多饮、多尿，毛皮改变，体重增加，胰腺炎，胃肠不适，肌肉损伤，肝损伤，糖尿病。长春新碱可能造成口腔炎，胃肠不适，神经疾病，肝病以及骨髓抑制。环磷酰胺可能造成胃肠不适，胰腺炎，肝中毒和骨髓抑制。阿霉素可能造成过敏反应，胃肠不适，心脏功能紊乱和骨髓抑制。

预后取决于治疗开始前肿瘤的严重程度。

参考文献

[1] Massa KL, Gilger BC, Miller TL, Davidson MG. Causes of uveitis in dogs: 102 cases (1989–2000). Vet.

[2] Ophthalmol 2002;5(2):93–98.

[3] Nerschbach V, Eule JC, Eberle N, Höinghaus R, Betz D. Ocular manifestation of lymphoma in newly diagnosed cats. Vet Comp Oncol 2013. DOI: 10.1111/vco.12061.

[4] Ota-Kuroki J, Ragsdale JM, Bawa B, Wakamatsu N, Kuroki K. Intraocular and periocular lymphoma in dogs and cats: a retrospective review of 21 cases (2001–2012). Vet Ophthalmol 2013. DOI: 10.1111/vop.12106.

[5] Rutley M, MacDonald V. Managing the canine lymphosarcoma patient in general practice. Can Vet J 2007;48(9):977–979.

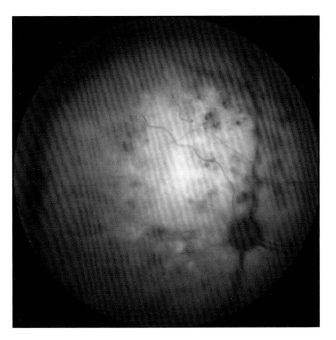

图124.1　脉络膜视网膜淋巴瘤相关眼底病变，包括脉络膜视网膜炎，渗出，视网膜下浸润和出血（一）。

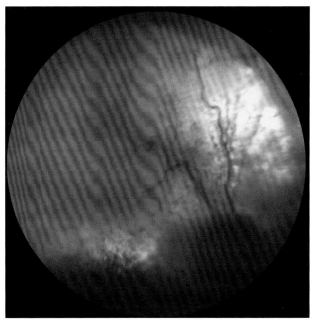

图124.2　脉络膜视网膜淋巴瘤相关眼底病变，包括脉络膜视网膜炎，渗出，视网膜下浸润和出血（二）。

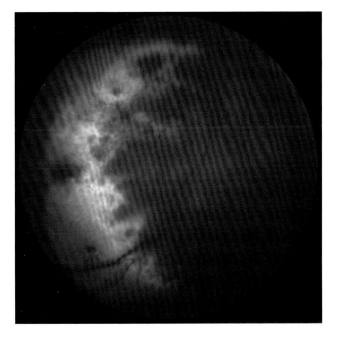

图124.3　脉络膜视网膜淋巴瘤相关眼底病变，包括脉络膜视网膜炎，渗出，视网膜下浸润和出血（三）。

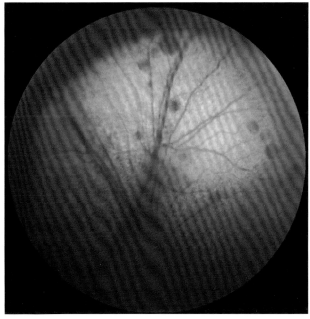

图124.4　脉络膜视网膜淋巴瘤相关眼底病变，包括脉络膜视网膜炎，渗出，视网膜下浸润和出血（四）。

第125章　骨髓瘤

疾病简介

　　浆细胞肿瘤性增生可能导致单个或多个浆细胞瘤（通常骨和／或软组织）以及多发性骨髓瘤（通常影响骨髓以及导致全身症状包括昏睡、不适、骨质溶解、病理性骨折和／或肾脏功能紊乱）。眼部病变可能包括视力缺陷，前葡萄膜炎，脉络膜视网膜炎，视网膜出血，视网膜脱落和／或继发性青光眼。辅助性实验室检测异常发现可能包括高球蛋白血症，贫血，血小板减少，中性粒细胞减少症和／或高钙血症。易患犬种包括可卡犬，德国牧羊和拳师犬。

诊断和治疗

　　骨髓瘤的诊断基于临床发现以及血清电泳和／或骨髓评估。治疗包括手术切除（如果情况允许）以及个体病例特定化学疗法和／或辐射疗法。普遍使用的化疗药物包括泼尼松、美法仑和环磷酰胺。

参考文献

[1] Breuer W,Colbatzky F, Platz S,Hermanns W. Immunoglobulin-producing tumours in dogs and cats.JCompPathol 1993;109(3):203 - 216.

[2] Hendrix DV, Gelatt KN, Smith PJ, Brooks DE, Whittaker CJ, Chmielewski NT. Ophthalmic disease as the presenting complaint in five dogs with multiple myeloma. J AmAnimHosp Assoc 1998;34(2):121 - 128.

[3] Patel RT, Caceres A, French AF, McManus PM. Multiple myeloma in 16 cats: a retrospective study. Vet Clin Pathol 2005;34(4):341 - 352.

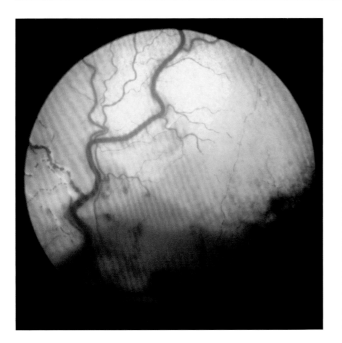

图125.1　多发性骨髓瘤相关眼底病变包括脉络膜视网膜炎，渗出，出血和视神经乳头炎，可见血管充血（一）。

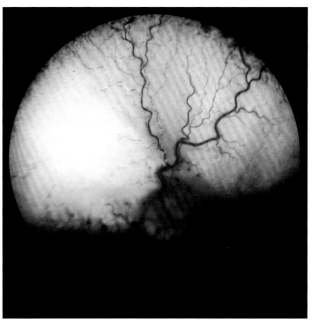

图125.2　多发性骨髓瘤相关眼底病变包括脉络膜视网膜炎，渗出，出血和视神经乳头炎，可见血管充血（二）。

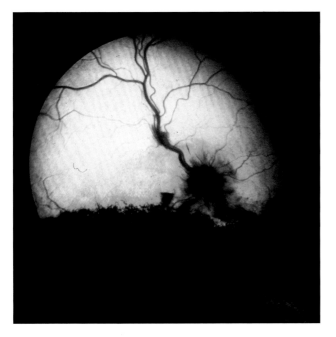

图125.3　多发性骨髓瘤相关眼底病变包括脉络膜视网膜炎，渗出，出血和视神经乳头炎（一）。

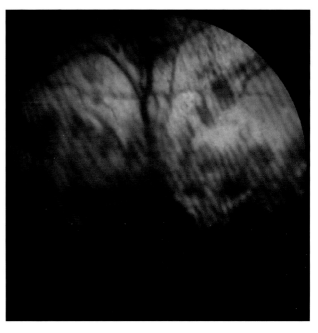

图125.4　多发性骨髓瘤相关眼底病变包括脉络膜视网膜炎，渗出，出血和视神经乳头炎（二）。

第8部分

眼球和眼眶疾病

第126章　小眼

疾病简介

先天性小眼即眼球小于正常体积，患病动物通常伴有小睑裂和眼眶。不同病例中，该病差异程度很大：有些患病动物的眼球体积可能只是轻微减小，但功能正常；极少的患病动物表现为无眼，即眼部组织完全缺失。病变通常是双侧的。易患品种包括柯利系列品种的犬，特别是粗毛牧羊犬。

诊断和治疗

小眼的诊断基于临床表现，如有必要可使用B超进行支持诊断。主要鉴别诊断为眼球痨（另见"眼球痨"），和先天性小眼不同，眼球痨是由先前的眼部炎症所导致的。小眼不存在任何治疗方法；然而如果小眼患病动物出现白内障，如有需要则可通过手术切除。在严重病例中，继发性结膜炎可能需要使用局部抗炎药进行药物治疗或通过手术治疗将残留的眼部组织摘除。

参考文献

[1] Dell M. Severe bilateral microphthalmos in a Pomeranian pup. Can Vet J 2010;51(12):1405－1407.

[2] Gelatt KN, Samuelson DA, Barrie KP, Das ND, Wolf ED, Bauer JE, Andresen TL. Biometry and clinical characteristics of congenital cataracts and microphthalmia in the Miniature Schnauzer. J AmVet Med Assoc 1983;183(1):99－102.

[3] Kern TJ. Persistent hyperplastic primary vitreous andmicrophthalmia in a dog. J AmVetMedAssoc 1981;178(11):1169－1171.No abstract available.

[4] PriesterWA.Congenital ocular defects in cattle, horses, cats, and dogs.JAmVetMedAssoc 1972;160(11):1504－1511.No abstract available.

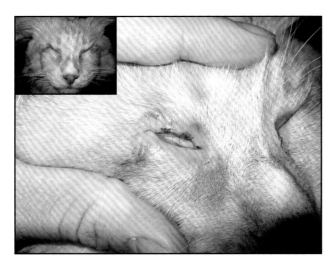

图126.1　先天性小眼临床发现（一）。插图显示双侧病变。

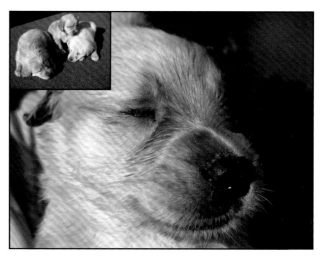

图126.2　先天性小眼临床发现（二）。插图为多个同窝出生的患先天性小眼的幼犬。

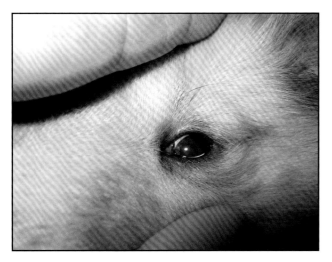

图126.3　先天性小眼临床发现（三）。

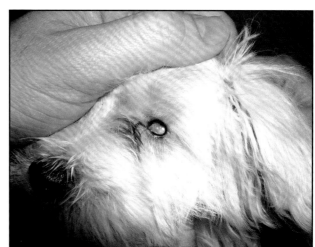

图126.4　先天性小眼临床发现（四）。

第127章　眼球痨

疾病简介

眼球痨病即眼球萎缩，通常是由严重的和／或慢行眼内炎症、感染、眼房水渗漏和／或创伤引起。临床上，受影响的眼球失明，可能表现为体积减小、角膜纤维化、葡萄膜粘连、白内障和／或视网膜脱落。任何品种的犬和猫都可能患病。

诊断和治疗

眼球痨的诊断基于临床发现，如有必要可使用B超进行支持诊断。主要鉴别诊断为先天性小眼（另见"先天性小眼"）。若患病动物没有任何不适，则无需治疗；若患病动物出现继发结膜炎，则需药物治疗；如果患病动物随后继发严重的炎症、感染和／或眼部出现不适症状可进行眼球摘除。

参考文献

[1] Busse C, Hartley C, Kafarnik C, Pivetta M. Ocular alkaline injury in four dogs—presentation, treatment, and follow-up—a case series. Vet Ophthalmol 2014. DOI: 10.1111/vop.12171.

[2] Duke FD, Strong TD, Bentley E, Dubielzig RR. Canine ocular tumors following ciliary body ablation with intravitreal gentamicin. Vet Ophthalmol 2013;16(2):159–162. DOI: 10.1111/j.1463-5224.2012.01050.x. Epub 2012 Jul 19.

[3] van der Woerdt A, Nasisse MP, Davidson MG. Lens-induced uveitis in dogs: 151 cases (1985–1990). J Am Vet Med Assoc 1992;201(6):921–926.

图|127.1　眼球痨的相关临床发现，该犬的眼球痨是由先前的眼内炎症引起的（一）。

图|127.2　眼球痨的相关临床发现，该犬的眼球痨是由先前的眼内炎症引起的（二）。

图|127.3　眼球痨的相关临床发现，该犬的眼球痨是由先前的眼内炎症引起的（三）。

图|127.4　眼球痨的相关临床发现，该犬的眼球痨是由先前的眼内炎症引起的（四）。

第128章　眼眶蜂窝组织炎

疾病简介

眼眶蜂窝组织炎（和／或囊肿）即任何眼周组织的炎症。临床发现可能包括眼睑痉挛、结膜炎、结膜水肿、第三眼睑抬高、眼部出现分泌物、眼球偏离于正常位置、继发性暴露性角膜炎、眼周肿胀／波动和／或下颌支对发炎的眼球后软组织的压力造成口腔打开困难。症状通常发展较快（几天的时间）。这一过程可能是由创伤、穿透性伤口、邻近组织炎症／感染的蔓延（如牙齿疾病）、异物和／或肿瘤的存在（另见"眼眶异物"和"眼球后肿瘤"）。任意组织的犬和猫都可患病。

诊断和治疗

患眼眶蜂窝组织炎的患病动物会感到不适，使得评估这一疾病变得困难。患病动物通常需要镇静或麻醉后才能对受影响的结构做一个全面的检查。诊断需结合临床发现和其他附加诊断包括全血球细胞计数（CBC）／生化检查、超声检查、X射线照相和／或磁共振成像。诊断样本可能支持临床发现，例如，若怀疑存在传染性微生物，则可做微生物培养和药敏试验以及选取合适的病灶做细胞学（细针抽吸活检）和／或组织病理学（活检）检查。治疗包括：若患病动物出现囊肿则需要建造引流，以及建立全身性抗菌（广谱）和抗炎治疗。若不存在用药禁忌，抗炎治疗通常使用皮质类固醇。

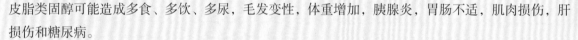

药物潜在临床表现

皮脂类固醇可能造成多食、多饮、多尿，毛发变性，体重增加，胰腺炎，胃肠不适，肌肉损伤，肝损伤和糖尿病。

可考虑使用局部润滑药剂（如有需要）和／或暂时缝合眼睑来保护角膜以防止发生暴露性角膜炎。患病动物在完全愈合前需佩戴伊丽莎白圈以防止自发损伤。

参考文献

[1] Armour MD, Broome M, Dell'Anna G, Blades NJ, Esson DW. A review of orbital and intracranial magnetic resonance imaging in 79 canine and 13 feline patients (2004 - 2010). Vet Ophthalmol 2011;14(4):215 - 226. DOI: 10.1111/j.1463–5224.2010.00865.x. Epub 2011 Apr 18.

[2] Dennis R. Use of magnetic resonance imaging for the investigation of orbital disease in small animals. J Small Anim Pract 2000;41(4):145 - 155.

[3] Tovar MC, Huguet E, Gomezi MA. Orbital cellulitis and intraocular abscess caused by migrating grass in a cat. Vet Ophthalmol 2005;8(5):353 - 356.

[4] Wang AL, Ledbetter EC, Kern TJ. Orbital abscess bacterial isolates and in vitro antimicrobial susceptibility patterns in dogs and cats. Vet Ophthalmol 2009;12(2):91 - 96. DOI: 10.1111/j.1463–5224.2008.00687.x.

图128.1　眼眶蜂窝组织炎相关临床表现（一）。

图128.2　眼眶蜂窝组织炎相关临床表现（二）。

图128.3　眼眶蜂窝组织炎相关临床表现。插图显示了邻近眼部的口腔病变（一）。

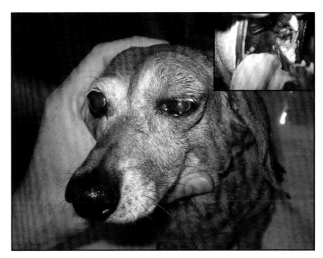

图128.4　眼眶蜂窝组织炎相关临床表现。插图显示了邻近眼部的口腔病变（二）。

第129章　眼外肌炎

疾病简介

眼外肌炎描述了一种影响眼外肌肉原发性（淋巴细胞介导）炎症的过程。临床症状包括急性发作的双侧对称性眼球突出。虽然病灶外观令人惊讶，但是患病动物通常保有正常的视觉功能、正常的血压，无明显不适。年幼大型犬易患该病，特别是金毛犬。

诊断和治疗

诊断基于临床表现，眼球外肌肉肿胀造成的眼球突出是该病典型的临床表现。很少对受影响的肌肉进行活检，因为很有可能造成严重的医源性创伤和后续的纤维化形成。与眼眶肌炎相反，眼外肌炎通常不会检测到针对2M型纤维的抗体。慢性或未经治疗的病例可能发展继发性眼外肌肉纤维化，导致严重的斜视。治疗保罗全身性免疫抑制疗法，通常包括皮质类固醇、咪唑硫嘌呤和／或环孢霉素。一旦症状得到控制，用药剂量通常可以逐渐减少；然而许多病例需要长期用药。

药物潜在不良反应

全身性皮脂类固醇可能造成多食、多饮、多尿，毛发变性，体重增肌，胰腺炎，肠炎，肌肉损伤，肝损伤和糖尿病。咪唑硫嘌呤可能造成胃肠不适，胰腺炎，肝中毒和骨髓抑制。环孢霉素可能造成过敏反应和胃肠不适。

参考文献

[1] Allgoewer I, Blair M, Basher T, Davidson M, Hamilton H, Jandeck C, Ward D, Wolfer J, Shelton GD. Extraocular muscle myositis and restrictive strabismus in 10 dogs. Vet Ophthalmol 2000;3(1):21－26.

[2] Carpenter JL, Schmidt GM, Moore FM, Albert DM, Abrams KL, Elner VM. Canine bilateral extraocular polymyositis. Vet Pathol 1989;26(6):510－512.

[3] Williams DL (2008) Extraocular myositis in the dog. Vet Clin North Am Small Anim Pract 38(2):347－359, vii. doi: 10.1016/j.cvsm.2007.11.010. Review.

图129.1 眼外肌炎相关临床表现（一）。

图129.2 眼外肌炎相关临床表现（二）。

图129.3 眼外肌炎相关临床表现（三）。

图129.4 眼外肌炎相关临床表现（四）。

第130章 颧骨腺炎

疾病简介

　　颧骨腺炎（和／或相关的颧骨腺黏液囊肿）描述了一种影响颧骨腺的炎症过程。潜在病因包括细菌感染、免疫介导炎症和／或创伤。临床上，患病动物可能表现结膜炎、眼部出现分泌物、第三眼睑抬高、眼球突出、眼球偏移和／或张口困难。易患犬种包括拉布拉多寻回犬和金毛犬。

诊断和治疗

　　颧骨腺炎的诊断基于临床发现，眼部磁共振成像，通过对受影响的组织进行细针抽吸或活检获得的样品进行细胞学或组织学评估。颧骨腺炎的鉴别诊断包括眼眶蜂窝组织炎和肿瘤（包括来源于颧骨腺自身的肿瘤）（另见"眼眶蜂窝组织炎"和"眼球后肿瘤"）。治疗可能包括药物治疗（全身性抗菌和抗炎治疗）和／或手术切除受影响的组织。

参考文献

[1] Adams P, Halfacree ZJ, Lamb CR, Smith KC, Baines SJ. Zygomatic salivary mucocoele in a Lhasa apso following maxillary tooth extraction. Vet Rec 2011;168(17):458. DOI: 10.1136/vr.c6878. Epub 2011 Mar 17.

[2] Bartoe JT, Brightman AH, Davidson HJ. Modified lateral orbitotomy for vision-sparing excision of a zygomatic mucocele in a dog. Vet Ophthalmol 2007;10(2):127‑131.

[3] Boland L, Gomes E, Payen G, Bouvy B, Poncet C. Salivary gland diseases in the dog: three cases diagnosed by MRI. J Am Anim Hosp Assoc 2013;49(5):333‑337. DOI: 10.5326/JAAHA-MS-5882. Epub 2013 Jul 16.

[4] McGill S, Lester N, McLachlan A, Mansfield C. Concurrent sialocoele and necrotising sialadenitis in a dog. J Small Anim Pract 2009;50(3):151‑156. DOI: 10.1111/j.1748-5827.2009.00706.x.

[5] Philp HS, Rhodes M, Parry A, Baines SJ (2012) Canine zygomatic salivary mucocoele following suspected oropharyngeal penetrating stick injury. Vet Rec 171(16):402. doi: 10.1136/vr.100892. Epub 2012 Aug 18.

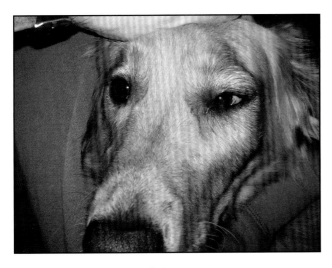

图130.1　颧骨腺炎典型临床表现（一）。

图130.2　颧骨腺炎典型临床表现（二）。

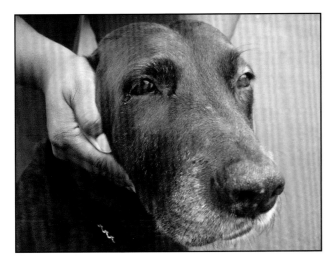

图130.3　颧骨腺炎典型临床表现（三）。

图130.4　颧骨腺炎典型临床表现（四）。

第131章 眼眶脂肪垫脱出

疾病简介

有时，在犬中可见眼眶脂肪垫部分脱出，而在猫中很少见。脂肪脱出是由先天性或创伤性眼眶软组织无力导致的。临床上，脂肪脱出表现为一个光滑、粉色至奶油色、波动的无痛性肿胀，邻近眼球。任何针对眼球的机械性操作可能使症状加重。临床症状通常局限于一侧眼部。任何品种的犬和猫都可能患病。

诊断和治疗

眼眶脂肪脱出的暂时性诊断基于临床发现。对细针抽吸或活检所得的代表样品做细胞学或组织学评估可帮助确诊。眼眶脂肪脱出的主要鉴别诊断为肿瘤，特别是良性蛰伏脂瘤。术后护理包括常规全身性和／或局部抗菌和／或抗炎治疗，患病动物需佩戴伊丽莎白圈以防止自体损伤。

参考文献

[1] Boydell P, Paterson S, Pike R. Orbital fat prolapse in the dog. J Small AnimPract 1996;37(2):61–63.

[2] Cho J. Surgery of the globe and orbit. Top Companion Anim Med 2008;23(1):23–37. DOI: 10.1053/j.ctsap.2007.12.004.

[3] McNab AA. Subconjunctival fat prolapse. Aust N Z J Ophthalmol 1999;27(1):33–36.

[4] Ravi M, Schobert CS, Kiupel M, Dubielzig RR. Clinical, morphologic, and immunohistochemical features of canine orbital hibernomas. Vet Pathol 2014;51(3):563–568. DOI: 10.1177/0300985813493913. Epub 2013 Jun 21.

图131.1　眼眶脂肪脱出相关临床表现（一）。

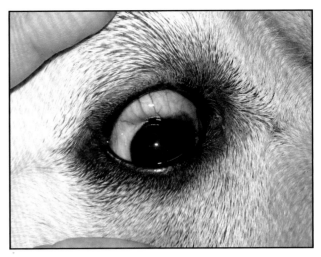

图131.2　眼眶脂肪脱出相关临床表现（二）。

图131.3　眼眶脂肪脱出相关临床表现（三）。

图131.4　眼眶脂肪脱出相关临床表现（四）。

第132章　眼眶异物

疾病简介

　　眼眶由与眼球相邻的颅骨、颞肌、咬肌和翼肌以及眼周筋膜组成。异物可能进入眼眶，常见异物包括植物性异物（特别是可从口腔进入眼眶的眼球后"刺伤"，以及从结膜穹隆进入眼眶的"狐尾草"）和金属异物（特别是气枪子弹）。临床症状可能包括眼睑痉挛、结膜炎、结膜水肿、第三眼睑抬高、眼部出现分泌物、眼球偏离与正常位置、继发性暴露性角膜炎和／或眼周肿胀。症状发展相对迅速（几小时至几天），普遍只影响一侧眼部。

诊断和治疗

　　受眼眶异物影响的患病动物通常会感到不适，这使异物的评估具有挑战性。通常需要对患病动物进行镇静或麻醉患病动物，才能对受影响的组织结构做一个全面的检查。诊断基于临床发现以及其他辅助诊断包括对受影响的组织进行B超、X射线照相和／或磁共振成像。成功鉴别植物性异物较为困难，磁共振成像是鉴别植物性异物最有效的诊断，有时甚至需要手术探查。金属性异物的鉴别相对容易，常规影像学检查便可确诊。鉴别诊断包括眼眶组织蜂窝炎和眼球后肿瘤（另见眼眶组织蜂窝炎和眼球后肿瘤）。治疗包括移除反应性或有机异物（若存在脓肿则需建立引流）以及全身（广谱）抗菌和抗炎治疗。抗炎治疗通常使用皮质类固醇。是否需要角膜巩膜修复和／或晶状体牵张创伤严重程度。患有严重创伤或表现内皮炎的眼球的患病动物（另见"眼内炎／全眼球炎"）可能要实施眼球摘除手术。

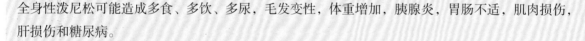

药物潜在不良反应

全身性泼尼松可能造成多食、多饮、多尿，毛发变性，体重增加，胰腺炎，胃肠不适，肌肉损伤，肝损伤和糖尿病。

　　可考虑使用局部润滑药剂（如有需要）和／或暂时缝合眼睑来保护角膜以防止暴露性角膜炎的继发。患病动物在完全愈合前需佩戴伊丽莎白圈以防止自体损伤。

参考文献

[1] Håkansson NW, Håkansson BW. Transfrontal orbitotomy in the dog: an adaptable three-step approach to the orbit. Vet Ophthalmol 2010;13(6):377 - 383. DOI: 10.1111/j.1463-5224.2010.00830.x.

[2] Welihozkiy A, Pirie CG, Pizzirani S. Scleral and suprachoroidal foreign body in a dog—a case report. Vet Ophthalmol 2011;14(5):345 - 351. DOI: 10.1111/j.1463-5224.2011.00922.x. Epub 2011 Jul 12.

[3] Woolfson JM, Wesley RE. Magnetic resonance imaging and computed tomographic scanning of fresh (green) wood foreign bodies in dog orbits. Ophthal Plast Reconstr Surg 1990;6(4):237 - 240.

图132.1　由金属气枪子弹引起的穿透性眼眶和眼部创伤临床表现。

图132.2　草芒嵌入眼眶组织引起的眼部异常临床表现。

图132.3　口腔（植物性异物）穿透性创伤相关的眼部异常临床表现。

图132.4　猫爪嵌入巩膜和眼眶组织引起的眼部异常临床表现。

第133章 眼内炎／全眼球炎

疾病简介

眼内炎描述了一种眼内部组织的炎症。全眼球炎描述了一种眼内部组织以及外层结构的炎症。全眼球炎通常与邻近的眼眶组织炎症有关。造成眼内炎和全眼球炎的因素可能包括创伤、感染（外部感染或内部感染）、穿透性伤口、异物、术后并发症、肿瘤扩散或其他眼部结构的炎症蔓延例如晶状体或葡萄膜。患病动物可能表现眼睑痉挛、结膜炎、结膜水肿、眼周肿胀、第三眼睑抬高、眼部出现分泌物角膜炎和／或临床上明显可见的葡萄膜炎／脉络膜视网膜炎。

诊断和治疗

受眼内炎／全眼炎影响的患病动物通常伴有不适感，因此患病动物的评估具有挑战性。通常需要对患病动物进行镇静或麻醉，才能全面系统地检查受影响的组织结构。诊断基于临床发现以及（如有需要）全血球细胞计数（CBC）／生化，针对受影响的组织进行超声、X射线照相和／或磁共振成像。如果怀疑病例存在感染性微生物，可做微生物培养和药敏试验，也可选取合适的病灶进行细胞学（细针抽吸）和／或组织病理学（活检）检查，以上诊断样本可能对临床发现起到支持作用。治疗包括建立引流（如果有脓肿形成）以及局部、结膜下、眼球内和／或全身（广谱）激进抗菌治疗。如果条件允许，全身抗炎疗法通常使用皮质类固醇。若患病动物的眼球患有严重和／或慢行炎性炎症，通常需要进行眼球摘除手术。

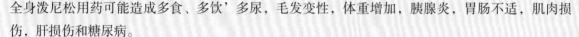

药物潜在不良反应

全身泼尼松用药可能造成多食、多饮'多尿，毛发变性，体重增加，胰腺炎，胃肠不适，肌肉损伤，肝损伤和糖尿病。

患病动物在治愈前需佩戴伊丽莎白圈以防止自体损伤。

参考文献

[1] Bell CM, Pot SA, Dubielzig RR. Septic implantation syndrome in dogs and cats: a distinct pattern of endophthalmitis with lenticular abscess. Vet Ophthalmol 2013;16(3):180‒185. DOI: 10.1111/j.1463‒5224.2012.01046.x. Epub 2012 Jul 19.

[2] Hendrix DV, Rohrbach BW, Bochsler PN, English RV. Comparison of histologic lesions of endophthalmitis induced by Blastomyces dermatitidis in untreated and treated dogs: 36 cases (1986‒2001). J AmVetMed Assoc 2004;224(8):1317‒1322.

[3] Ledbetter EC, Landry MP, Stokol T, Kern TJ, Messick JB. Brucella canis endophthalmitis in 3 dogs: clinical features, diagnosis, and treatment. Vet Ophthalmol 2009;12(3):183‒191. DOI: 10.1111/j.1463‒5224.2009.00690.x.

[4] Scott EM, Esson DW, Fritz KJ, Dubielzig RR. Major breed distribution of canine patients enucleated or eviscerated due to glaucoma following routine cataract surgery aswell as common histopathologic findings within enucleated globes. Vet Ophthalmol 2013;16(Suppl 1):64‒72. DOI: 10.1111/vop.12034. Epub 2013 Feb 13.

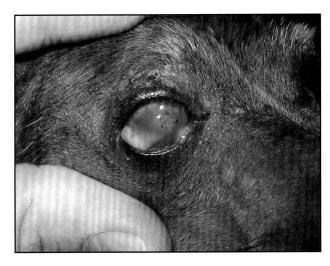

图133.1　眼内炎相关临床表现。

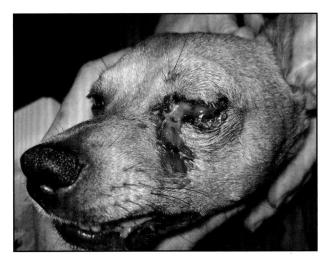

图133.2　全眼炎相关临床表现（一）。

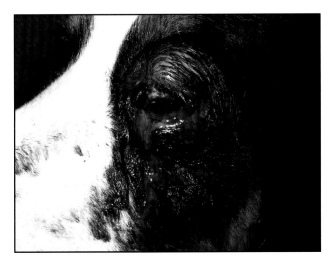

图133.3　全眼炎相关临床表现（二）。

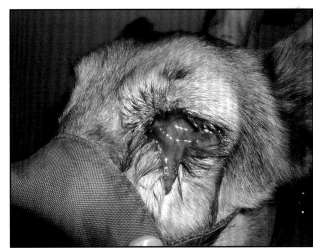

图133.4　全眼炎相关临床表现（三）。

第134章　眼球脱出

疾病简介

眼球脱出即眼球从眼眶内正常位置发生部分或完全前脱位，眼周组织严重肿胀导致眼球脱出也是一种常见的情况。其他相关症状包括结膜下出血、巩膜外层出血、眼前房出血和／或暴露性角膜疾病。

预后较差的指标包括：

- 多个眼球外肌肉撕裂
- 角膜巩膜破裂
- 眼前房积血

预后良好的指标包括：

- 动物颅骨为明显的短头颅构造
- 眼球脱位程度很小
- 缩瞳收缩和／或存在瞳孔对光反射

短头品种的犬最容易发生眼球脱出，特别是西施犬、哈巴犬和拉萨犬。

诊断和治疗

眼球脱出患病动物初步治疗为处理潜在危及生命的损伤以及稳定动物。受到严重创伤的眼球被挽救的可能性很小，需要考虑眼球摘除手术。患病动物处于麻醉状态时，在眼球复位之前需使用生理溶液润湿眼球表面。若眼睑肿胀严重，可能需要进行眦切开术才能将眼球复位。眼球复位后通常需要进行暂时性眼睑缝合，缝线需留于体内10~14d。应注意尽量避免磨损角膜，眼球复位后眼睑肿胀通常在几天之内消退。术后护理包括常规（全身性）抗菌、抗炎和疼痛管理。患病动物需佩戴伊丽莎白圈以防止自体损伤。眼球脱出复位的目的是尽可能保存眼球和正常视觉；然而也存在一些眼球得以保存但视力丢失的病例。眼球脱出的潜在并发症包括永久性斜视（通常是由于内直肌撕裂）、溃疡性角膜炎、干燥性角膜结膜炎（干眼症）、神经视网膜变性和／或眼球痨（另见"眼球痨"）。

参考文献

[1] Cho J. Surgery of the globe and orbit. Top Companion Anim Med 2008;23(1):23 - 37. DOI: 10.1053/j.ctsap.2007.12.004.

[2] Gilger BC, Hamilton HL, Wilkie DA, van der Woerdt A, McLaughlin SA, Whitley RD. Traumatic ocular proptoses in dogs and cats: 84 cases (1980 - 1993). J AmVet Med Assoc 1995;206(8):1186 - 1190.

[3] Mandell DC, Holt E. Ophthalmic emergencies. Vet Clin North Am Small Anim Pract 2005;35(2):455 - 480, vii - viii.

图134.1 眼球轻度至中度脱出的相关临床表现。

图134.2 眼球严重脱出的相关临床表现（一）。

图134.3 眼球严重脱出的相关临床表现（二）。

图134.4 非常严重的眼球脱出的相关临床表现。

第135章 外周神经鞘膜肿瘤

疾病简介

外周神经鞘膜肿瘤即神经周围结缔组织发生纺锤状肿瘤性增生。这些肿瘤包括神经鞘瘤、神经原性肉瘤、神经纤维瘤、神经纤维肉瘤，可能会影响多种软组织如眼眶、眼部及其附属结构。临床上，眼眶、结膜穹隆或眼睑会出现发展缓慢、结实、无痛性肿胀病灶。继发性结膜炎和／或眼球移位可能与肿瘤的发展有关。任何品种的犬和猫都可能患病。

诊断和治疗

外周神经鞘膜肿瘤的诊断需要结合临床发现和活检样本组织病理学判读。进一步评估病灶程度和局部组织涉及程度需要使用磁共振成像或计算机断层扫描。建议患病动物在开始治疗前做一个全面的肿瘤分期评估，评估所需检查包括胸腔X射线照相和局部淋巴结抽吸。治疗包括广泛手术切除（若可能），如有需要可在术后进行放射治疗、化学治疗和／或节拍疗法（结合使用非类固醇抗炎药和烷化剂抑制血管生长）。个体化疗方案最好是由兽医肿瘤专科医生制定，然而化疗方案通常是下列药物不同形式的结合：泼尼松、长春新碱、环磷酰胺和／或阿霉素。

药物潜在不良反应

全身泼尼松给药可能造成多食、多饮、多尿，毛发变性，体重增加，胰腺炎，胃肠不适，肌损伤，肝损伤和糖尿病。长春新碱可能造成口腔炎、胃肠不适、神经疾病、肝脏疾病和骨髓抑制。环磷酰胺可能造成胃肠不适、胰腺炎、肝中毒和骨髓抑制。阿霉素可能造成过敏反应，胃肠不适，心功能紊乱和骨髓抑制。

参考文献

[1] Evans PM, Lynch GL, Dubielzig RR. Anterior uveal spindle cell tumor in a cat. Vet Ophthalmol 2010;13(6):387–390. DOI: 10.1111/j.1463–5224.2010.00837.x.

[2] Hoffman A, Blocker T, Dubielzig R, Ehrhart EJ. Feline periocular peripheral nerve sheath tumor: a case series. Vet Ophthalmol 2005;8(3): 153–158.

[3] Newkirk KM, Rohrbach BW. A retrospective study of eyelid tumors from 43 cats. Vet Pathol 2009;46(5):916–927. DOI:10.1354/vp.08–VP–0205–N–FL. Epub 2009 May 9.

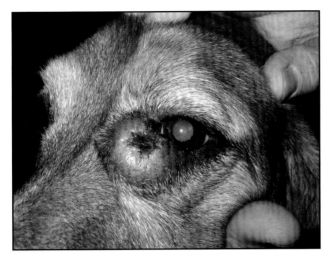

图135.1　外周神经鞘膜肿瘤相关的临床表现（一）。

图135.2　外周神经鞘膜肿瘤相关的临床表现（二）。

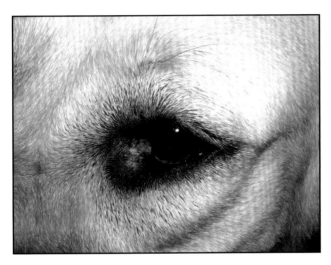

图135.3　外周神经鞘膜肿瘤相关的临床表现（三）。

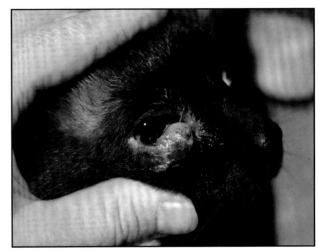

图135.4　外周神经鞘膜肿瘤相关的临床表现（四）。

第136章 眼球后肿瘤

疾病简介

眼球后肿瘤（与眼眶炎症有关或无关）并不罕见，大多数眼眶肿瘤是原发性或恶性肿瘤。常见的肿瘤种类包括恶性上皮肿瘤（鳞状上皮细胞癌和腺癌），肉瘤（梭细胞肉瘤、纤维肉瘤、血管内皮瘤、多叶形眼眶肉瘤、骨肉瘤和软骨肉瘤）、脑膜瘤和淋巴瘤。临床发现包括眼睑痉挛、结膜炎、结膜水肿、第三眼睑抬高和眼部出现分泌物、眼球脱离正常位置、继发性暴露性角膜炎、眼周肿胀／波动、张口困难和视力和／或神经功能缺损。症状通常发展相对较慢（数周至数月），大多数患病动物在病情发展到后期之前并无明显不适。患病动物通常是老年动物。任何品种的犬和猫都可能受到影响。

诊断和治疗

对于眼眶疾病探查有效的诊断方式包括X射线照相、B超、计算机断层扫描和／或磁共振成像。诊断基于细胞学或组织病理学评估，通常在影像学检查后通过细针抽吸或活检采集样本。主要鉴别诊断为眼眶炎症疾病（另见"眼眶蜂窝组织炎"和"颧骨腺炎"）。治疗可能需要结合手术切除（如果可能）（可能设计眼球摘除／眼内容物摘除手术）、全身性化学疗法和／或放射疗法，具体治疗方案取决于肿瘤的种类。若不存在用药禁忌，通常使用皮质类固醇类药物进行抗炎治疗。

药物潜在不良反应

全身性皮质类固醇给药可能造成多食、多饮、多尿，毛发变性，体重增加，胰腺炎，胃肠不适，肌损伤，肝损伤和糖尿病。

可考虑使用局部润滑药剂（如有需要）和／或暂时缝合眼睑来保护角膜以防止继发暴露性角膜炎。

参考文献

[1] Armour MD, Broome M, Dell'Anna G, Blades NJ, Esson DW. A review of orbital and intracranial magnetic resonance imaging in 79 canine and 13 feline patients (2004 - 2010). Vet Ophthalmol 2011;14(4):215 - 226. DOI: 10.1111/j.1463-5224.2010.00865.xEpub 2011 Apr 18.

[2] Attali-Soussay K, Jegou JP, Clerc B. Retrobulbar tumors in dogs and cats: 25 cases. Vet Ophthalmol 2001;4(1):19 - 27. Cho J. Surgery of the globe and orbit. Top Companion Anim Med 2008;23(1):23 - 37. DOI: 10.1053/j.ctsap.2007.12.004. Review.

[3] Hendrix DV, Gelatt KN. Diagnosis, treatment and outcome of orbital neoplasia in dogs: a retrospective study of 44 cases. J Small Anim Pract 2000;41(3):105 - 108.

[4] Mason DR, Lamb CR, McLellan GJ. Ultrasonographic findings in 50 dogs with retrobulbar disease. J Am Anim Hosp Assoc 2001; 37(6):557 - 562.

图136.1　眼球后肿瘤相关的临床表现（鳞状上皮细胞癌）。

图136.2　眼球后肿瘤相关的临床表现（腺癌）。

图136.3　眼球后肿瘤相关的临床表现（纤维肉瘤）。

图136.4　眼球后肿瘤相关的临床表现（骨肉瘤）。

第9部分

青光眼

第137章　先天性青光眼

病情简介

先天性青光眼描述了一种前房引流系统严重变形的疾病，具有遗传性和先天性（即出生就存在）。患病动物在幼年时期就表现严重的双侧眼部疾病（通常出现数周龄至数月龄）。症状包括角膜水肿，继发性溃疡性角膜炎，巩膜外层充血，牛眼，视神经损伤和／或失明。某些病例可能还伴有其他眼部异常。任何品种的犬和猫都可能受影响，然而该病并不常见。

诊断和治疗

虽然可以尝试对患病动物进行性治疗，但通常无法挽救视力，并且为了缓解动物疼痛最终需要手术治疗（眼球摘除，冷冻切除，巩膜内放置假体或化学性睫状体消融）。

参考文献

[1] Glaze MB. Congenital and hereditary ocular abnormalities in cats. Clin Tech Small Anim Pract 2005;20(2):74‐82.

[2] Reinstein S, Rankin A, Allbaugh R. Canine glaucoma: pathophysiology and diagnosis. Compend Contin Educ Vet 2009;31(10):450‐452; quiz 452‐453.

[3] StromAR, Hässig M, Iburg TM, Spiess BM. Epidemiology of canine glaucoma presented toUniversity of Zurich from1995 to 2009. Part 1:Congenital and primary glaucoma (4 and 123 cases). Vet Ophthalmol 2011;14(2):121‐126. DOI: 10.1111/j.1463‐5224.2010.00855.x.

图137.1　先天性青光眼相关的临床表现。注意该患病动物同时患有牛眼（一）。

图137.2　先天性青光眼相关的临床表现。注意该患病动物同时患有牛眼（二）。

图137.3　先天性青光眼相关的临床表现。注意该患病动物同时患有牛眼（三）。

图137.4　先天性青光眼相关的临床表现。注意该患病动物同时患有牛眼（四）。

第138章　原发性青光眼

疾病简介

原发性青光眼描述了一种由遗传因素导致的眼内压升高和/或视神经变性的疾病。尽管潜在病变（包括小梁网结构萎缩）的发展通常需要数年，但原发性青光眼的临床表现通常是非常急性的，大多数病例在睫状体裂塌陷数小时内出现青光眼症状。症状可能包括眼部不适，眼睑痉挛，角膜水肿，巩膜外层充血，第三眼睑抬高，缩瞳，牛眼（另见"牛眼"）。有研究提出原发性青光眼与许多犬品种都相关（以及有限数量的猫品种），特别常见于可卡犬，哈士奇，巴塞特犬，波士顿㹴犬，法兰德斯牧牛犬，西施犬，松狮犬和沙皮犬。

诊断和治疗

原发性青光眼的诊断需结合临床发现以及使用眼压计测量眼内压。使用眼压计测得准确的"数字"几乎是不可能的。辅助诊断包括进一步评估虹膜角膜角结构（通过"前房角镜检查"）和/或更深层的小梁网结构和睫状裂（使用高分辨率超声检查）。治疗方法是否有效取决于症状识别是否及时，通常包括通过静脉注射甘露醇快速降低眼内压（可能需要同时使用皮质类固醇抗炎药物）。当眼内压初步稳定后，可采取根治疗法，如结合药物治疗和/或降低眼房水产生和/或尽可能加快眼房水外流的手术。可能对治疗青光眼有效的药剂包括前列素类似物（拉坦前列素），碳酸酐酶抑制剂（多佐胺）和拟副交感神经兴奋药物（如地美溴铵）。为了控制眼内压以及防止后续视神经变性，可能需要长期药物辅助治疗。可利用药理性"神经保护作用"（使用潜在有利的抗炎药理，钙离子通道阻断剂和/或受体抑制剂）减缓视神经进行性损伤。若患病动物其中一只眼睛发展原发性青光眼，该患病动物的另一只眼后续很有可能发展类似疾病。需要采取安慰性手术处理不可逆性失明、疼痛和/或牛眼（眼球摘除，冷冻切除，巩膜内放置假体或化学性睫状体消融）。

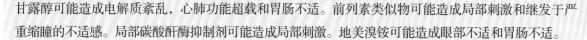

药物潜在不良反应

甘露醇可能造成电解质紊乱，心肺功能超载和胃肠不适。前列素类似物可能造成局部刺激和继发于严重缩瞳的不适感。局部碳酸酐酶抑制剂可能造成局部刺激。地美溴铵可能造成眼部不适和胃肠不适。

参考文献

[1] Sapienza JS, Simó FJ, Prades-Sapienza A. Golden Retriever uveitis: 75 cases (1994–1999). Vet Ophthalmol 2000;3(4):241–246.

[2] Townsend WM, Gornik KR. Prevalence of uveal cysts and pigmentary uveitis in Golden Retrievers in three Midwestern states. J AmVet Med Assoc 2013;243(9):1298–1301. DOI: 10.2460/javma.243.9.1298.

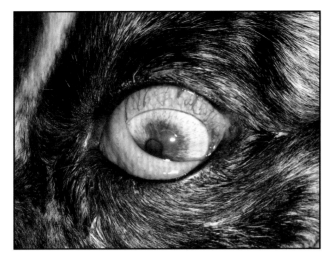

图138.1　原发性青光眼相关的临床症状。可见巩膜外层充血（一）。

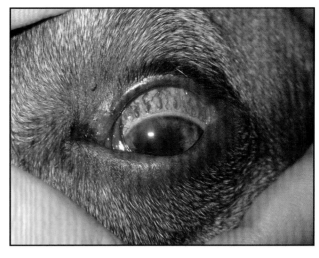

图138.2　原发性青光眼相关的临床症状。可见巩膜外层充血（二）。

图138.3　原发性青光眼相关的临床症状。可见角膜水肿。

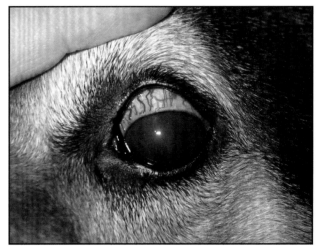

图138.4　原发性青光眼相关的临床症状。可见巩膜外层充血和角膜水肿。

第139章　继发性（炎症后）青光眼

疾病简介

继发性青光眼描述了一种由潜在眼部和/或全身性疾病引起的眼内压升高的疾病。引起继发性青光眼常见的因素包括晶状体（半）脱位（前脱位或后脱位），眼部和/或全身性肿瘤，严重或慢性葡萄膜炎，视网膜脱落，晶状体诱发性葡萄膜炎，虹膜膨隆，金毛犬相关性葡萄膜炎，葡萄膜皮肤综合征（另见"前晶状体脱位"，"后晶状体脱位"，"葡萄膜腺瘤/腺癌"，"葡萄膜黑素瘤"，"葡萄膜淋巴瘤"，"猫前葡萄膜炎"，"犬前葡萄膜炎"，"晶状体溶解性葡萄膜炎"，"晶状体裂伤性葡萄膜炎"，"金毛犬相关性葡萄膜炎和青光眼"及"葡萄膜皮肤综合征相关性葡萄膜炎"）。继发性青光眼可能呈急性/亚急性或慢性发展，可能影响一只或两只眼睛。症状可能包括眼部不适，眼睑痉挛，角膜水肿，巩膜外层充血，第三眼睑抬高，缩瞳或散瞳，葡萄膜炎，视力缺损和/或失明。慢性患病动物可能随着时间的推移逐渐出现牛眼征（另见"牛眼"）。

诊断和治疗

原发性青光眼的诊断需结合临床发现以及使用眼压计测量眼内压。使用眼压计测得准确的"数字"几乎是不可能的。辅助诊断包括使用B超进一步评估眼内结构。治疗方法是否有效取决于症状识别是否及时，通常通过静脉注射甘露醇快速降低眼内压（可能需要同时使用皮质类固醇抗炎药物）。若存在潜在病因，需对潜在病因进行针对性治疗，潜在病因包括眼部/全身性感染、免疫偏离、晶状体不稳定和/或肿瘤。如果存在或怀疑前晶状体脱位，应避免使用缩瞳药，因为缩瞳药可能会加重症状。当眼内压初步稳定后，可采取根治疗法，如结合药物治疗和/或实施降低眼房水产生和/或尽可能加快眼房水外流的手术。可能对治疗青光眼有效的药剂包括前列腺素类似物（拉坦前列素），碳酸酐酶抑制剂（多佐胺）和拟副交感神经兴奋药物（如地美溴铵）。为了控制眼内压以及防止后续视神经变性，可能需要长期药物辅助治疗。可利用药理性"神经保护作用"（使用潜在有利的抗炎药物，钙离子通道阻断剂和/或受体抑制剂）减缓视神经进行性损伤。需要采取安慰性手术处理不可逆性失明、疼痛和/或患牛眼的眼睛（眼球摘除，冷冻切除，巩膜内放置假体或化学性睫状体消融）。

药物潜在不良反应

甘露醇可能造成电解质紊乱，心肺功能超载和胃肠不适。前列腺素类似物可能造成局部刺激和继发于严重缩瞳的不适感。局部碳酸酐酶抑制剂可能造成局部刺激。地美溴铵可能造成眼部不适和胃肠不适。

参考文献

[1] Gelatt KN, MacKay EO. Secondary glaucomas in the dog in North America. Vet Ophthalmol 2004;7(4):245 – 259.

图139.1   由慢性淋巴浆细胞性葡萄膜炎引起的继发性青光眼的相关临床表现。

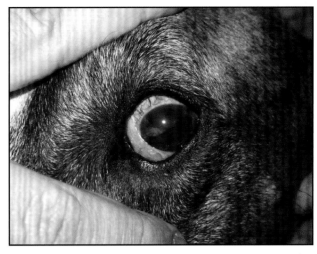

图139.2   由眼内肿瘤引起的继发性青光眼的相关临床表现。

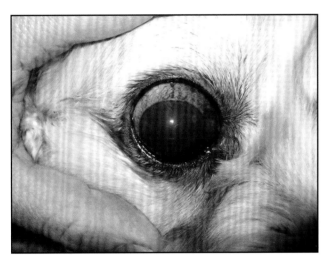

图139.3   由眼前房积血引起的继发性青光眼的相关临床表现。

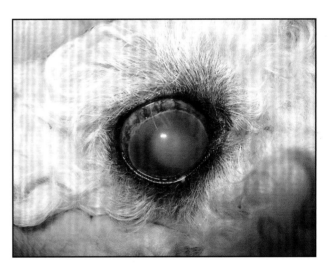

图139.4   由晶状体裂伤性葡萄膜炎引起的继发性青光眼的相关临床表现。

第140章　猫房水迷流综合征

病情简介

　　猫房水迷流综合征是猫一种特有的、房水积聚于玻璃体内导致的青光眼，怀疑该病与玻璃体前表面异常有关，该病也被称为恶性青光眼。该病所导致的病变包括玻璃体扩张，晶状体/虹膜膈向前移位，眼前房变浅，睫状裂塌陷和眼内压进行性升高。临床症状包括散瞳和瞳孔大小不等，眼部不适，视力缺损和/或失明。最终患病动物两只眼睛都受影响的情况最为普遍。任何品种都可能受影响。

诊断和治疗

　　猫房水迷流综合征的诊断基于临床发现（包括眼压计），如有必要可使用B超支持诊断。初步治疗包括使用局部碳酸酐酶抑制剂（多佐胺或布林佐胺）和/或缩瞳药（地美溴铵）进行药物治疗。

药物潜在不良反应

地美溴铵可能造成眼部不适和胃肠不适。局部碳酸酐酶抑制剂可能造成局部刺激。

　　眼内压进行性升高的患病动物可能需要手术治疗，如晶状体切除术、玻璃体切除术和/或睫状体光凝。

参考文献

[1] Blocker T, Van DerWoerdt A.The feline glaucomas: 82 cases (1995－1999). Vet Ophthalmol 2001;4(2):81－85.

[2] Czederpiltz JM, La Croix NC, van derWoerdt A, Bentley E, Dubielzig RR, Murphy CJ, Miller PE. Putative aqueous humor misdirection syndrome as a cause of glaucoma in cats: 32 cases (1997－2003). J AmVet Med Assoc 2005;227(9):1434－1441.

[3] Wilcock BP, Peiffer RL Jr, Davidson MG. The causes of glaucoma in cats. Vet Pathol 1990;27(1):35–40.

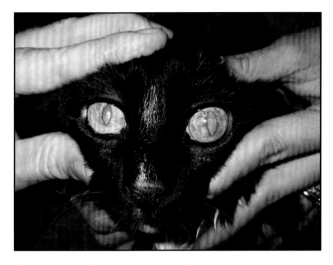

图140.1　猫房水迷流综合征相关临床表现。

图140.2　猫房水迷流综合征相关临床表现，可见瞳孔大小不等和眼前房变浅。

图140.3　猫房水迷流综合征相关临床表现，可见瞳孔大小不等。

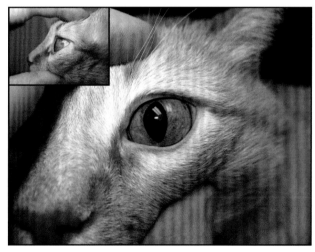

图140.4　猫房水迷流综合征相关临床表现。插图展示了眼前房变浅的症状。

第141章 着色性青光眼

疾病简介

着色性青光眼（也称为眼部黑色素沉着）描述了一种病理性眼内压升高的疾病，是由房水外流通道内含有黑色素的细胞增生和聚集造成的。有研究指出该病与遗传因素有关。症状通常影响两只眼睛，尽管通常不具有对称性。症状包括可见色素沉着于巩膜/巩膜外层、角膜和/或葡萄膜，以及角膜水肿，结膜痉挛，巩膜外层充血，视力缺损，失明和/或牛眼。易患犬种包括凯恩犬，拳师犬和拉布拉多寻回犬。

诊断和治疗

着色性青光眼的诊断需结合临床发现以及使用眼压计测量眼内压。典型病变包括不规则的、覆于睫状体上的、密集着色的巩膜组织。对摘除的组织进行组织病理学判读可以帮助确诊。患病动物的姑息性治疗方法包括药物和/或手术治疗眼内压升高。然而，不幸的是，随着疾病的发展，患病动物最终通常需要进行安慰性手术（眼球摘除，冷冻切除，巩膜内放置假体或化学性睫状体消融）。

参考文献

[1] Petersen-Jones SM, Forcier J,Mentzer AL. Ocular melanosis in the Cairn Terrier: clinical description and investigation ofmode of inheritance.Vet Ophthalmol 2007;10(Suppl 1):63–69.

[2] van de Sandt RR, Boevé MH, Stades FC, Kik MJ. Abnormal ocular pigment deposition and glaucoma in the dog. Vet Ophthalmol 2003;6(4):273–278.

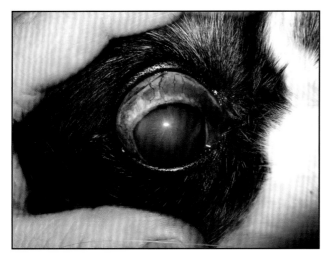

图141.1　着色性青光眼相关临床表现（一）。

图141.2　着色性青光眼相关临床表现（二）。

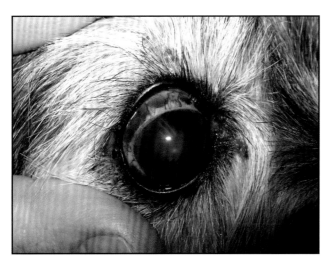

图141.3　着色性青光眼相关临床表现（三）。

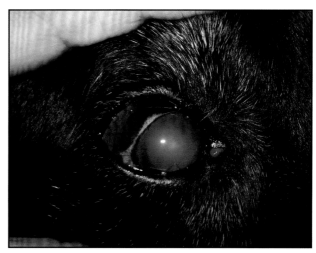

图141.4　着色性青光眼相关临床表现（四）。

第142章 金毛犬相关性葡萄膜炎和青光眼

疾病简介

人们发现越来越多的金毛犬存在一种眼部综合征，患该综合征的金毛犬出现缓慢进行性眼内病变，并且大多数患病动物最终会继发青光眼。这类综合征也被称为"色素性葡萄膜炎"，"金毛犬葡萄膜炎"和"金毛犬色素性和囊性青光眼"。临床表现可能包括结膜和／或巩膜外层充血，角膜代偿失调，眼前房或后房内形成薄壁葡萄膜囊肿，眼前房蛋白渗出，前和／或后虹膜粘连，色素散布于眼前房和／或附着于晶状体囊，白内障，眼前房积血和／或继发性青光眼。葡萄膜囊肿可能脱落并移动到眼前房，当葡萄膜位于眼前房时可能发生破裂并且依附于角膜内皮和／或虹膜表面或者在虹膜角膜角处发生萎缩和破裂。该综合征典型特点是前晶状体囊有色素沉着，通常呈辐射状分布。初始症状通常始于中等年龄的犬，病变通常影响两只眼睛，尽管并不总是具有对称性。该综合征的病因尚未明确，然而基于品种偏向以及缺乏明显的传染性或肿瘤因素，有人提出该病可能是由遗传因素导致的。

诊断和治疗

金毛犬相关性葡萄膜炎的诊断基于患病动物特征以及临床表现。该病通常采用经验性治疗，通常包括局部和／或全身性抗炎（类固醇或非类固醇），免疫介导（咪唑硫嘌呤或环孢霉素）以及抗青光眼药剂；然而患病动物最终通常会出现继发性青光眼。

药物潜在并发症

全身性皮质类固醇的使用可能会造成多食、多饮、多尿，毛皮改变，体重增加，胰腺炎，肠炎，肌肉损伤，肝脏损伤和糖尿病。咪唑硫嘌呤可能会造成胃肠不适，胰腺炎和肝中毒以及骨髓抑制。环孢霉素可能会造成过敏反应和胃肠不适。

若该病发展到后期，根据并发症的严重程度和频率，该类患病动物很有可能需要采用白内障或青光眼手术。最终，这类患病动物可能需要安慰手术（眼球摘除，冷冻手术，巩膜内假体放置或化学睫状体消融）以解决眼盲和／或眼睛的疼痛。

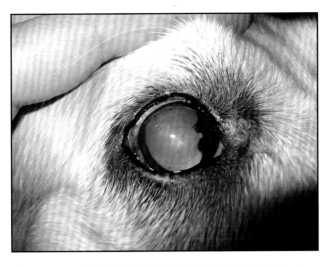

图142.1 金毛犬相关性色素性葡萄膜炎相关临床表现（一）。

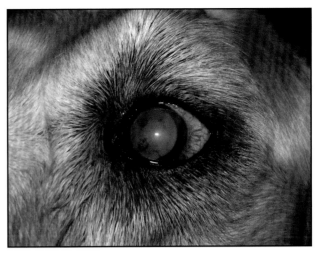

图142.2 金毛犬相关性色素性葡萄膜炎相关临床表现（二）。

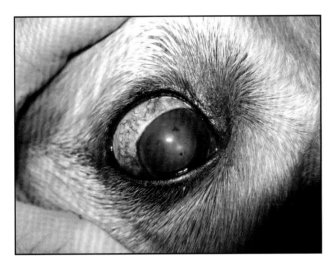

图142.3 金毛犬相关性色素性葡萄膜炎相关临床表现（三）。

图142.4 金毛犬相关性色素性葡萄膜炎相关临床表现，两只眼睛都受影响。

第143章　牛眼

疾病简介

　牛眼即眼球生理性扩大，是由眼内压严重升高引起的，导致眼内压升高的因素包括先天性、原发性或继发性疾病。牛眼不应与下列疾病相混淆：

- 眼球突出（眼眶中的眼球向前移位）
- 眼球脱出（眼球从眼眶脱离）
- 斜视（眼眶中的眼球发生偏离）
- 非牛眼性青光眼

通常情况下，牛眼表明动物存在慢性眼内压升高；然而在幼年动物中幼年型巩膜弹性减小会导致这些病变发展相对迅速。眼球扩大可能是牛眼唯一可观察到的症状，但也可能出现结膜炎、结膜痉挛，角膜内皮内可见泪液（"哈布纹"），角膜水肿，角膜疾病（包括溃疡），晶状体（半）脱位和/或眼球破裂。

诊断和治疗

　牛眼通常意味着失明，继发于慢性眼部疾病和相关的视神经损伤；然而有些个例尽管在幼年时期就出现牛眼，有可能保留一定程度的功能性视力，特别是患猫。大多数患病动物需要手术安抚（眼球摘除、眼球内容物摘除、冷冻疗法、和/或化学性睫状体消融）。如果可能，应查明造成青光眼的潜在病因（绝大多数情况通过对摘除后的组织进行组织病理学判读），以便解决可能造成对侧眼睛类似疾病的任何可能。

参考文献

[1] Brooks DE (1990) Glaucoma in the dog and cat. Vet Clin North Am Small Anim Pract 20(3):775–797. Review.

[2] McLaughlin SA, Render JA, Brightman AH 2nd, Whiteley HE, Helper LC, Shadduck JA. Intraocular findings in three dogs and one cat with chronic glaucoma. J AmVet Med Assoc 1987;191(11):1443–1445.

[3] Sandmeyer LS, Bauer BS, Grahn BH. Diagnostic ophthalmology. Can Vet J 2012;53(1):96–98.

图143.1　牛眼相关临床表现（一）。

图143.2　牛眼相关临床表现（二）。

图143.3　牛眼相关临床表现（三）。

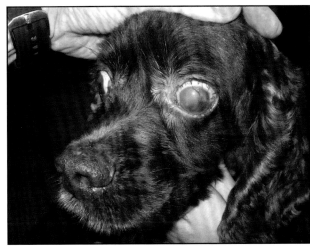

图143.4　牛眼相关临床表现（四）。

第10部分

神经眼科疾病

第144章 视神经发育不全

疾病简介

视神经发育不全（罕见病例中视神经不发育）是由先天性组织异常分化造成的。临床上，患病动物视神经乳头组织表现为小的、灰色和低髓鞘化结构。病变通常影响两只眼睛；然而也可能只影响其中一只眼睛，并且可能伴有其他眼部异常，包括眼部前段发育不良和/或玻璃体视网膜疾病。相关视觉缺损的程度有所差异，患病动物可能只表现轻微视力障碍也可能完全失明，发病时间通常较早（数周至数月）。易患品种包括德国牧羊犬和西施犬。

诊断和治疗

视神经发育不全的诊断基于临床检查，如眼底检查，必要时可进行辅助性影像学诊断（通常为B超）有助于支持诊断。目前还没有有效的治疗方法治疗视神经发育不良的动物。

参考文献

[1] Negishi H, Hoshiya T, Tsuda Y, Doi K, Kanemaki N. Unilateral optical nerve hypoplasia in a Beagle dog. Lab Anim 2008;42(3):383 - 388. DOI: 10.1258/la.2007.007033.

[2] Rampazzo A, D'Angelo A, Capucchio MT, Sereno S, Peruccio C. Collie eye anomaly in a mixed-breed dog. Vet Ophthalmol 2005;8(5):357 - 360.

[3] da Silva EG, Dubielzig R, Zarfoss MK, Anibal A. Distinctive histopathologic features of canine optic nerve hypoplasia and aplasia: a retrospective review of 13 cases. Vet Ophthalmol 2008;11(1):23 - 29. DOI: 10.1111/j.1463-5224.2007.00596.x.

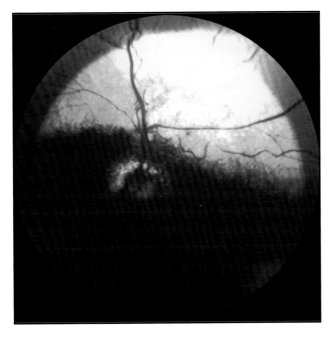

图144.1　视神经发育不良相关眼底异常表现（一）。

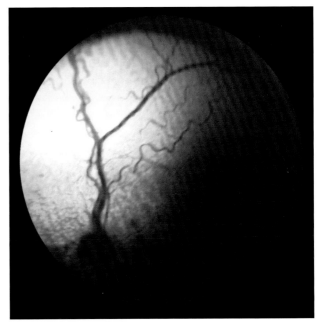

图144.2　视神经发育不良相关眼底异常表现（二）。

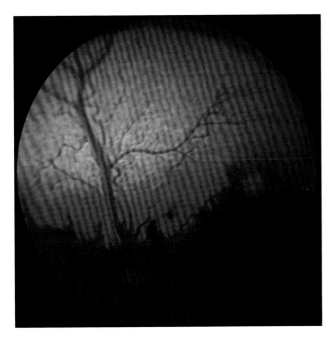

图144.3　视神经发育不良相关眼底异常表现（三）。

图144.4　视神经发育不良相关眼底异常表现（四）。

第145章　溶酶体贮积症

疾病简介

溶酶体贮积症是一组相对不常见的先天性遗传代谢病，该病导致病理性代谢产物在细胞的溶酶体内积聚。该组疾病主要包括：

- 神经元蜡样脂褐质沉积症
- 球形细胞样脑白质病
- 黏脂贮积病
- 神经节苷脂沉积症
- α–甘露糖苷病
- 岩藻糖苷贮积症
- 黏多糖贮积症

临床症状

临床症状通常在6–12个月大的时候就开始显现；然而，根据疾病亚型和代谢病理程度的不同，其严重程度可能有所不同。症状包括嗜睡、虚弱、吞咽困难、"发育不良"、面部畸形、肌肉骨骼畸形、肾/心/肝功能不全、角膜营养不良、视网膜病变、视觉功能下降/失明和/或神经功能紊乱。受影响的犬种可能包括比格犬、史宾格犬、哈士奇、德国短毛猎犬、凯恩犬、西高地白㹴、迷你型杜宾、英国长毛猎犬、金毛犬、腊肠犬和迷你型雪纳瑞。受影响的猫品种可能包括暹罗猫、波斯猫和科拉特猫。

诊断和治疗

溶酶体贮积症的诊断可能具有一定的挑战性，诊断基于临床发现、血清化学检查和特定的基因检测（如果适用）（http://research.vet.upenn.edu/WSAVA–LabSearch）。受影响动物的长期预后通常很差；然而，在选定的病例中，实验性治疗包括新兴药物、酶疗法、骨髓移植和基因治疗可能会有效果。

参考文献

[1] Haskins ME. Animal models for mucopolysaccharidosis disorders and their clinical relevance. Acta Paediatr Suppl 2007;96(455):56–62.

[2] Jolly RD,Walkley SU. Lysosomal storage diseases of animals: an essay in comparative pathology. Vet Pathol 1997;34(6):527–548.

[3] Narfström K. Hereditary and congenital ocular disease in the cat. J Feline Med Surg. 1999;1(3):135–141.

[4] Skelly BJ, Franklin RJ (2002)Recognition and diagnosis of lysosomal storage diseases in the cat and dog. J Vet InternMed 16(2):133–141. Review.

[5] Slutsky J, Raj K, Yuhnke S, Bell J, Fretwell N, Hedhammar A, Wade C, Giger U. A web resource on DNA tests for canine and feline hereditary diseases. Vet J. 2013;197(2):182–187. DOI: 10.1016/j.tvjl.2013.02.021. Epub 2013 Apr 11.

图145.1 黏多糖贮积症的临床表现。值得注意的是患病动物出现面部畸形和角膜营养不良。插图显示肌肉骨骼畸形。

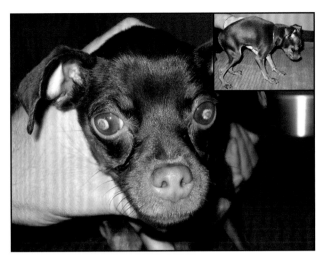

图145.2 黏多糖贮积症的临床表现。值得注意的是患病动物出现面部畸形和角膜营养不良。插图演示肌肉骨骼畸形。

图145.3 黏脂贮积病的临床表现。值得注意的是患病动物出现面部畸形和肌肉骨骼畸形。

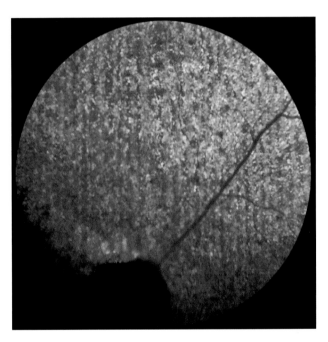

图145.4 与神经元性蜡样脂褐质沉着症相关的眼底变化。多灶性反光层变色是病理性蛋白质积累的结果。

第146章　交感去神经（霍纳综合征）

疾病简介

支配眼睛的交感神经调节虹膜扩张肌和收缩肌（通过"双重交互神经支配"）、眼眶平滑肌以及上眼睑和下眼睑的苗勒氏肌肉（睫状肌环部）的活动。该通路起源于下丘脑，与腹侧胸神经根一起离开脊髓，在颅颈神经节形成突触，靠近鼓室大泡。神经节后神经纤维沿三叉神经眼分支行走，然后经长睫状神经进入眼睛。交感神经对眼部结构的支配若出现部分或完全中断则导致一组称为霍纳综合征的症状，包括瞳孔缩小、第三眼睑突出、眼球内陷和/或上眼睑下垂，可能以上述任何组合形式出现。

诊断和治疗

霍纳综合征是通过使用局部去氧肾上腺素的药理学试验来确诊的，去氧肾上腺素的使用会使与病变位置一致的临床症状在一定时间内消退（通常少于30min）。霍纳综合征的症状在病因学上可能是特发性的，或与交感神经上任何一个部位的炎症有关，尤其是耳道/鼓室泡水平的交感神经。因此，潜在的炎症或肿瘤性疾病和/或神经病变应进行针对性治疗。在选定的病例中使用皮质类固醇进行全身抗炎治疗可能有所帮助；然而，大多数霍纳综合征病例表现会自发消退。症状消退可能需要几周到几个月的时间。

药物潜在不良反应

使用泼尼松进行全身抗炎可能造成多食、多饮、多尿，毛发变性，体重增加，胰腺炎，胃肠不适，肌肉损伤，肝脏损伤和糖尿病。

参考文献

[1] Boydell P. Idiopathic horner syndrome in the golden retriever. J Neuroophthalmol 2000;20(4):288 - 290.

[2] Kern TJ, AromandoMC, Erb HN.Horner's syndrome in dogs and cats: 100 cases (1975 - 1985). J AmVetMedAssoc 1989;195(3):369 - 373.

[3] Simpson KM,Williams DL, Cherubini GB. Neuropharmacological lesion localization in idiopathic Horner's syndrome in golden retrievers and dogs of other breeds. Vet Ophthalmol 2013. DOI: 10.1111/vop.12096.

图146.1　与霍纳综合征相关的临床表现。值得注意的是患病动物表现眼球内陷、上睑下垂、第三眼睑抬高和瞳孔缩小（一）。

图146.2　与霍纳综合征相关的临床表现。值得注意的是患病动物表现眼球内陷、上睑下垂、第三眼睑抬高和瞳孔缩小（二）。

图146.3　与霍纳综合征相关的临床表现。值得注意的是患病动物表现眼球内陷、上睑下垂、第三眼睑抬高和瞳孔缩小（三）。

图146.4　与霍纳综合征相关的临床表现。值得注意的是患病动物表现眼球内陷、上睑下垂、第三眼睑抬高和瞳孔缩小（四）。

第147章　眼肌麻痹

疾病简介

眼肌麻痹是一种由于动眼神经（第Ⅲ颅神经）和/或其神经核损伤而引起的神经功能缺陷综合征。第Ⅲ颅神经通常为眼上直肌、内直肌、下直肌、下斜肌以及眼睑肌提肌提供躯体传出神经支配，该神经还含有副交感神经纤维，通过"双向神经支配"支配瞳孔肌。因此，影响第Ⅲ颅神经的病变可能导致：

- 内眼肌麻痹（瞳孔扩张，无瞳孔对光反射，无视力缺陷）
- 外眼肌麻痹（腹外侧斜视和/或上眼睑下垂）
- 完全性眼肌麻痹（内外眼肌综合性麻痹）

最常见的临床表现是由副交感神经浅表位置受损导致的内眼肌麻痹。引起眼肌麻痹一个常见的病因是第Ⅲ颅神经在海绵静脉窦水平出现病变（又称"海绵窦综合征"）。根据病变部位的不同，其他症状可能包括由三叉神经功能受损和/或神经源性干燥性角膜结膜炎（KCS）造成的角膜和/或面部感觉减少（另见"神经源性干燥性角膜结膜炎和鼻干燥"）。

诊断和治疗

眼肌麻痹的诊断基于临床表现和药理学试验，局部使用匹罗卡品可在30min内消除散瞳。颅软组织成像［磁共振成像（MRI）］通常可以检查受影响的组织结构。眼肌麻痹的治疗包括治疗潜在的病变，通常包括肿瘤性病变的靶向放射治疗和/或化疗。如果出现溃疡性角膜炎和/或干燥性角膜结膜炎等继发症状，也应予以治疗。

参考文献

[1] Guevar J, Gutierrez–Quintana R, Peplinski G, Helm JR, Penderis J. Cavernous sinus syndrome secondary to intracranial lymphoma in a cat. J Feline Med Surg 2013;16(6):513–516. Epub ahead of print.

[2] Murphy CJ, Koblik P, Bellhorn RW, Pino M, Hacker D, Burling T. Squamous cell carcinoma causing blindness and ophthalmoplegia in a cat. J AmVet Med Assoc 1989;195(7):965–968.

[3] Theisen SK, Podell M, Schneider T, Wilkie DA, Fenner WR. A retrospective study of cavernous sinus syndrome in 4 dogs and 8 cats. J Vet Intern Med 1996;10(2):65–71. Erratum in: J Vet Intern Med 1996 May–Jun;10(3):197.

[4] Webb AA, Cullen CL, Rose P, Eisenbart D, Gabor L, Martinson S. Intracranial meningioma causing internal ophthalmoparesis in a dog. Vet Ophthalmol 2005;8(6):421–425.

图147.1 与眼肌麻痹有关的临床表现。特征性表现为瞳孔扩张，无瞳孔对光反射，无视觉缺陷（一）。

图147.2 与眼肌麻痹有关的临床表现。特征性表现为瞳孔扩张，无瞳孔对光反射，无视觉缺陷（二）。

图147.3 与眼肌麻痹有关的临床表现。特征性表现为瞳孔扩张，无瞳孔对光反射，无视觉缺陷。此图显示患病动物还伴有由三叉神经疾病导致的角膜疾病。

图147.4 与眼肌麻痹有关的临床表现。特征性表现为瞳孔扩张，无瞳孔对光反射，无视觉缺陷。此图显示患病动物还伴有腹外斜视。

第148章　神经麻痹性角膜炎/半面瘫痪

疾病简介

面神经（第Ⅶ颅神经）通过其耳睑支向面部和眼周肌肉，特别是眼轮匝肌（调节眼睑闭合）提供躯体神经支配。神经支配中断可导致睑裂扩大、睑反射减弱或消失、鼻平面偏移和/或上下嘴唇下垂。症状通常是单侧的。无法有效关闭眼睑，导致暴露性角膜病变，可能发展为溃疡性和/或穿孔性角膜炎。支配泪液神经支配（副交感神经）受到损伤可导致并发干燥性角膜结膜炎和/或鼻干燥（另见"神经源性干燥性角膜结膜炎和鼻干燥"）。通常受影响的品种包括可卡犬和哈巴犬。

诊断和治疗

面瘫的病因通常是特发性的；然而，潜在的病因包括外伤（尤其是穿过颧弓面神经的耳睑分支）、肿瘤、耳炎、血管梗死和/或内分泌相关神经病变。若识别潜在病因则应予以治疗，其他治疗还包括全身抗炎治疗，若不存在用药禁忌，通常使用皮质类固醇。不同病例神经功能恢复的预后不同。如果泪腺功能受损/缺失，有时可以结合抗炎治疗和口服匹罗卡品修复泪腺功能。匹罗卡品以递增的方式给药，以尽量减少不必要的不良反应的风险。建议经常使用眼用黏凝胶润滑角膜。此外，可用部分（暂时或永久性）眼睑缝合术为角膜提供更好的保护。如果泪腺功能不能重建，如果需要可以使用局部润滑或腮腺导管转位手术来治疗受影响的患病动物。

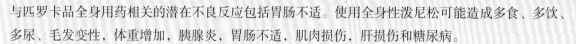

药物潜在不良反应

与匹罗卡品全身用药相关的潜在不良反应包括胃肠不适。使用全身性泼尼松可能造成多食、多饮、多尿、毛发变性、体重增加，胰腺炎，胃肠不适，肌肉损伤，肝损伤和糖尿病。

参考文献

[1] Garosi LS, LowrieML, Swinbourne NF. Neurological manifestations of ear disease in dogs and cats. Vet Clin North Am Small Anim Pract 2012;42(6):1143‒1160. DOI: 10.1016/j.cvsm.2012.08.006. Epub 2012 Oct 10. Review.

[2] Spivack RE, Elkins AD, Moore GE, Lantz GC. Postoperative complications following TECA‒LBO in the dog and cat. J Am Anim Hosp Assoc 2013;49(3):160‒168. DOI: 10.5326/JAAHA‒MS‒5738. Epub 2013 Mar 27.

[3] Varejão AS,Muñoz A, Lorenzo V.Magnetic resonance imaging of the intratemporal facial nerve in idiopathic facial paralysis in the dog. Vet Radiol Ultrasound 2006;47(4):328‒333.

[4] Wright JA. Ultrastructural findings in idiopathic facial paralysis in the dog. J Comp Pathol 1988;98(1):111‒115.

图148.1　与面神经损伤相关的临床表现，可见以干燥、结痂的同侧鼻孔为特征的鼻干燥（一）。

图148.2　与面神经损伤相关的临床表现，可见以干燥、结痂的同侧鼻孔为特征的鼻干燥（二）。

图148.3　与面神经损伤相关的临床表现，可见鼻平面的偏移。

图148.4　与面神经损伤相关的临床表现，可见暴露性角膜疾病。

第149章 神经源性干燥性角膜结膜炎和鼻干燥

疾病简介

支配泪腺的副交感神经起源于面神经的副交感核。支配泪腺的神经纤维与面神经一起向嘴部延伸，在翼腭神经节形成突触，然后经三叉神经分支到达泪腺。沿此路径的神经在任何位置出现损坏都可能导致泪腺部分或完全失去神经支配，导致"神经源性干燥性角膜炎"。由于鼻腺的神经支配受损，因此神经源性角膜结膜炎的一个特点是常常伴有同侧鼻孔干燥/结痂（称为"鼻干燥"）。潜在的病因包括炎症、创伤和/或肿瘤。根据病变部位的不同，其他症状可能包括由三叉神经功能受损和/或霍纳综合征导致的角膜和/或面部感觉减弱。

诊断和治疗

神经源性干燥性角膜结膜炎的诊断基于临床表现。在许多神经源性KCS的病例中，泪液功能完全丧失，Schirmer泪液测试值为0mm/min湿润度（称为"绝对干燥性角膜结膜炎"）。神经源性干燥性角膜结膜炎的治疗包括尽可能识别和治疗潜在的病变。这可能包括颅骨成像（磁共振成像）。有时可以通过抗炎治疗和口服匹罗卡品来重建泪腺功能。匹罗卡品以剂量逐渐递增的方式给药，可以尽量减少不必要的不良反应。建议经常使用眼黏性凝胶润滑角膜。此外，可用部分（暂时或永久性）眼睑缝合术为角膜提供更好的保护。如果泪腺功能不能重建，如果需要，可以使用局部润滑或腮腺导管转位手术来治疗患病动物。

药物潜在不良反应

与匹罗卡品全身用药相关的潜在不良反应包括胃肠不适。泼尼松全身用药的潜在不良反应包括多食、多饮、多尿，毛发变化，体重增加，胰腺炎，胃肠不适，肌肉损伤，肝损伤和糖尿病。

参考文献

[1] Matheis FL, Walser–Reinhardt L, Spiess BM. Canine neurogenic Keratoconjunctivitis sicca: 11 cases (2006–2010). Vet Ophthalmol 2012;15(4):288–290. DOI: 10.1111/j.1463–5224.2011.00968.x. Epub 2011 Oct 31.

[2] Rhodes M, Heinrich C, Featherstone H, Braus B, Manning S, Cripps PJ, Renwick P. Parotid duct transposition in dogs: a retrospective review of 92 eyes from1999 to 2009. Vet Ophthalmol 2012;15(4):213–222. DOI: 10.1111/j.1463–5224.2011.00972.x. Epub 2011 Nov 24.

[3] Slatter D, Severin GA. Use of pilocarpine for treatment of keratoconjunctivitis sicca. J AmVet Med Assoc 1995;206(3):287–289.

图149.1　与神经源性干燥性角膜结膜炎相关的临床表现。可见以同侧鼻孔干燥结痂为特征的鼻干燥（一）。

图149.2　与神经源性干燥性角膜结膜炎相关的临床表现。可见以同侧鼻孔干燥结痂为特征的鼻干燥（二）。

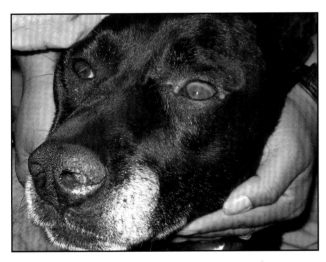

图149.3　与神经源性干燥性角膜结膜炎相关的临床表现。可见以同侧鼻孔干燥结痂为特征的鼻干燥（三）。

图149.4　与神经源性干燥性角膜结膜炎相关的临床表现。可见以同侧鼻孔干燥结痂为特征的鼻干燥（四）。

第150章 视神经炎/脑膜炎

疾病简介

视网膜后视觉通路包括球后视神经、视交叉、视束、外侧膝状体核、视辐射和视皮质。视神经炎是指视神经任何部位的炎症，同时伴有或不伴有更广泛的中枢神经系统炎症。临床症状通常为失明，伴有瞳孔扩张和瞳孔对光反射缺失或不明显。症状可能是单侧或双侧的，通常发病迅速。其他眼科发现可能包括脉络膜视网膜炎、视神经乳头水肿和/或视神经乳头及周围神经视网膜出血。涉及更广泛的中枢神经系统的症状可能包括精神状态改变、嗜睡、共济失调和/或癫痫样活动。视神经炎最常见于肉芽肿性脑膜脑炎；然而，其他潜在的病因包括坏死性白质脑炎/脑膜脑炎、传染性脑脊髓炎（与病毒、细菌、真菌、立克次体、原生动物或寄生虫相关）或肿瘤。肉芽肿性脑膜脑炎的潜在原因尚不明确，但怀疑是由自身免疫引起的。任何犬种的犬和猫都可能患上视神经炎；然而，小型犬种更容易受到影响，特别是吉娃娃和腊肠犬。

诊断和治疗

视神经炎的诊断需结合临床表现（包括眼底镜检查）和辅助诊断［包括全血细胞计数（CBC）/生化检查、感染滴度测试、脑脊液评估和/或颅磁共振成像］。脑脊液分析可能显示蛋白质水平增多，伴有或无白细胞增多。磁共振成像通常包括细微的、斑片状的高信号，影响大脑和脑膜的多个区域。视神经可能表现或不表现高信号。为了排除原发性视网膜疾病，还可以使用视网膜电图（另见"突发性获得性视网膜变性/免疫介导视网膜炎"）。鉴别诊断包括遗传性溶酶体贮积症（特别是神经节苷脂沉积症和神经元蜡样脂褐质沉积症）、脑积水、外伤、缺氧（特别是由于麻醉并发症）、代谢疾病、血管疾病或中枢性肿瘤（特别是垂体腺瘤、淋巴瘤和脑膜瘤）。治疗包括通过泼尼松、咪唑硫嘌呤和/或环孢霉素的不同组合全身用药进行免疫调节。治疗成功后需谨慎地缓慢逐渐减少药量，减少药量这一过程需要一段很长的时间（通常数月）并且可能需要长期治疗以防止症状复发。

参考文献

[1] Armour MD, Broome M, Dell'Anna G, Blades NJ, Esson DW. A review of orbital and intracranial magnetic resonance imaging in 79 canine and 13 feline patients (2004 - 2010). Vet Ophthalmol 2011;14(4):215 - 226. DOI: 10.1111/j.1463-5224.2010.00865.x. Epub 2011 Apr 18.

[2] Nell B. Optic neuritis in dogs and cats. Vet Clin North Am Small Anim Pract 2008;38(2):403 - 415, viii. DOI: 10.1016/j.cvsm.2007.11.005. Review.

[3] Seruca C, Ródenas S, Leiva M, Peña T, Añor S. Acute postretinal blindness: ophthalmologic, neurologic, andmagnetic resonance imaging findings in dogs and cats (seven cases). Vet Ophthalmol 2010;13(5):307 - 314. DOI: 10.1111/j.1463-5224.2010.00814.x.

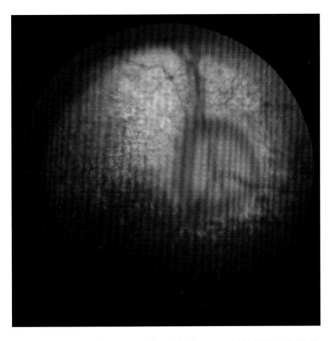

图150.1　与视神经炎相关的眼底发现，可见视神经头肿胀（视神经乳头水肿）。

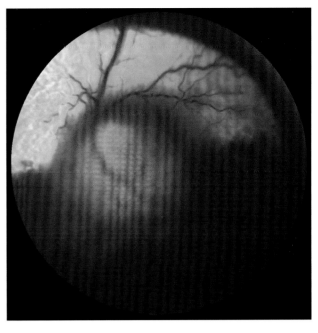

图150.2　与视神经炎相关的眼底发现，可见视神经头肿胀（乳头水肿）。

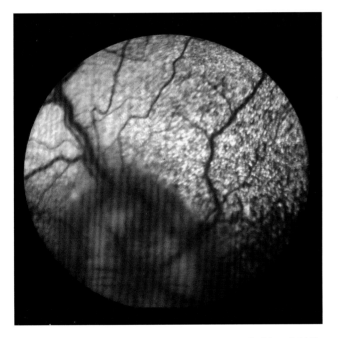

图150.3　与视神经炎相关的眼底发现，可见视神经头肿胀和出血（一）。

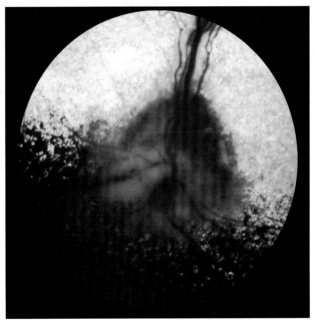

图150.4　与视神经炎相关的眼底发现，可见视神经头肿胀和出血（二）。

药物潜在不良反应

与皮质类固醇全身用药相关的潜在不良反应包括多食、多饮、多尿，毛发变化，体重增加，胰腺炎，胃肠道不适，肌肉损伤，肝损伤以及糖尿病。咪唑硫嘌呤的潜在不良反应包括胃肠道窘迫、胰腺炎、肝毒性和骨髓抑制。环磷酰胺的潜在不良反应包括胃肠不适、胰腺炎、肝毒性、骨髓抑制。

英（拉）汉词汇对照表

Abscess (corneal)　脓肿（角膜）

Adenocarcinoma　腺癌

Adenoma　腺瘤

Adverse cutaneous drug reaction　药物潜在不良反应

Agenesis (eyelid)　发育不全（眼睑）

Albinism　白化病

Allergic conjunctivitis　过敏性结膜炎

Alpha-mannosidosis　Alpha-甘露糖贮积症

Amlodipine　氨氯地平

Anatomy　解剖

Angiotensin-converting enzyme (ACE) Inhibitor　血管紧张素转化酶抑制剂

Aniridia　无虹膜

Anterior lens luxation　前晶状体脱位

Anterior uveitis　前葡萄膜炎

Antihistamine　抗组胺剂

Apocrine hidrocystoma　大汗腺囊瘤

Aqueous humor misdirection syndrome (AHM)　房水迷流综合征

Aqueous lipidosis　房水脂质沉积症

Aspergillus　曲霉菌

Asteroid hyalosis　星状玻璃样变性

Atopy　特异性

Atrophy (senile iris)　萎缩（老年性虹膜）

Atropine　阿托品

Autoimmune blepharitis　自体免疫性睑炎

Azathioprine　咪唑硫嘌呤

Azithromycin　阿奇霉素

Bartonealla　巴尔通体属

Blastomyces　芽生菌

Blepharitis　睑炎

Blepharoconjunctivitis　睑结膜炎

Blepharospasm　眼睑痉挛

Blood pressure　血压

Blood - ocular barrier　血-眼屏障

Bordatella　博代氏杆菌属

Borrelia　包柔氏螺旋体

Break-up time (BUT)　泪膜破裂时间

Brinzolamide　布林佐胺

Bullous keratopathy　大疱性角膜病

Bullous retinal detachment (primary)　大疱性视网膜脱落 (原发性)

Buphthalmos　牛眼

Calici virus　杯状病毒

Candida　假丝酵母菌

Canine adenovirus　犬腺病毒

Canine herpesvirus　犬疱疹病毒

Canine influenza virus　犬流感病毒(H3N8)

Canine parainfluenza virus　犬副流感病毒

Carbonic anhydrase inhibitor　碳酸酐酶抑制剂

Cataract　白内障

Cellulitis (juvenile)　蜂窝组织炎（幼年型）

Central progressive retinal atrophy (CPRA)　中心性进行性视网膜萎缩

Cephalosporin　头孢菌素

Chalazion　睑板腺囊肿

Chemical ciliary body ablation (CBA)　化学性睫状体消融

Chlamydophila　衣原体

Chlorambucil　苯丁酸氮芥

Chondrosarcoma　软骨肉瘤

Chorioretinitis　脉络膜视网膜炎

Choroidal vascular hypoplasia　脉络膜血管发育不全

Chronic superficial keratitis (CSK)　慢性浅表角膜炎

Cicatricial ectropion　瘢痕性眼睑外翻

Cicatricial entropion　瘢痕性眼睑内翻

Cidofovir　西多福韦

Ciliary cleft　睫状裂

Cladosporium　枝孢菌

Clindamycin　克林霉素

Coagulopathy　凝血病

Coccidioidmycosis　球孢子菌病

Collie eye anomaly (CEA)　柯利眼异常

Coloboma (iris)　缺损（虹膜）

Combined entropion/ectropion（"diamond eye"）　睑内翻/外翻联合（"菱形眼"）

Cone degeneration (hemeralopia)　视锥变性视锥变性（昼盲）

Congenital stationary night blindness　先天性静止性夜盲症

Conjunctival graft　结膜移植

Conjunctivitis　结膜炎 (allergic) (过敏)

Corneal endothelial decompensation　角膜内皮代偿失调

Corneal sequestrum　角膜腐骨

Corneal ulceration　角膜溃疡

Corneoscleral transposition (CCT)　角巩膜转位

Cryoepilation　冷冻脱毛

Cryotherapy　冷冻疗法

Cryptococcus　隐球菌

Curvularia　弯孢菌

Cutaneous epitheliotropic lymphoma (CEL)　皮肤上皮样淋巴瘤

Cutaneous lupus erythematosis (CLE)　皮肤红斑性狼疮

Cyclophosphamide　环磷酰胺

Cyclosporine　环孢霉素

Dacryocystitis　泪囊炎

Day blindness　昼盲症

Degeneration (corneal)　变性（角膜）

Demercarium bromide　地美溴铵

Demodex　蠕形螨

Dermatomyositis　皮肌炎

Dermatophytosis　皮肤癣菌病

Dermoid　皮样

Descemet's membrane　角膜后弹力层

Descemetocele　后弹力层突出

Diabetes mellitus　糖尿病

Diamond-tipped burr　金刚石车针

Discoid lupus erythematosis (DLE)　盘状红斑性狼疮

Distichiasis　双行睫

Dominant PRA　显性进行性视网膜萎缩

Doxycycline　强力霉素

Doxyrubicin　阿霉素

Drug (adverse cutaneous reaction)　药物 (皮肤不良反应)

Dry eye (KCS)　干眼症

Early retinal degeneration　早期视网膜变性

Ectopic cilium　异位纤毛

Ectropion　睑外翻

EDTA　乙二胺四乙酸

Ehrlichia　埃利克体

Electrophoresis　电泳

Electroretinography　视网膜电描记术

Endophthalmitis　眼内炎

Endothelial decompensation (corneal)　内皮代偿失调（角膜）

Endothelitis　内皮炎

Enrofloxacin (toxicity)　恩诺沙星（毒性）

Entropion　睑内翻

Enucleation　眼球摘除

Eosinophilic folliculitis/furunculosis　嗜酸性毛囊炎 /疖病

Eosinophillic keratoconjunctivitis　嗜酸性角膜结膜炎

Epithelial inclusion cyst　上皮包涵囊肿

Epithelioma　上皮瘤

Evisceration　眼内容物摘除

Examination (ocular)　检查（眼部）

Exenteration　眶内容物摘除

Exophthalmos　眼球突出

External ophthalmoplegia　眼外肌麻痹

Extraocular myositis (EOM)　眼外肌炎

Eyelid agenesis　眼睑发育不全

Facial paralysis　面瘫

Famciclovir　泛昔洛韦

Feline herpesvirus　猫疱疹病毒

Fat pad prolapse　脂肪垫脱垂

Feline aqueous humor misdirection syndrome (AHM)　猫房水迷流综合征

Feline diffuse iris melanomas (FIDM)　猫弥散性虹膜黑素瘤

Feline immunodeficiency virus (FIV)　猫免疫缺陷病病毒

Feline infectious peritonitis (FIP)　毛传染性腹膜炎

Feline iris melanosis (FIM)　猫虹膜黑色素沉着

Feline leukemia virus (FeLV)　猫白血病病毒

Feline panleukopenia　猫泛白细胞减少症

Fibrinolytic　溶纤维蛋白

Fibrosarcoma　纤维肉瘤

Fluorescein dye　荧光染料

Fluoroquinolone　氟喹诺酮

Follicular conjunctivitis　滤泡性结膜炎

Folliculitis　毛囊炎

Foreign body (corneal)　异物（角膜）

Foxtail　狐尾草

Fucosidosis　岩藻糖苷贮积症

Fungal keratitis　真菌性角膜炎

Fusarium　镰刀菌

Gonioscopy　前房角镜检查

Glaucoma (congenital)　青光眼（先天性）

Globoid cell leukodystrophy　球形细胞脑白质营养不良

Gangliosidoses　神经节苷脂贮积病

Golden Retriever - associated uveitis　经贸全相关性葡萄膜炎

Herpesvirus　疱疹病毒

Heterchromia iridis　异色虹膜

Hibernoma　蛰伏脂肪瘤

Hidrocystoma (apocrine)　汗腺囊瘤（大汗腺）

Histiocyoma　组织细胞瘤

Histiocytic sarcoma　组织细胞肉瘤

Histiocytosis　组织细胞增多病

Histoplasma　组织胞浆菌

Horners syndrome　霍纳综合征

Hotz-celsus (procedure)　霍茨—赛尔苏斯

Hyperadrenocorticism　肾上腺皮质功能亢进

Hyperlipidemia　高脂血症

Hypertension　高血压

Hyperthyroidism　甲状腺功能亢进

Hyphema　眼前房积血

Hypopion　眼前房积脓

Idoxuridine　碘苷

Immunoglobulin　免疫球蛋白

IMR (immune-mediated retinitis)　（免疫介导性视网膜炎）

Inclusion cysts (epithelial)　包涵囊肿（上皮）

Internal ophthalmoplegia　内眼肌麻痹

Intraocular pressure (IOP)　眼内压

Intrascleral prosthesis　巩膜内假体

Intumescent cataract　肿胀期白内障

Iridocorneal angle (ICA)　虹膜角膜角

Iris bombe　虹膜膨隆

Iris cyst　虹膜囊肿

Iris melanosis (feline)　虹膜黑色素沉着（猫）

Iris nevus　虹膜色素痣

Ivermectin　伊维菌素

Jones test　琼斯测试

Juvenile cellulitis　幼年型蜂窝组织炎

Juvenile dermatitis　幼年型皮炎

Keratic precipitates　角膜后沉着物

Keratitis　角膜炎

Keratomalacia　角膜软化症

Keratopathy　角膜病

Ketoconazole　酮康唑

Kuhnt - SzymanowskI (procedure)　库-希（手术）

L-lysine　赖氨酸

Laceration　裂伤

Lagophthalmos　兔眼

Latanoprost　拉坦前列素

Len luxation/subluxation　晶状体脱位/半脱位

Lens-induced uveitis (LIU)　晶状体诱导性葡萄膜炎

Lenticonus　圆锥晶状体

Lenticular sclerosis　晶状体硬化

Lentiglobus　球形晶状体

Leptospira　钩端螺旋体属

Lipid　脂质

Lipofuscin　脂褐素

Luxation　脱位

Lymphoma　淋巴瘤

Lysosomal storage disease　溶酶体贮积症

Macropalpebral fissure　巨眼间裂

Magnetic resonance imaging (MRI)　磁共振成像

Malignant glaucoma　恶性青光眼

Mannitol　甘露醇

Mast cell tumor　肥大细胞瘤

MDR1　多耐药1型

Medial canthal pocket syndrome　内眦口袋综合征

Meibomitis　睑板腺炎

Melanocytoma　黑色素细胞瘤

Melanoma　黑素瘤

Melanosis　黑色素沉着

Melarsomine　美拉索明

Melphalan　美法仑

Meningitis　脑膜炎

Merle ocular dysgenesis (MOD)　梅尔眼发育不全

Metalloprotease enzymes　金属蛋白酶

Metronomic therapy　节拍疗法

Miconazole　咪康唑

Microcornea　小角膜

Microphakia　小晶状体

Microphthalmos　小眼

Microsporum　小孢子菌属

Milk replacers　代乳品

Mucocoele　黏液囊肿

Mucolipidoses　黏脂贮积病

Mucopolysaccharidoses　黏多糖贮积症

Multifocal punctate immune-mediated keratitis (MPIK)　多灶性免疫介导点状角膜炎

Multilobular orbital sarcoma　多叶性眼眶肉瘤

Multiple myeloma　多发性骨髓瘤

Mycofenylate　麦考酚酯

Mycoplasma　支原体

Mycosis fungoidesqing　蕈样肉芽肿

Myositis (extraocular)　肌炎

Nodular fasciitis　结节性筋膜炎

Nasal folds　鼻皱褶

Nasolacrymal ducts　鼻泪管

Natamycin　那他霉素

Neurofibroma　纤维神经瘤

Neurofibrosarcoma　纤维神经肉瘤

Neurogenic sarcoma　神经源性肉瘤

Neurogenic KCS　神经源性干燥性角膜结膜炎

Neuronal ceroid lipofuscinoses　神经元蜡样脂褐质沉积症

Neurophthalmic examination　神经眼科检查

Neuroprotection　神经保护作用

Niacinamide　烟酰胺

Nodular granulomatous episcleritis (NGE)　结节肉芽肿性外巩膜外层炎

Non-tapetal fundus　非反光眼底

Normal fundus　正常眼底

Notoedres　螨属

Nuclear sclerosis　核硬化

Oculomotor nerve　动眼神经

Oculoskeletal dysplasia (OSD)　眼骨骼发育不良

Onchocerca　盘尾属

Ophthalmoplegia　眼肌麻痹

Optic nerve　视神经

Optic nerve hypoplasia　视神经发育不全

Optic neuritis　视神经炎

Orbital cellulitis　眼眶蜂窝织炎

Orbital fat pad　眼眶脂肪垫

Orbital (retrobulbar) neoplasia　眼眶（眼球后）肿瘤

Osteochondrodysplasia　骨软骨发育不良

Osteosarcoma　骨肉瘤

Pannus　角膜

Pocket syndrome　囊袋综合征

Pseudotumor　假瘤

Palpebral reflex　眼睑反射

Panophthalmitis　全眼球炎

Papilloma　乳头状瘤

Parotid duct transposition　腮腺导管移位手术

Pemphigus　天疱疮

Penicillium　青霉菌

Pentoxyfiline　己酮可可碱

Peripheral nerve sheath tumor (PNST)　周围神经鞘膜肿瘤

Persistent hyaloid vasculature　永存玻璃体血管

Persistent hyperplastic tunica vasculosalentis/ persistent hyperplastic primaryvitreous (PHTVL/PHPV)　晶体后纤维血管膜持续增生症/永存原始玻璃体增生症

Persistent pupillary membrane (PPM)　瞳孔膜存留

Phacoclastic uveitis　晶状体裂伤性葡萄膜炎

Phacolytic uveitis　晶状体溶解性葡萄膜炎

Phaeochromocytoma　嗜铬细胞瘤

Phthisis bulbus　眼球痨

Pigmentary and cystic glaucoma of Golden-Retrievers　金毛犬色素性和囊性青光眼

Pigmentary glaucoma　色素性青光眼

Pigmentary keratitis　色素性角膜炎

Pigmentary uveitis (Golden Retriever)　色素性葡萄膜炎（金毛犬）

Pilocaripine　匹罗卡品

Plasmacytoma　浆细胞瘤

Poliosis　白发病

Post-traumatic ocular sarcoma (FPTOS)　创伤后眼部肉瘤

Prednisone　泼尼松

Primary (bullous) retinal detachment　原发性（大疱性）视网膜脱离

Progressive retinal atrophy (PRA)　进行性视网膜萎缩

Progressive rod-cone degeneration (PRCD)　进行性视杆视锥变性

Proptosis　突出

Prostaglandin analogue　前列腺素类似物

Pseudopolycoria　假多瞳症

Ptosis　下垂

Pupillary light reflex (PLR)　瞳孔对光反射

Puppy strangles　幼犬腺疫

Pyoderma (juvenile)　脓皮病（幼年型）

Radiation　辐射

Retinal atrophy　视网膜萎缩

Retinal detachment　视网膜脱落

Retinal dysplasia (RD)　视网膜发育不良

Retinal pigment epithelial dystrophy (RPED)　视网膜色素上皮营养障碍

Retinal pigment epithelium (RPE)　视网膜色素上皮细胞

Retinal re-attachment　视网膜重附

Retinopexy　视网膜粘结术

Retrobulbar neoplasia　眼球后肿瘤

Rickettsia　立克次氏体

Ringworm　癣菌病

Rod-cone dysplasia(RCD)　视杆视锥发育不良

Salivary gland　唾液腺

Sarcoma　肉瘤

SARDs　突发性获得性视网膜变性

Schirmer tear test　泪液测试

Schwannoma　神经鞘瘤

Scleritis　巩膜炎

Sclerosis (nuclear)　硬化（核）

Scrolled cartilage (TEL)　软骨卷曲

Sebaceous adenoma/epithelioma　皮脂腺瘤/上皮瘤

Seidel test　赛德尔试验

Senile iris atrophy　老年型虹膜萎缩

Sequestrum　腐骨

Severin　塞韦林

Sialoadenitis　涎腺炎

Skin scraping　皮肤刮片

Spastic entropion　痉挛性睑内翻

Spherophakia　球形晶状体

Spontaneous chronic corneal epithelial defect　自发性角膜上皮缺损

Squamous cell carcinoma　鳞状细胞癌

Staphyloma　葡萄肿

Strabismus　斜视

Strontium　锶

Subalbinotic　亚白化的

Subluxation (lenticular)半脱位（晶状体的）

Sulpha　磺胺类药品

Symblepharon　睑球粘连

Sympathetic denervation　交感去神经

Synechia　虹膜粘连

Syneresis　脱水收缩

Systolic blood pressure　收缩压

Tacrolimus　他克莫司

Tapetum　反光层

Tarsorrhaphy　睑缘缝合术

Tetracycline　四环素

Thelazia　眼线虫

Third eyelid flap　第三眼睑瓣

Third eyelid gland prolapse　第三眼睑腺体脱出

Tissue plasminogen activator (tPA)　组织纤溶酶原激活物

Tonometry　眼压测量

Toxicity (retinal)　毒性（视网膜的）

Toxoplasma　弓形虫

Trabecular meshwork　小梁网

Traumatic ocular sarcoma　创伤性眼眶肉瘤

Trichiasis　倒睫

Trichophyton　毛癣菌属

Trimethorprim　三氟胸苷

Tropicamide　托品酰胺

Ultrasonography　超声波检查法

Uveal cyst　葡萄膜囊肿

Uveitis　葡萄膜炎

Uveodermatological syndrome　葡萄膜皮肤症候群

Vaccine-AssociatedUveitis　疫苗相关性葡萄膜炎

Vasculitis　血管炎

Vasculopathy　血管病变

Vincristine　长春新碱

Vitamin E　维生素E

Vitiligo　白癜风

Vitreous　玻璃体的　(degeneration)　（变性）

Vogt-Koyanagi-Harada-like disease　福格特-小柳-原田病

Voriconazole　伏立康唑

Wolbachia　沃尔巴克氏体属

X-Linked PRA (XLPRA) X　相关进行性视网膜萎缩

xeromycteria　鼻干燥

Zonules　小带

Zygomatic sialoadenitis　颧骨腺炎